新世纪高等学校教材·学前教育专业系列教材

学前儿童心理学

Xueqian Ertong Xinlixue

洪秀敏　李晓巍　王兴华 /主编

北京师范大学出版集团
BEIJING NORMAL UNIVERSITY PUBLISHING GROUP
北京师范大学出版社

图书在版编目(CIP)数据

学前儿童心理学/洪秀敏，李晓巍，王兴华主编．—北京：北京师范大学出版社，2022.5(2026.1重印)
(新世纪高等学校教材·学前教育专业系列教材)
ISBN 978-7-303-27807-7

Ⅰ．①学…　Ⅱ．①洪…②李…③王…　Ⅲ．①学前儿童—儿童心理学—高等学校—教材　Ⅳ．①B844.12

中国版本图书馆CIP数据核字(2022)第025850号

出版发行：北京师范大学出版社 https://www.bnupg.com
北京市西城区新街口外大街12-3号
邮政编码：100088
印　　刷：天津旭非印刷有限公司
经　　销：全国新华书店
开　　本：787 mm×1092 mm　1/16
印　　张：18
字　　数：333千字
版　　次：2022年5月第1版
印　　次：2026年1月第4次印刷
定　　价：49.80元

策划编辑：罗佩珍　　　责任编辑：宋　星
美术编辑：李向昕　　　装帧设计：李向昕
责任校对：康　悦　　　责任印制：赵　龙

前　言

FOREWORD

在我国高度重视并大力支持学前教育的大背景下，在社会急需高质量的学前教育专业人才的迫切形势下，培养热爱幼儿、尊重幼儿、了解幼儿的学前教育专业人才，成为学前教育学科的教育目标之一。学前儿童心理学作为重要的专业基础必修课程，能够为学前教育专业的学生提供学前儿童心理发展的基本规律、特点等基础知识、基本理论和基本研究方法，促使学生了解儿童、认识儿童、研究儿童，形成科学的儿童观、教育观，进而指导其运用相关知识观察、分析学前儿童的心理特点，解决儿童心理与行为的实际问题，培养初步的研究意识。

北京师范大学自1952年组建学前教育专业以来，学前儿童心理学一直都是学前教育专业的基础课程。陈帼眉、冯晓霞、庞丽娟等教授在这门课程的建设上积累了丰富的经验，形成了集体备课、团队教学的优良传统，先后出版了《学前心理学》《学前儿童发展心理学》等经典教材，且一直沿用至今，产生了重要的影响。随着国家对人才培养的新要求，对高校人才培养方案、课程设置和学时的改革，我们开始摸索新的人才培养类型下学生学习这门课程的新特点，依据学前教育实际工作的需要和学生实践能力培养的需要，对学前儿童心理学的教学内容进行提炼和整合，使教材内容更加符合学生的学习规律；增加更多幼儿园和家庭教育中的鲜活案例，把有价值的新闻报道作为课堂学习讨论的教学内容，同时介绍国内外儿童心理研究的最新成果，提高教材的可读性、趣味性和科学性。

本教材的编写目标：一是在课程思政方面，坚持以习近平新时代中国特色社会主义思想为指导，落实立德树人根本任务，坚持知识传授与价值引领相结合，充分运用可以培养学生理想信念、价值取向、社会责任和教育情怀的题材与内容，使学生在学习过程中树立正确的儿童观与教育观，关心儿童，尊重儿童，潜心研究儿童；二是在知识方面，帮助学生掌握学前儿童心理发展的基本规律、基本理论，以及各年龄阶段心理发展特征的基本知识，掌握研究学前儿童心理的基本方法和操作技术；三是在能力方面，培养学生运用心理发展理论解决学前儿童心理发展与教育相关问题的能力，运用观察、访谈、实验、问卷调查等方法研究学前儿童心理发展特点与规律的能力及创新能力。

本教材根据国家学前教育改革发展的新政策及对学前教育专业人才培养的新要求，在编写过程中尝试突出以下特色和创新点。

1. 注重思政育人，坚持落实立德树人根本任务

坚持课程思政，将习近平新时代中国特色社会主义思想贯穿于教材编写全过程，把马克思主义的心理发展观，即先天与后天的关系、内因与外因的关系、教育与发展关系、年龄特征与个体差异的关系渗透到每个章节。坚持落实立德树人根本任务，挖掘可以培养学生正确的儿童观与教育观的题材与内容，树立潜心研究儿童、尊重儿童、帮助儿童系好人生的“第一粒扣子”的坚定信念。

2. 紧扣政策要求，坚持学前儿童心理研究的中国化

站稳中国立场，坚持走中国特色社会主义学前儿童心理发展研究道路，充分反映《3—6岁儿童学习与发展指南》《教师教育课程标准(试行)》《幼儿园教师专业标准(试行)》等国家政策的最新要求，融通国内外学前儿童心理发展最新研究成果，注重基础知识、基本概念、基本规律和基本方法等中国特色自主知识体系的构建，努力体现中国学前儿童心理的研究方法、研究成果与实践案例。

3. 强调学以致用，坚持理论结合儿童心理实践问题

重视能力培养，回应学前教育工作需要和学生实践能力培养需要，注重通过丰富、具体、鲜活的案例，将学前儿童心理的发展特点和规律等理论知识与儿童发展的具体现象、典型行为表现与实践问题紧密结合，帮助学生深入理解心理发展在学前儿童家庭教育和幼儿园教育实践中的意义，走进儿童，观察儿童，理解儿童，培养学生将理论知识运用于分析与解决实践问题的创新能力。

4. 深化学情分析，坚持教材内容的可读性与启发性

关照学生的学习需求，坚持打造多通道感知、多维度支撑、多视野融合的新形态教材，以丰富和提高学习体验。语言精炼简明、通俗易懂、深入浅出，每章设有学习目标、案例导读，正文后设有每章小结、复习思考题、实践活动等，并通过信息栏、拓展阅读导航、案例分析和经典实验辅以二维码阅读资源，导学导教，信息量大、可读性启发性强，有利于激发学习兴趣，提高理解能力。

本教材既适用于高等院校学前教育专业本科生和研究生学习使用，也适用于广大托幼机构师资培训和提升家长科学育儿知识与技能参考。书中借鉴引用了国内外学者的研究成果，汇集了丰富的实践案例，一并表示衷心的感谢！欢迎广大读者不吝赐教，批评指正。

编　者

目　录

CONTENTS

第一部分　学前儿童心理学导论

第二部分　学前儿童认知与言语发展

第一部分

学前儿童心理学导论

第一章 学前儿童心理学的研究对象与研究任务

学习目标

1. 了解学前儿童心理学的研究对象。
2. 理解学前儿童心理学的研究内容与研究任务。
3. 理解学习学前儿童心理学的意义。

案例导读

以下案例来自幼教网。

最近，我发现了一个奇怪的现象：班上许多小朋友把饮料瓶上的小瓶盖儿留下来装在兜里。为了防止他们把小瓶盖儿放在嘴里发生危险，我便让他们把小瓶盖儿扔掉。可事与愿违，留小瓶盖儿的小朋友反而多了起来……小朋友们为什么对小瓶盖儿感兴趣呢？我需要了解一下这到底是怎么回事……问题终于清楚了：原来，小朋友们喜欢玩的汽车城里没有警车。于是，世欣等几个小朋友就把留下来的小瓶盖儿放在车顶上当警灯。红色的当救护车的灯，绿色的当警察巡逻车的灯……现在想来，如果当初我只是一味限制他们玩小瓶盖儿，而不是引导他们将想象转化为创造活动，那将失去多好的教育时机呀。不仅如此，孩子还可能因为我的限制被折断想象的翅膀。

本章主要就学前儿童心理学的研究对象、学前儿童心理学的研究内容与研究任务、学习学前儿童心理学的意义进行介绍和讨论，为读者全面把握全书的基本框架奠定基础。

第一节 学前儿童心理学的研究对象

学前儿童心理学是研究从出生到入学前儿童心理发生和发展特点与规律的科学。

一、什么是学前儿童发展

(一)学前儿童指的是哪个年龄阶段

在我国，一般认为“学前儿童”是指从出生到进入小学学习阶段之前(0～6 岁)的儿童，具体包括 0～3 岁婴幼儿和 3～6 岁儿童。在西方，由于学制和儿童生活条件的不同，早期教育指向的年龄阶段是 0～8 岁。

(二)什么是发展

在儿童心理学中，发展指的是个体生理和心理所发生的系统的、有规律的、持续的变化。

所谓系统，指的是儿童发展具有整体性，身心各个方面的发展是相互联系、相互影响的。例如，儿童的生理发展与心理发展、动作发展与认知发展、认知发展与情绪情感发展、思维发展与语言发展、认知发展与社会性发展等，这些发展领域之间是相互影响的，任何一方面的发展都不可能孤立地进行。

所谓有规律，指的是儿童的身心发展是一个“有序”的过程，总是按照一定的顺序展开。首先，儿童心理变化的特点是它的进步性。这种进步性主要表现为他们的注意力、记忆力、思维力等认知发展以及个性与社会性等方面的积极的、有次序的变化。其次，儿童心理的发展总是呈现一定的顺序性和年龄制约性。例如，身体的发展按照从头部到下肢、从中心到边缘、从大肌肉到小肌肉的顺序。整体的心理发展也遵循从低级到高级、从简单到复杂、从笼统到逐渐分化的顺序。尽管由于受多种因素的影响，在每个年龄阶段，儿童在发展的速度、水平和优势领域方面存在差异，但是也都遵循这一年龄阶段儿童某些共同的发展特点与规律。

所谓持续，指的是儿童发展是一个从量变到质变持续不断的变化过程。心理过程和心理特征的发展不是绝对的、无联系的或突变的过程，都以先前的状况为基础，都是对先前心理活动的继承与发展。心理特点的形成与发展在某一发展阶段的早期大多带有上一阶段的某些特点，而在发展阶段的晚期可以发现下一阶段的某些特点已在萌芽或开始显露，在时间上具有延续性，有“来龙去脉”、前因后果，从而形成由量变到质变的效应。

二、学前儿童心理学的产生

发展心理学有广义和狭义之分。从广义上来看，发展心理学是从发展的角度研究心理发生和发展规律的学科。一般包括三个分支学科：动物心理学、民族心理学和个体发展心理学。其中个体发展心理学即狭义上的发展心理学，是研究人类个体从受精卵开始，直至最后衰老死亡的整个生命历程的心理变化发展规律。由于个体是随着年龄的增长而发展的，因此个体发展心理学又进一步分化为不同年龄阶段的心理学分支。学前儿童心理学就是个体发展心理学的重要部分。0～6 岁的发展至关重要，在很大程度上影响并决定着人一生的发展，其发展速度快、可塑性强，也是其他发展阶段所不及的。

每门学科都有它的发展历史和脉络，学前儿童心理学也是如此。心理学有着“悠久的过去，短暂的历史”，学前儿童心理学作为发展心理学的一个分支学科，也不例外。在学前儿童心理学作为一门科学正式诞生之前，有关儿童观和儿童心理学的思想就已经在西方孕育、产生和发展。人们对儿童的认识，即儿童观，是影响学前儿童心理学发展的重要因素。可以说，儿童观的发展与学前儿童心理学学科的发展相互影响。落后愚昧的儿童观能够阻碍学前儿童心理学的研究与进步，进而减缓人类文明的发展进程；科学的儿童观是人类经过不懈努力、探究而得的成果，能够推动学前儿童心理学的研究与发展。

(一)儿童观的演变与 19 世纪之前的学前儿童发展心理学思想

西方的学前儿童心理学可以追溯到古希腊和古罗马时期。在古希腊、古罗马社会，儿童被认为是未来的公民，接受成人式的任务训练。当时的人们没有把儿童作为独立的个体看待，而是把儿童看作国家的工具。亚里士多德提出按年龄来划分受教育阶段，0～7 岁为最早阶段，这也是关于学前期最早的划分。

从 14 世纪开始，欧洲掀起了一场文艺复兴运动。受文艺复兴运动的冲击，社会结构和家庭观念发生了巨大变化，进而带来了儿童观的改变。人们开始更多地关注儿童，强调儿童是一个独立存在的个体，把儿童从成人的权威下解放出来。对这一历史进步做出较大贡献的是夸美纽斯，他不仅呼吁人们尊重、了解儿童，提出“自然的适应性原则”，而且为儿童编写了西方教育史上第一本附有插图的儿童百科全书——《世界图解》。

自由资本主义时期的儿童观更具人文意味。从那时起，人们更多地以一种自由、平等的视角看待儿童。洛克提出了“白板说”，认为儿童心理发展的原因在于后天，在于教育，强调培养儿童的兴趣，发展儿童的独立能力。卢梭提出了“自然教育论”，要求发展儿童的天性，重视把儿童作为独立的个体进行教育。他的儿童观集中体现在他的著作《爱弥儿》中。

近代西方的教育家在关注儿童发展的同时，更加注重根据其身心发展规律对儿童进行适当教育，由此提出了“心理学化的教育”的观点，主张教育应以心理学规律为依据。这些思想为科学学前儿童心理学的产生奠定了一定的社会基础和思想基础。但是由于时代的局限性，这些有关儿童心理的思想大多散见于思想家的哲学和教育理论之中，还没有作为独立的、系统的儿童心理学思想出现。同时，这些思想也缺乏一定的科学方法论基础。

随着历史的进步与社会发展的演变，现代社会的儿童观发生了巨大变化。人们日益重视儿童的个体性，重视儿童的需要，开始以一种科学的态度看待儿童；认为儿童是有主体地位的人，是一个身心和谐发展的个体，儿童不只是为以后的生活做准备，他们有为现在而生活的权利，应该拥有快乐的童年。

(二)科学儿童心理学的诞生

科学儿童心理学的诞生，以普莱尔《儿童心理》一书的出版为标志。《儿童心理》包括儿童感知的发展、儿童意志的发展、儿童理智的发展。在这本书中，普莱尔通过对自己孩子从出生到3岁的观察与描述，肯定了儿童心理研究的可能性，并阐述了遗传、环境和教育在儿童心理发展中的作用。这本书出版后先后被译成十多种文字出版，产生了广泛而深远的影响，被公认是第一部科学的、系统的儿童心理学著作，激起了人们对儿童心理研究的兴趣，儿童心理学的研究也随之开展起来。

继普莱尔之后，第二个有较大影响的人物是霍尔。霍尔采用问卷法对儿童心理进行研究，掀起了儿童研究运动，并创办了《教育学报》等刊物刊登心理研究的报告和论文；提出了儿童心理学的复演说，认为胎儿的发展复演了动物进化的过程，儿童时期的心理发展复演了人类进化的过程。1904年，霍尔出版的《青少年心理学》将儿童心理学的研究年龄从婴幼儿阶段扩展到了青春期。

此后，格塞尔、弗洛伊德、华生、皮亚杰等心理学家对婴幼儿的心理发展做了大量的实验研究，如格塞尔的双生子爬梯实验，皮亚杰的守恒实验、三山实验，等等。这些心理学家发表了许多著作，逐步形成了各自的发展理论，极大地丰富了婴幼儿心理发展的研究，其研究成果在世界范围内不断得以发展和深化。

第二节　学前儿童心理学的研究内容与研究任务

学前儿童的成长是复杂的，身心发生急剧的变化，可塑性较强。学前心理学研究的是学前期儿童的各种心理现象，同时通过各种心理现象探讨儿童发展变化的特点和规律。由于学前儿童处于个体心理发生和发展的早期，其心理变化具有初始性、丰富性、多样性、生成性等诸多特征，因此，学前心理学的研究所涉及的内容是广泛的。

一、学前儿童心理学的研究内容

具体来说，学前儿童心理学的研究内容包括以下四个方面。

(一)个体心理的发生

学前阶段是人生的早期阶段，各种心理活动大多在这个阶段开始出现。儿童出生时，可以说没有心理活动；如果说有心理活动，也只是最简单的感知活动，与生理活动难以区分。人类特有的心理活动，包括感知觉、记忆、想象、思维、言语、情感和意志以及个性心理特征，都是在这个阶段发生的。因此，研究个体心理的发生是学前心理学的重要内容。

例如，我国最早使用日记法记录婴儿行为的是著名儿童心理学家、教育家陈鹤琴。从 1920 年开始，他以长子陈一鸣为研究对象，进行了长期的、连续的儿童发展研究，详细记录了陈一鸣从出生到 808 天的发展情况，并写下了《儿童心理之研究》。这是我国儿童心理学领域中具有开创性和奠基意义的一部著作。

（二）学前儿童心理发展的一般规律

每个学前儿童心理发展的表现是不同的，有早晚之别。但是，学前儿童的心理都是从简单、具体、被动、零乱朝着较复杂、抽象、主动、成体系的方向发展的，其发展趋势和顺序大致相同。相同年龄儿童的心理一般具有相似的特征。儿童的心理在发展过程中不断受到遗传、环境以及其他各种因素的影响，这些因素所起的作用也是有规律可循的。

（三）学前儿童心理过程和个性的发展

学前儿童的心理发展最初体现在心理过程上，包括感知觉、记忆、想象等内容。学前儿童心理学主要描述各种心理现象的发生和发展，并探讨其规律。学前儿童的个性虽然还没有形成，但在气质、性格、能力、自我意识等方面已表现出明显的倾向性。分析学前儿童在这些方面发展的特点和规律，也是学前儿童心理发展研究的重要内容。

（四）学前儿童心理发展的影响因素

学前儿童心理的发展不仅受到他们自身发展的影响，而且不可避免地受到他们所处环境的影响。了解学前儿童发展的背景及其主要的影响因素，有利于全面把握学前儿童发展的条件和机制，更好地理解学前儿童心理发展的特点与规律。

二、学前儿童心理学的研究任务

学前儿童心理学的研究任务可以概括为描述性任务和解释性任务两个方面。

（一）描述性任务：描述学前儿童心理发生和发展的特点与规律

学前儿童发展心理研究的第一步即描述学前儿童心理发展的各种事实和现象，阐明学前儿童心理发展的基本表现，包括发展的基本特点、规律、趋势。研究者需要仔细观察不同年龄儿童的行为，详细说明学前儿童各种心理现象发生的时间、出现的顺序，以及随着年龄的增长心理是怎样发展变化的，各个年龄阶段心理发展的主要特点。每个学前儿童心理的发展和表现都是不同的，即使在同一个家庭中长大的孩子，也会表现出不同的兴趣、价值观、能力和行为。所以，为了充分描述学前儿童的心理发展，研究者必须同时关注学前儿童心理发展的共同趋势和个体的差异，以便弄清楚发展中的儿童在哪些方面是相似的，以及在发展进程中又会有怎样的差异。

（二）解释性任务：解释学前儿童心理发展变化的影响因素

影响学前儿童心理发展的因素是多种多样的，学前儿童心理学要在观察和揭示学前儿童心理发生和发展特点与规律的基础上，进一步解释从出生到入学前儿童心理发生、变化与发展的原因及机制，说明是什么因素在影响和推动着学前儿童心理的变化发展，这些因素又如何制约学前儿童心理的发生和发展，为什么有些学前儿童会按照共同的方式发展，为什么有些学前儿童的心理发展存在如此差异，等等。

信息栏

美国幼儿教育协会曾指出，教师在决定什么样的教育对幼儿有益的过程中，必须掌握以下三种重要的知识。

第一种：有关幼儿发展与学习的知识。幼儿在不同的年龄都会有不同的发展及学习特质。这些知识能帮助我们对各个年龄层的幼儿有概括性的了解，知道什么样的活动、教材、互动对他们是安全的、健康的、有趣的，以及能力所及的，同时也不失挑战性。

第二种：幼儿的个别发展状况。了解群体里每个幼儿的特质、兴趣及需要，以针对个别差异调整教育方式。

第三种：幼儿所处的社会及文化。了解幼儿所处的生活背景，才能确保提供给幼儿的学习经验是有意义、有相关性的，并能显示对幼儿及其家庭的尊重。

第三节　学习学前儿童心理学的意义

一、理论意义

学前儿童心理发展是人类发展研究的重要构成。研究学前儿童心理发展的特点与规律，以及影响学前儿童心理发展的因素及其内在机制，为全面、深刻地认识人类的发展提供了宝贵的资料，能够充实和丰富人类发展科学的理论体系。同时，学习学前儿童心理学，从个体发展的角度，探讨人的意识起源问题，分析从感知到思维的发展过程，揭示发展现象演化的规律，有助于正确理解有关意识的各种问题，直接为认识论和辩证法提供科学的依据，有助于辩证唯物主义的科学世界观的形成。

二、实践意义

幼教工作者要做好学前教育工作，必须学好学前儿童发展心理学。

首先，只有学习学前儿童心理学，才能了解学前儿童的心理发展特点；只有了解他们的所思所想，才能走进他们的心灵世界；只有理解他们行为背后的原因，才能树立正确的儿童观，尊重学前儿童，正确地对待学前儿童。

其次，掌握必要的学前儿童心理发展知识是做好学前儿童教育工作的前提。由于学前儿童身心发展的特殊性，对教育的要求也具有较大的特殊性。学前教育的内容、原则和方法必须首先依据学前儿童心理发展的特点与规律，考虑学前儿童的成熟状况、发展的可能性和个别差异性。教育者只有充分了解学前儿童身心发展的规律和年龄特征，才能按照教育规律正确地引导学前儿童健康快乐地成长，才能因材施教，针对每一个学前儿童的发展特点引导他们在其原有的水平上得到应有的发展。

名人故事

换糖果

最后，学习学前儿童心理学也是从事一切与婴幼儿有关的工作的前提。高尔基在《论主题》中所言："想写儿童文学的作家应估计到读者年龄的一切特征。"从事幼儿卫生保健、儿童图画书和文学创作、儿童玩具和服装设计、婴幼儿食品研发、儿童电视节目制作、婴幼儿玩具开发等工作，都必须了解学前儿童心理发展的基本知识，了解不同年龄阶段儿童的行为特点和心理。

本章小结

学前儿童心理学是研究从出生到入学前儿童心理发生和发展特点与规律的科学。学前儿童心理学的主要研究内容包括个体心理的发生、学前儿童心理发展的一般规律、学前儿童心理过程和个性的发展、学前儿童心理发展的影响因素等。学前儿童心理学的研究任务主要包括描述性任务和解释性任务两个方面。学习学前儿童心理学具有理论意义和实践意义。

复习与思考题

1. 学前儿童心理学的研究内容和研究任务是什么？
2. 学习学前儿童心理学具有怎样的意义？

实践活动

1. 在生活中观察幼儿的游戏和行为表现，讨论幼儿心理发展具有怎样的特点。
2. 在网络上收集幼儿园教师写的观察笔记，讨论、研究和了解幼儿的心理特点。

拓展阅读导航

第二章　学前儿童心理发展的基本问题

学习目标

1. 了解学前儿童心理发展的基本问题。
2. 理解学前儿童心理发展的方向和趋势。
3. 掌握学前儿童心理发展的几个重要概念。

案例导读

以下案例来自教师资格考试。

基尼是美国加利福尼亚州的一个小女孩。她的母亲双目失明，丧失了哺育孩子的基本能力；父亲讨厌她，虐待她。基尼自婴儿期起就几乎没听到过有人和她说话，更不用说有人教她说话了。哥哥会匆匆地给她送些食物，可以说，基尼生活在一间被完全隔离的小房间里。她严重营养不良，胳膊和腿都不能伸直，没有明显的喜怒表情。3 岁的基尼被发现后，被送到了医院。最初几个月，基尼的智商得分只相当于 1 岁的正常儿童。多方面的重视使她受到了特殊的精心照顾。尽管如此，直到 13 岁，她还没有学会人类语言的语法规则，不能进行最基本的语言交流。据调查分析，基尼的缺陷不是天生的。基尼的缺陷说明了什么？基尼在被精心教育下，仍不能学会人类语言的语法规则，这是为什么？

儿童从出生到成熟是一个不断成长与发展的过程。在这个过程中，儿童的发展是缓慢、连续的，还是由一系列相对快速的变化推动儿童从一个阶段向另一个阶段发展的；儿童的发展具有普遍性，还是具有个体独特性和差异性；儿童的发展更多受生物因素的影响，还是受成长环境的影响，这些是大部分发展理论都想要回答的基本问题。基尼的缺陷说明了儿童心理发展是遗传因素和环境因素共同作用的结果。遗传因素是儿童心理形成和发展的前提和基础，为儿童心理的形成和发展提供了可能；环境因素是儿童心理形成和发展的现实基础，为儿童心理的形成和发展提供了现实性。如果没有生活在一定的社会环境中，儿童就不可能形成成人的心理。儿童心理的发展存在关键期。关键期是某种心理活动、机能在某个阶段发展最迅速、变化最快、可塑性最强的阶段。如果在此时期对儿童进行正确的教育，儿童的心理发展会很快；如果失去了时机，可能会使其以后的教育非常困难。3 岁前是儿童语言发展的关键期，如果错过了这一关键期，以后语言的发展可能就会很困难。

第一节　学前儿童心理发展的基本问题

在学前儿童心理发展研究中，有几个非常重要的基本问题，这些反复出现的问题并没有一个统一的答案。这些问题虽然没有得到完全解决，但是极大地引导了学前儿童发展研究。对这些问题的不同回答与论断，构成了不同的儿童发展理论。大多发展理论都围绕以下三个基本问题。

一、什么是发展

在心理学的历史长河中，不同的理论对发展实质的研究与揭示可以从不同的角度和不同的层次进行。例如，辩证唯物主义哲学认为人的本质在其现实性上是一切社会关系的总和，而社会文化历史学派认为人类是文化动物，其本质是文化行为，心理的发展受到个人特征与个人发展所依赖的历史、社会和文化环境之间相互作用的影响等。

二、发展是一个怎样的过程

(一)发展是连续性的还是阶段性的

在发展是连续性的还是阶段性的这一问题上，心理学界存在两种不同的观点，发展主义者对此问题的争论习惯上被称为连续性—非连续性之争。第一种观点认为发展是一个渐进的过程，只有量的积累，不存在跳跃式的质的变化。第二种观点认为发展是以“毛毛虫变蝴蝶”的方式进行的，发展过程中有质的飞跃，因而显示出发展的阶段性。阶段和阶段之间的不同不是个别行为和特征的不同，而是身心多方面的复合模式(整体)的差异。事实上，很多能力或特长不是固定地出现在预先确定的年龄层次上的，也不是按照一种固定的、可以预测的顺序发展的。心理的很多特征连续不断地发展，而不是分成阶段地发展。我们不像毛毛虫一样，从毛毛虫到蛹到蝴蝶，每一阶段都确定无疑地与前面一个或者后面一个有所不同。① 因此，对于发展到底是连续性的还是阶段性的，比较普遍的看法是：①发展是连续性与阶段性的统一，既有量的变化，又有质的飞跃。②发展阶段之间不是截然分开的，每一阶段都是前一阶段的继续，又为后一阶段的发展做准备；前一阶段总包含后一阶段某些

① ［加］居伊·勒弗朗索瓦：《孩子们——儿童心理发展》，王全志等译，25 页，北京，北京大学出版社，2004。

特征的萌芽，后一阶段又总带有前一阶段某些特征的痕迹。

（二）发展是稳定的还是变化的

这里的稳定和变化指的是儿童发展的特征（心理功能和行为）在不同时间和不同情境是否具有连贯性和一致性。在讨论发展究竟是稳定的还是变化的这一问题上，有两种不同的观点。第一种观点强调稳定性，认为儿童的某些特征将会保持到以后，持这种观点的人一般都强调遗传的作用；如果强调环境的作用，通常是将早期经验视为影响儿童一生的行为模式。第二种观点强调可变性，相信如果有新经验的支持，儿童发展的改变是可能的，强调环境与教育的作用。目前，比较普遍的观点认为，心理发展既具有稳定性，又具有可变性，是稳定性与可变性的统一。发展在时间上的稳定性是指：①发展的部分特征和行为显示出稳定性，如气质的发展是相对稳定且不易变化的；②同一特征或行为在不同的发展时期可能表现出不同的稳定程度；③同一特征或行为在不同的年龄阶段有不同的表现形式，如早期情感得不到满足时会以哭泣的方式表现，以后可能表现为冷漠等。虽然外在的表现形式发生了变化，但该特征的内在本质是稳定的。发展在情境上的变化性则是指一些特点较多受情境因素的影响，情境不同，行为方面会表现出不同的特点，这类行为较多属于社会性方面；而另一些特点则较少受情境因素的影响，如面部表情、气质特点、智力等，较多受生物因素的影响。

信息栏

婴儿气质的可变性

（三）发展是相同的还是有差异的

人们通常假设所有儿童都以相同的进程发展，因为儿童具备相似的大脑和身体，所以都遵循相同的发展顺序。同时，人们逐渐意识到不同的儿童在不同的背景下成长，经历了遗传因素和环境因素的独特结合，这可能导致儿童发展的巨大差异。目前，比较普遍的观点是：儿童发展既有共同规律，又有个体差异。共同规律既表现在发展的趋势上，又表现在发展的年龄特征上。所谓年龄特征，指的是同一年龄阶段的儿童群体所表现出来的一般的、典型的、本质的特征。它代表特定年龄阶段多数儿童的发展水平和状况，反映该年龄阶段儿童心理和行为的发展图景和可能性。个体差异反映个体的多样性。每个儿童因为遗传和环境的不同，会形成发展的个体独特性（差异性），但这种差异大体不会超出共同规律的范围。年龄特征由于能代表该年龄阶段多数儿童的发展水平和特点，因此，可以作为考察和评估个别儿童发展状况的参照标准。

（四）发展是等速的还是不等速的

发展具有非等速性，心理各成分的发展速度和先后顺序不完全同步，如感知觉发展得快、成熟得早，思维发展得较慢，同时它们也相互联系、相互影响。在不同的年龄阶段，身心发展的速度也不同。

与发展的非等速性相关的概念有两个。一是关键期，是指在发展的某个时期或年龄阶段，有些特定的反应或行为最容易习得，这个时期或年龄阶段就被认为是这种特定反应或行为的关键期。二是危机期，在发展的某个时期或年龄阶段(主要是两个阶段之间)，儿童心理常常会发生急剧的变化，表现出一些与往常不一样的行为，尤其是否定或抗拒行为，如 3 岁左右和 12 岁左右，造成这种情况的原因主要是儿童的自我意识明显增强而成人不能迅速适应儿童的变化。

三、什么因素影响发展

儿童发展理论家最大的兴趣在于发现儿童身体状态和心理状态变化的原因。为什么儿童会像我们看到的那样成长呢？是什么机制导致了发展？如何控制这些机制以促使儿童获得最佳的发展？

数十年来，理论家提出的最普遍的两个变化根源是遗传和环境。在不同时期，这两个有争论的术语表述虽有所不同，如天性和教养、先天论和文化相对论、遗传和社会控制、成熟和学习、先天特质和习得特征，但最基本的争论是一致的：在儿童发展中，遗传因素和环境因素相比谁的贡献更大？这两个因素起作用的机制又分别是什么？

尽管关于什么引起发展这个问题，一些理论家也提出了一些原因，但是绝大多数心理学家、生物学家、社会学家和人类学家对发展原因的讨论，才是大家最关注的。随着争论的日渐增多，焦点问题有了某种程度的转变，先是从“哪一个”变成“多大程度”，接着又转变成“以何种方式”。

(一)遗传和环境：哪一个导致发展

在过去数百年里，哲学家似乎一直在探索这个问题：遗传和环境，到底哪个因素导致了发展？卢梭认为儿童与生俱来的天性是决定儿童发展阶段最有影响的力量。洛克认为，在刚出生时，儿童的心理是一片空白，像一张没有任何记号的白纸或白板。随着儿童的成长，其经验在这片空白上画下了心理内容，即儿童的经验在发展中起主导作用。

在发展学家曾经争论不休的问题中，也许没有比遗传和环境之争更激烈的了。下面是两种有代表性的对立的观点：

人的主要缔造者是遗传而非环境……世界上几乎所有的痛苦和快乐都不是环境带来的……人与人的差别是与生俱来的、在胚胎时就决定了的。①

给我一打健康而没有缺陷的婴儿，并在我自己设定的特殊环境中教育他们，那么我愿意担保，随便挑选其中一个婴儿，而把他训练成为我所选定的任何一种专家：医师、律师、艺术家、商界首领乃至乞丐和盗贼，而不管他的才能、嗜好、趋向、

---

① A. E. Wiggam, *The New Decalogue of Science*. Indianapolis, The Bobbs-Merrill Company, 1923, p. 42.

能力、天资和他祖先的种族。①

很多研究者持折中的观点。他们认为，遗传和环境的作用不是绝对的，会因所讨论的具体发展领域的不同而不同。而且他们强调，人类所有的复杂特质，如智力、气质和人格，都是遗传和环境长期相互作用的结果。这种认识提醒我们不要过多地考虑遗传和环境的对立，而应更多地去考虑两者是如何交织在一起促进人的发展变化的。实际上，无论是遗传还是环境，没有哪一个因素可以独立地对发展起作用，甚至可以说这两者一旦离开对方都无法存在。儿童的遗传不可能在什么都没有的环境中自己表现出来，也不可能在没有祖先的情况下自发从环境中凭空产生。即使是过去最激进的环境论者和遗传论者也认识到了遗传和环境存在的必要性。因此，这一争论实际上不是哪一个因素影响发展，而是这一因素在多大程度上影响发展的问题。

(二)遗传和环境：在多大程度上影响发展

在19世纪和20世纪前半叶，遗传和环境之争主要集中在以下问题上：遗传和环境，哪一个因素对儿童的成长贡献更大，它们在多大程度上影响发展。极端遗传论者认为，遗传和环境在影响发展中的贡献率分别为95%、5%；极端环境论者则正好相反，认为环境占95%，遗传只占5%。在20世纪二三十年代，美国关于这一问题的争论颇具代表性。伯克斯通过统计的方法得出结论，认为遗传的贡献率是83%，而环境的贡献率仅有17%。② 其他研究者也得出结论表明遗传起更重要的作用，尽管他们算出来的比例不太一样。③ 还有一些学者在美国中西部地区进行了一系列研究，得出了相反的结论，认为环境在决定心理能力的过程中起了更大的作用。④ 该争论一直没有定论，因为这可能是一个错误的问题。在近几十年里，人们对这个问题的兴趣开始从“在多大程度上影响发展”变成了“这两个因素以什么方式相互作用”。

(三)遗传和环境：以什么方式相互作用

现代相互作用论取向的基本原则是，遗传和环境是两个不同的维度，它们在各自扮演的角色中百分之百起作用。从相互作用的观点来看，遗传和环境的贡献有多大这一问题不再是研究者最主要的兴趣。现在应试图认识：①遗传在发展的各个方面——身体特质、认知能力、挫折耐受力及其他方面，都设定了多宽的界限；②什么样的环境力量影响了这些方面在儿童的结构与行为上显现的方式；③在儿童成长的不同时期，遗传和环境是如何相互作用的。

---

① 杜·舒尔茨：《现代心理学史》，沈德灿等译，233页，北京，人民教育出版社，1981。

② B. S. Burks, “The relative influence of nature and nurture upon mental development: A comparative study of foster parent-foster child resemblance and true parent-true child resemblance,” *Yearbook of the National Society for the Study of Education*, 1928, pp. 219-316.

③ A. M. Leahy, “A study of adopted children as a method of investigating nature-nurture,” *Journal of the American Statistical Association*. 1935, 30, pp. 281-287.

④ M. Skodak, “Children in foster homes: A study of mental development,” PhD diss., University of Iowa, 1939.

皮亚杰在发生认识论中分析发展的影响因素时指出了成熟、练习与经验、社会环境和平衡化的作用，成为相互作用论的代表。今天，绝大多数发展理论家认为遗传和环境在发展中都不可缺少且共同起作用。目前比较普遍认同的观点是：①遗传和环境是相互制约、相互依存的，一个因素的作用大小、性质受另一个因素的制约；②遗传和环境的作用是相互渗透、相互转化的；③遗传和环境对发展的作用是动态的，在不同年龄阶段，它们所起作用的大小是不同的；④发展是主动的过程，儿童是自身的积极促进者。

第二节　学前儿童心理发展的方向和趋势

学前儿童心理发展是一个不断由低级到高级，由简单到复杂的积极、有次序的变化过程。在这个变化过程中，心理发展会因为各种因素的影响呈现出一些带有明显规律性的特征。对这些特征的认识，有助于我们全面地理解和解读学前儿童心理发展的脉络，并有针对性地提供相关的教育策略。

一、学前儿童心理发展的方向

正如世间万物都在不停地变化一样，学前儿童心理也在不断地发生变化。学前儿童心理变化的特点是它的进步性。成人的心理也在变化，但是，变化的方向有时是进步，有时则是退步。例如，成人到了一定的年龄，记忆力的变化表现为衰退；学前儿童心理的变化则总是表现为进步。

学前儿童心理的发展偶尔也出现短暂的停顿或看似倒退实则进步的现象。例如，有的儿童在学会自己拿小勺吃饭以后，突然不好好地吃了，把饭粒反复撒在桌子上。有的儿童刚满周岁时会喊“妈妈”，会说出几个词语，过了一个月却不开口说了。这些现象往往使年轻的父母担忧。其实，只要耐心等待和细心观察，就会发现，这是儿童在前进中的倒退，其中酝酿着新的发展。原来那些反复撒饭粒的儿童正在学习新的动作技能，当发现可以用两个手指头去捡起小东西时，他们会兴致勃勃地把撒在桌上的饭粒捡起来；停止开口说话的儿童则正在积聚语言进一步发展的力量，过一段时间以后，他们可能会忽然说出许多话来。

二、学前儿童心理发展的趋势

学前儿童心理的发展不仅有必然的方向性，而且有必然的顺序和趋势。

（一）从简单到复杂

学前儿童最初的心理活动只是简单的反射活动，之后越来越复杂化。这种发展趋势表现在以下两个方面。

1. 从不齐全到齐全

人的各种心理过程都是在发展过程中形成的。例如，1.5 岁以前儿童还没有想象活动，也谈不上人类特有的思维。各种心理过程出现和形成的秩序遵循由简单到复杂的发展规律。在个性形成后，儿童的心理就比最初的复杂得多。

2. 从笼统到分化

儿童最初的心理活动是笼统且未分化的。无论是认知活动还是情绪、态度，发展的趋势都是从笼统和未分化到明确和分化。也可以说，最初是简单和单一的，后来逐渐复杂和多样化。例如，刚开始，新生儿对一切碰到他嘴附近的东西都做出吮吸反应；后来，只在东西碰到嘴唇时才做出吮吸反应。又如，最初儿童的情感只有愉快和不愉快之分，后来逐渐分化出喜爱、高兴、快乐、痛苦、嫉妒、畏惧等复杂的情感。

（二）从具体到抽象

儿童的心理活动最初是非常具体的，之后越来越概括化。从认识过程来看，最初出现的是感觉，之后出现比感觉较为概括化的知觉和表象，再发展到出现思维。思维过程本身的发展趋势也是如此，从具体发展到略有抽象，最后形成人类典型的抽象逻辑思维。从情绪发展过程来看，最初引起情绪活动的是具体的事物，之后是抽象的事物。

（三）从被动到主动

儿童的心理活动最初是被动的，后来心理活动的主动性逐渐发展起来。这种趋势具体表现在以下两个方面。

1. 从无意向有意发展

儿童的心理最初是无意的，或称不随意的心理活动，即直接受外来影响的支配。新生儿的原始反射是本能活动；之后出现有目的、有方向的活动，但那时他们还不能意识到心理活动的目的；后来出现自己能意识到的、有明确目的的心理活动；然后发展到自己不仅能意识到心理活动的目的，而且能意识到心理活动进行的情况和过程。换句话说，儿童的注意、记忆、情感等心理活动最初都是无意的，之后向着有意的或随意的心理活动的方向发展，出现有意注意、有意记忆等。最初各种心理活动以无意性为主，后来发展到以有意性为主，即以由自己的意识控制的心理活动为主；最初没有意志活动，后来逐渐形成意志，心理活动的自觉性也不断提高。

2. 从主要受生理的制约发展到自己主动调节

幼小儿童的心理活动在很大程度上受生理的制约。例如，几个月大的孩子，其快乐和不安主要取决于生理的需要是否得到满足；两三岁儿童的注意力不集中，坚持性不强，主要是生理不成熟所致。随着儿童生理的成熟，它对心理活动的制约逐渐减弱，心理活动的主动性逐渐增强，四五岁的儿童有时（如在某些作业中）注意力非常不集中，有时（如在他自发的游戏中）又能长时间集中注意力。在生理发育达到足够成熟的时候，儿童心理发展的方向以及心理发展的速度都和儿童心理活动本身的主动性有密切的联系。

(四)从零乱到成体系

儿童的心理活动最初是零散、混乱的。心理活动之间缺乏有机的联系。例如，七八个月的婴儿离开妈妈时，哭得很伤心，在妈妈的身影刚刚消失时，阿姨和他玩一个诱人的玩具，他会立即破涕为笑。儿童的心理活动逐渐组织起来，形成整体，有了系统性，有了稳定的倾向，出现了特有的个性。例如，有的儿童喜欢汽车，不论在何时何地，他的兴趣都首先集中在汽车上。

心理活动之间有密切的联系。心理活动体系(个性)的形成和心理活动的抽象概括化与主动性的发展分不开，同时体现了心理活动的复杂化。

学前儿童心理处于发展的早期阶段，即发展的起始阶段，其特点集中在：各种心理活动逐渐发生，心理活动从笼统到开始分化，从具体到出现抽象概括的萌芽，从完全被动到出现最初的主动性，从零乱到出现系统性的萌芽。

第三节 学前儿童心理发展的几个重要概念

转折期和危机期，关键期、敏感期和最佳期、最近发展区，是与学前儿童心理发展阶段问题有关的几个重要概念。

一、转折期和危机期

一般来说，儿童心理发展是渐进式变化的。有些时候，儿童心理会出现飞跃式的变化，在短时期内的变化非常明显，心理的矛盾高度激化。这种情况往往发生于心理发展两个阶段之间的转折时期，我们称之为心理发展的转折期。

在心理发展的转折期，儿童往往容易产生强烈的情绪体验。在这个时期，儿童和成人的关系可能会出现突然的变化。例如，1 岁儿童走路虽然还摇摇晃晃，但往往不再事事顺从成人；3 岁儿童常常表现出反抗行为或执拗行为，儿童对成人的任何指令都说“不”，以表示反对；7 岁儿童可能会变得心理平衡失调，情绪不稳定；13 岁儿童则可能表现为学习成绩下降，行为带有消极性和对成人有更强的违抗性。由于心理发展的转折期常常出现各种否定性行为，因此，转折期也被称为危机期。

事实上，用危机期来表示儿童心理发展的转折期是不妥的，应该把危机期和转折期这两个概念加以区分。转折期是儿童心理发展过程中必然出现的，危机期则不是必然的。如果成人掌握了儿童心理发展的规律，在儿童心理发展矛盾尖锐化的时期加以正确引导，矛盾将得到顺利解决，危机会在不知不觉中度过。危机常常来自由儿童生理和活动能力的迅速发展导致的心理发展的不适应。例如，3 岁儿童把在头脑中存储的许多知识表达出来，但是他的口语表达能力有限，往往不能流利地表达，于是产生了愿望和能力之间的矛盾，由此造成儿童的强烈不安。如果成人也产生急躁的情绪，对儿童要求过高或表示不满，儿童可能会出现口吃的现象。在正确引导下，儿童可以在和成人的对话中用动作辅助语言，慢慢学会说话。

二、关键期、敏感期和最佳期、最近发展区

(一)关键期

关键期的概念最初是在动物心理的实验研究中被提出的，这一概念与印刻现象有直接的联系。印刻现象首先由斯波尔丁在刚孵出的鸡雏身上发现，并且他观察到不管所追逐的能活动的生物是否是自己的同类，这种现象都会出现。劳伦兹把动物的这种行为称为印刻。①

印刻现象是指小动物(如小鸟)在出生后的短时期内很容易形成的一种本能的反应。这种反应包括：①出生后最先看见或听见的对象似乎首先印入它的感觉中，因而它会对该对象产生追随反应。②不仅偏好追随该对象，而且喜欢接近它。③当印刻的对象消失时，它会发出悲鸣的叫声；当印刻的对象重新出现时，它会发出满意的叫声。

在自然环境中，印刻现象对小动物的生存是有价值的。母鸟是小鸟的保护者，也是小鸟出生后看见的第一个对象。这种印刻现象使小鸟依恋母鸟，保证小鸟的安全。

研究表明，印刻的对象不一定是小动物的母亲。小鸟不一定追随自己的母亲，也不一定追随同种类的母鸟。只要是遇到的第一个对象，小鸟就会追随它。劳伦兹成功地使小鸡、小鸭追随他(见图 2-1)。甚至是一块紫色的积木，也能引起印刻现象。人们发现，鱼、昆虫、家羊、山羊、狗都可能产生印刻现象。

印刻只在小动物出生后的短时期内发生。劳伦兹把这段时间称为关键期。关键期的时间非常有限。例如，小鸡产生印刻的关键期是出生后 10～16 小时，小狗产生印刻的关键期是出生后 3～7 周。如果小猫在睁开眼后的短时期内和老鼠一起生活，那么它成年后即使在饥饿状态下也不会吃老鼠。

心理发展的关键期是指人或动物某些行为与能力的发展有一定的最佳时间，如果在此时给予适当的良性刺激，就会促使其行为与能力得到最大限度的发展；反之，则会阻碍其行为与能力的发展甚至导致其行为与能力的缺失。目前，研究已经证实至少有四个领域存在关键期，即鸟类的印刻、恒河猴的社会性发展、人类语言的习得以及哺乳动物的双眼视觉。关键期并不是突然开始和终止的，它逐渐发展到高峰，然后慢慢消退。

---

① D. A. Spalding, "Instinct: With original observations on young animals," *The British Journal of Animal Behaviour*, 1954, 2(1), pp. 2-11.

由于儿童早期心理发展的迅速性，有关儿童早期心理与行为发展的关键期问题已成为发展心理学家和教育学家共同关注的问题。心理学家的研究发现，儿童早期发展过程中同样存在获得某些能力或学会某些行为的关键期，在此期间，个体时刻处于一种积极的准备和接受状态。如果此时期能够得到适当的刺激和帮助，他们的某种能力就会迅速地发展起来。研究者在查阅了许多文献后认为，人类的探究行为、攻击行为、音乐学习、人际关系的建立等，在早期学习更为容易和有效。①

图 2-1　印刻现象

儿童心理发展的关键期主要表现在语言发展和感知方面。研究表明，1～3 岁是掌握口语的关键期，如果错过了这个时期，个体就难以掌握口语。关于动物印刻关键期的研究，主要是在感知方面所引起的本能行为。0～4 岁是形象视觉发展的关键期。②有关婴儿的研究表明，视觉偏好现象在婴儿身上也会出现。除感受器系统，主要是视觉系统被证明存在关键期以外，儿童心理发展的其他方面是否存在关键期，还有待我们进一步验证。

（二）敏感期和最佳期

由于儿童心理发展的许多方面在错过特定时机之后是可以弥补的，因此关键期的概念不能被普遍运用。一般情况下，对儿童心理发展的时机问题，采用“敏感期”或“最佳期”的说法较为恰当。

儿童心理发展的敏感期是指儿童学习某种知识和行为比较容易，心理某个方面的发展最为迅速的时期。不同年龄阶段的儿童对学习的某个方面有不同的敏感性。从整个人生的心理发展来看，学前期是心理发展的敏感期。在语音学习方面，2～4 岁是敏感期；在掌握数概念方面，5～5.5 岁是敏感期。4 岁前是智力发展最迅速的时期。坚持性行为的发展在 4～5 岁时最为迅速。

总的来说，对儿童心理发展许多方面的敏感期还没有足够的研究。儿童心理发展敏感期的形成与多种因素有关，如与生理发展的加速期有关。大脑神经生理学的研究表明，学前期儿童大脑皮质神经活动的发展有加速期，这个时期儿童智力发展的突发现象与生理发展的加速期有关。又如，敏感期与心理发展本身的状态有关，当心理品质最初开始形成、具备了发展的条件而又没有完全形成和巩固时，可塑性最大。2～4 岁儿童正在学习说话，发音系统的活动还没有定型，因而 2～4 岁是掌握语音的敏感期。再如，敏感期与儿童心理的整体发展有关。婴儿学习游泳的心理障碍较小，他在水中不知道害怕，大一些的孩子就可能会感到害怕。

---

①② 桑标：《当代儿童发展心理学》，56-57 页，上海，上海教育出版社，2003。

(三)最近发展区

最近发展区这一概念由维果茨基提出，指儿童能够独立表现出来的心理发展水平，和儿童在成人的指导下所能表现出来的心理发展水平之间的距离。前者水平不及后者，但对于这段距离，儿童“跳一跳”，可以够到。

最近发展区的大小是儿童心理发展潜能的重要标志。在一个研究中，研究者对不能完成推理任务的儿童采取了提示法，结果发现，其中一部分儿童在提示的条件下正确地完成了任务。① 在这个研究中，提示对 3 岁儿童无效，提示对 4 岁以后儿童的作用随年龄的增长而增强。这些事实说明，解决相应推理问题的能力在年龄较大儿童的最近发展区之内，而 3 岁幼儿的最近发展区还达不到所要求的水平。由此可见，了解儿童心理发展的最近发展区，可以向他们提出稍高而又力所能及的任务，使他们“跳一跳”就能达到新的发展水平。

最近发展区因人而异，教师应该了解每个儿童的最近发展区，利用其最近发展区帮助他们形成新的最近发展区。

本章小结

学前儿童心理发展关注三个基本问题：什么是发展，发展是一个怎样的过程，什么因素影响发展。学前儿童心理发展是连续性与阶段性、稳定性与变化性、共同性与差异性的辩证统一，儿童心理发展到某个阶段会形成年龄特征。儿童心理发展具有非等速性，表现为儿童不同阶段发展的不均衡性、不同方面发展的不均衡性、不同儿童发展的不均衡性。

学前儿童心理发展具有一定的方向和趋势，表现为从简单到复杂、从具体到抽象、从被动到主动、从零乱到成体系。

儿童心理发展具有关键期。儿童心理发展敏感期的形成与生理发展的加速期有关。最近发展区的大小是儿童心理发展潜能的重要标志。

复习与思考题

1. 解释概念：转折期和危机期、最近发展区。
2. 联系实际分析学前儿童心理发展的方向和趋势。
3. 如何理解学前儿童心理发展阶段性与连续性的统一？它对教育有何启示？
4. 为什么说学前儿童的心理发展既具有稳定性又具有可变性？
5. 论述关键期的含义及其教育启示。

实践活动

1. 深入幼儿园或幼儿家庭，调查了解几个幼儿具体的发展情况，看是否能为学

① 杨玉英：《3—7 岁儿童推理过程发展的初步研究》，载《心理科学通讯》，1983(1)。

前儿童心理发展的非等速性提供依据。

2. 学前儿童心理发展的危机期或关键期是否存在？有何教育启示？请就这些问题和同学展开辩论。

3. 让几个幼儿分享各自的成长经历，分析其中影响学前儿童发展的关键因素和事件，思考如何看待遗传因素和环境因素在学前儿童心理发展中的作用。

4. 查找有关不同时代学前儿童心理发展特点对比的研究文献，分析时代和社会变迁对学前儿童心理发展的影响，思考如何加强对新时代学前儿童发展特点的研究。

拓展阅读导航

第三章　主要心理学流派的儿童心理发展观

学习目标

1. 了解主要心理学流派的主要观点。
2. 比较不同心理学流派对儿童心理发展的解释。
3. 理解、领会主要心理学流派观点的启示意义。

案例导读

轩轩，男，6岁，大班，入园时经常哭闹着要回去，抓住家人的手不愿意让其离开，甚至故意摔打东西。入园后笔者对他进行了仔细观察，发现他孤僻且霸道，时常一个人毫无目的地闲逛，或坐在角落里发呆。他不怎么与其他幼儿来往，也不愿意与别的小朋友分享。因此，别的小朋友也不太愿意跟他一起玩。他体验不到与别的小朋友共同玩耍的快乐，在这种环境下出现了厌园情绪，甚至觉得每天来幼儿园是一种折磨。

为帮助轩轩克服入园恐惧，爱上幼儿园，老师决定运用斯金纳的正强化手段帮助轩轩摆脱困境。篮球是轩轩的强项，每当晨间篮球活动时，老师都会故意把篮球拍落在轩轩旁边，借此叫轩轩帮忙把球拍回到自己手中。在开始阶段，轩轩有点抵触，不愿意帮忙拍球，但是老师不停地鼓励他，强化他帮忙拍球的行为。轩轩在教师的不断请求下，偶尔会帮着把球拍回到老师手中；而且每次只要轩轩这样做，老师就当着别的小朋友的面表扬轩轩，并要求别的小朋友学习轩轩拍球的正确姿势和技巧，请求轩轩指导拍球不熟练的小朋友。轩轩的自信心在老师的强化下开始提高。之后，老师对轩轩的强化开始减少，只是有选择地、适当地对轩轩的某种行为进行强化。轩轩在老师强化的过程中感受了成功的喜悦和与别人交往的愉悦，很快，轩轩就喜欢上了与别的小朋友一起玩游戏，并且还学会了与别人分享。现在的轩轩几乎每天都早早地来到幼儿园，并且再也不哭闹着要回去了，甚至到了幼儿园后还会主动跟爸爸妈妈说再见。①

儿童从出生到成熟是一个不断成长与发展的过程。在这个过程中，认知、情感、个性与社会性等心理成分是如何形成并影响他们的生活和学习的？这些心理成分的发展又受哪些因素的制约呢？这些问题虽然早已引起一些思想家和教育家的注意，但是在进入20世纪以后，才得到真正的重视和系统的研究，并形成相对独立和完整的理论学派。这几种理论学派主要指行为主义学派、精神分析学派、以皮亚杰为代表的认知学派、以维果茨基为代表的社会文化历史学派。这些学派分别运用不同的研究方法和视角解释了儿童不同方面的发展进程和特征，同时，也展现了自己不同于他人的儿童发展观。这些理论学派的观点和研究方法，无论是对教育者形成科学的儿童发展观和教育观，还是对教育者的儿童教育实践均有着重要的启发和借鉴意义。

第一节 行为主义学派的儿童发展观

行为主义产生于20世纪初期的美国。随着社会生产力的提高，现代化生产对人的行为要求越来越高。行为主义的创始人是华生。行为主义经历了以斯金纳为代表的新行为主义和以班杜拉为代表的新的新行为主义的演变。行为主义理论对于解释、促进和塑造儿童的行为、习惯有重要意义。

一、古典行为主义——华生的条件反射理论

华生受巴甫洛夫的影响，将他的理论作为行为主义的理论基础，从而创立了行为主义学派。

(一)华生的生平简介

图3-1 华生

华生(John Broadus Watson，1878—1958，见图3-1)出生于美国南卡罗来纳州。步入大学后的华生对心理学产生了很大的兴趣，并且在神经学、生物学和生理学方面有所研究，最终获得了哲学博士学位。

1908—1920年，他在霍普金斯大学度过了他学术生涯最辉煌的岁月。当时心理学界陷入了研究意识的旋涡，使得华生不断思考如何使心理学的研究更加客观化。1908年，他第一次公开了对这个问题的思考结果。他受到巴甫洛夫和洛克(认为一切都是习得的而非天生的)的影响，1913年发表了《行为主义者心目中的心理学》一文，正式宣告行为主义心理学

① 刘娟芬：《斯金纳强化理论应用于幼儿园教育实践的个案研究》，载《教师》，2020(8)。

的诞生。之后，华生用行为主义的方法进行广告宣传，借此介绍行为主义，普及行为主义。

(二)华生的行为主义观点

1. 基本理论

反对传统心理学的内省，提倡研究外显的行为，将心理学客观化，这是行为主义心理学最基本的理论内容。在研究对象上，华生反对当时传统心理学将重心建立在意识、经验、精神等一些内在的、不可见的对象上，主张将心理学的重心转移到外在的、可见的、可观察的外显行为上。在研究方法上，华生抛弃内省法，采用可量化的、操作性强的实验法、观察法等科学的研究方法，将心理学客观化，使得心理学成为一门自然学科。

2. 核心观点

作为一名极端的环境决定论者，华生信心十足地说："给我一打健康而没有缺陷的婴儿，并在我自己设定的特殊环境中教育他们，那么我愿意担保，随便挑选其中一个婴儿，而把他训练成为我所选定的任何一种专家：医师、律师、艺术家、商界首领乃至乞丐和盗贼，而不管他的才能、嗜好、趋向、能力、天资和他祖先的种族。"① 华生所谓的环境是纯粹的、只受到物质刺激的自然环境。他认可有机体中肌肉、器官等外在的遗传，但完全否认行为的遗传。他认为儿童的行为习得与先天的遗传没有任何关系，后天的环境和教育才是儿童行为习得的关键。他极端地夸大了教育与环境的作用而完全否认了遗传的作用。

3. 条件反射理论

华生认为一切行为的习得都可以用S(刺激)—R(反应)模型来解释。刺激指的是外部环境及有机体内部环境发生的一切变化，如光照、血液成分的变化等；反应指的是有机体产生的任何动作，如转向光源、肌肉收缩等。华生将反应分为外显的反应和内隐的反应，外显的反应是可通过外部观察的行为反应，内隐的反应是通过仪器测查的有机体内部的反应；又将反应分为先天遗传的反应和后天习得的反应，先天遗传的反应即无条件反射，后天习得的反应即条件反射。当许多反应连续地进行即"连锁反射"，连锁反射若经过多次重复，可以不在外界刺激下发生时，就成为习惯。华生注重习得后的观察、行为的联结，以及刺激产生的反应。因为反应能更多地体现有机体行为的特点，对于刺激与反应，若能用物理学和化学的规律加以说明，才算是完成了科学研究的任务。②

由于华生认为一切行为都是习得的，他将这一观点推到了情绪的习得上。他认为简单的情绪反应，经过条件反射作用，就形成了更加复杂的情绪反应。

---

① 杜·舒尔茨：《现代心理学史》，沈德灿等译，233页，北京，人民教育出版社，1981。
② 荆其诚：《华生的行为主义》，载《心理学报》，1965(4)。

二、新行为主义——斯金纳的操作性条件反射与强化理论

在创立行为主义学派后，华生有许多志同道合的追随者。这些追随者不仅将华生的理论思想发扬普及，而且弥补了先前经典行为主义理论的不足，提出了更适合的行为主义思想，我们称其为新行为主义。新行为主义的代表人物是斯金纳。

（一）斯金纳的生平简介

斯金纳(Burrhus Frederic Skinner，1904—1990，见图 3-2)，美国心理学家、新行为主义的创始人，最大的贡献是引入了操作性条件反射理论。斯金纳对动物与人类的行为很感兴趣，在大学期间研究了心理学和生理学，并阅读了巴甫洛夫、华生、罗素等人的著作，这对他日后的学术生涯与成就产生了巨大影响。他创制了研究动物学习活动的仪器——斯金纳箱，发展了巴甫洛夫和桑代克的理论，利用操作性条件反射与强化理论提出了“教学机器”与“程序教学”方案，在小说《沃尔登第二》里描绘了以操作性条件刺激形成的理想社会生活。1950 年当选为国家科学院院士，1958 年获美国心理学会颁发的杰出科学贡献奖，1968 年获美国总统颁发的最高科学荣誉——国家科学奖。①

图 3-2　斯金纳

（二）斯金纳的行为主义观点

1. 操作性条件作用理论

斯金纳认为所有的行为可分为两类，即应答性行为和操作性行为。应答性行为是有机体在环境的刺激下被动地做出反应，如经典条件作用下产生的行为，也是 S—R 模型所反映的过程。斯金纳认为 S—R 模型的思想不能解释所有的行为反应，继而提出了操作性行为这一概念。操作性行为是由有机体主动发出的自发性行为，这些行为受到强化后在某些特定情境中随意或有目的地进行。

经典研究
小白鼠与自由压杆箱

条件作用可分为应答性条件作用(经典条件作用)和操作性条件作用两类。经典条件作用认为反应由刺激引起，遵循 S—R 模型；操作性条件作用注重行为之后的强化，因此，在其基础上提出了 S(刺激)—R(操作)—S(强化)模型。他认为外部刺激非常重要，行为是否再次发生取决于产生的结果。行为之所以发生变化是因为强化的作用，强化所增加的不仅是刺激—反应的联结，而且是使反应发生的一般倾向性，即发生的概率。② 可见，斯金纳的操作性条件作用理论强调操作后的强化作用，重视行为及其结果，强调分析反应。因此，操作性条件作用与一般原则

① 《二十世纪最著名的心理学家——B. 斯金纳》，载《中国行为医学科学》，2005(5)。

② 马雅菊：《三代行为主义学习理论比较研究》，载《教师》，2010(4)。

相联系：任何反应如果随之紧跟强化（奖励）刺激，这个反应都有重复出现的趋向；任何能提高操作反应率的刺激都是强化刺激。

2. 强化理论

强化理论是斯金纳理论中最核心也是最基础的部分。斯金纳认为强化是塑造行为的基础，行为若得不到强化便容易消退，若得到及时的强化则有利于增加其发生的概率。因此，强化在操作性条件作用中是指伴随在行为之后的、有助于该行为重复发生的事件。“迷信的鸽子”（见图 3-3）经典实验论证了强化行为的过程。

经典研究

迷信的鸽子

图 3-3 迷信的鸽子

斯金纳按照强化物的性质将强化分为正强化和负强化。正强化又称积极强化。例如，当儿童做出某种符合要求的行为时，如果能从教师或家长那里得到某种令其感到愉快的结果，这种结果会成为推进他趋向或重复此种行为的力量。例如，当一个不喜欢拍球的儿童能达到拍 5 个球的目标时，教师随即奖励他一朵小红花，那么以后他将会重复出现拍球达到目标的情况。负强化又称消极强化。例如，当儿童犯错时，我们可以给予他一个厌恶刺激，或消除一个愉快刺激，如不带他到公园玩或者不让他打游戏。总之，无论是正强化还是负强化，其结果都是为了增加期待的行为再次发生的概率。

在实际教育中，教师在选择强化物时要注意两点。首先，教师应当根据班上不同的幼儿选择不同的强化物。教师应当了解每个幼儿感兴趣的活动或事物，有针对性地对幼儿施予强化。若施加的强化不能吸引幼儿，则行为效果不佳。其次，教师应当根据年龄特征来选择强化物。例如，帮助教师做事可以作为幼儿园或者小学低年级学生的强化物，但是对于高年级学生则不适用。

三、新的新行为主义——班杜拉的社会认知学习理论

(一)班杜拉的生平简介

图 3-4　班杜拉

班杜拉(Albert Bandura，1925—2021，见图 3-4)出生于加拿大艾伯特省的蒙达。他提出的社会认知学习理论是在对传统行为主义继承与批判的历史关系中逐步形成的。他的理论影响甚广，波及实验心理学、社会心理学、临床心理治疗以及教育、管理、大众传播等社会生活领域。著有《社会学习与人格发展》《思想和行动的社会基础：社会认知论》《自我效能：控制的实施》等。

(二)社会认知学习理论的观点

班杜拉从行为主义出发，吸收了人本主义心理学和认知主义心理学的思想，形成了社会学习与社会认知相结合的人格理论，在行为主义学派和认知学派之间架起了一座桥梁，并对认知—行为治疗做出了巨大贡献。

1. 观察学习理论

与华生和斯金纳不同，班杜拉的许多实验都是在社会情境中完成的，因此，他的理论被称为社会学习理论。由于他在其中加入了认知元素，与认知心理学相联系，因此他的学习理论也被称为社会认知学习理论。班杜拉将新的学习与习得行为的表现区分开来，提出了观察学习的概念，并将观察学习作为理论核心。他认为通过观察，无须亲身尝试，无须接受强化，特别是直接强化，人即可习得行为，无须对每个细小的反应给予强化，也无须经过那些索然无味的尝试和错误的阶段。[①] 榜样在观察学习中起至关重要的作用。

班杜拉认为学习不一定要有强化，也不一定要有外显行为，观察学习的过程可以简单归结为四步。

①注意过程。这是选择观察对象及观察信息的过程。在学习过程中，学习者要观察什么、注意什么是由观察过程决定的，而将哪些作为观察对象，并且对哪些信息进行抽取，取决于学习者的选择性注意。注意过程通常受三个方面的影响：一是观察者自身的知识经验、价值观念、认知能力、已有的经验水平不同，选择的榜样及注意的信息也会有所不同；二是榜样的特点，一般受人们尊重的人容易成为榜样，容易引起观察者的注意；三是观察者和榜样之间的关系，如果观察者能经常受到榜样的影响或者两者有相似点，那么观察者会更容易学习榜样的行为。

②保持过程。对榜样示范行为的保持，即观察者将示范的经验转化成表象或言语符号，保留在记忆中。在这一过程中，表象与言语编码同时被储存在头脑中，当榜样不在场时，观察者受到某种情境的影响，会出现行为的复现。表象和言语编码

---

① 郑翠玲：《班杜拉和社会认知论》，载《大众心理学》，2007(7)。

记忆对其之后的行为学习有指导作用。

③运动再现过程。这一过程是将表象与符号转化为行为的过程。再现的行为不一定是准确无误的，这就需要我们的纠正和调整。如果自己可以意识到一些错误的行为，就可以自我监察和纠正；如果自己意识不到一些错误的行为，则需要社会及他人给予反馈和指导。

④动机过程。动机是推动人内部行动的内部动力。[①] 动力是贯穿行为习得始终的。人们可以通过观察学习新的知识。人的活动动机来自对某种行为的强化。班杜拉将强化分为直接强化、替代强化和自我强化。直接强化指在个体达到行为期望时，给予其及时的肯定与鼓励。例如，教师对表现好的幼儿进行表扬，被表扬的幼儿就会得到直接的鼓励和肯定。替代强化指观察者因看到榜样受到强化而受到强化。例如，教师表扬一个幼儿好的阅读行为时，班上其他幼儿也会效仿这种行为。自我强化指当个体的行为表现符合自己设定的标准时，对自己的行为进行鼓励。例如，一个幼儿为自己设定了每天练习跳绳的标准，如果达到了这个标准就对自己进行奖励。

2. 相互决定论

班杜拉虽然受到华生环境决定论的影响，但他不是一个极端的环境论者。他认为人的行为是与人和环境相互影响、相互作用的。人的行为是由人、行为、环境交互决定的。环境影响着行为，行为影响着环境，行为与环境影响着人，人又影响着行为与环境。[②] 行为和环境是相互影响的，行为影响着潜在的环境成为实际的环境，环境又影响着潜在的行为成为实际的行为(见图 3-5)。人的动机、观念等影响着行为，行为又改变着人的动机、观念等。个人的外表、气质、性格体现了不同的社会环境，社会环境又影响着人的自我评价，改变着人的外表、气质、性格等。

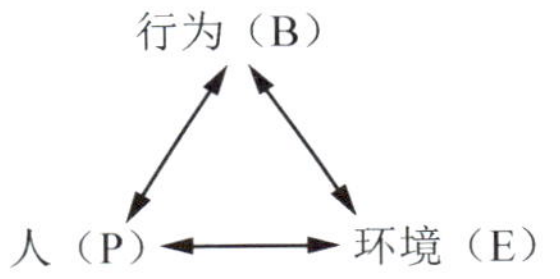

图 3-5　人、行为与环境之间的交互决定关系

3. 自我调节论与自我效能感

班杜拉关注到了观察者自身的强化模式，观察者可以通过自己能够控制的奖赏来维持自己行为的过程，属于自我强化。其中有代表性的莫过于自我调节论与自我效能感。

自我调节论是指个体通过自己对行为的计划和预期与行为的现实结果加以对比和评价来调节行为的过程。班杜拉认为自我调节分为三个过程。第一个是自我观察。由于不同活动的衡量标准不同，人们根据各种标准对自己进行评价，这种评价对自己既有积极作用也有消极作用。第二个是自我判断。人们往往在行动前为自己制定

① 姚篮：《试论班杜拉的社会学习理论——观察学习》，载《遵义师范学院学报》，2003(2)。
② 郑翠玲：《班杜拉和社会认知论》，载《大众心理学》，2007(7)。

一个标准，以判断自己的行为结果与标准的差距。若高于标准则表现出积极的自我评价，若低于标准则表现出消极的自我评价。第三个是自我反应。个体对自己的行为做出评价，或者产生自我肯定、自我满足的体验，起正强化作用，或者产生自我否定、自我批评的体验，起负强化作用。

班杜拉认为自我调节的衡量标准可以通过三种途径获得。第一种是模仿。儿童通过父母、成人、权威的示范行为获得标准。第二种是标准内化。在成长过程中，父母、成人等对儿童符合标准的行为给予奖励，对儿童不符合标准的行为给予惩罚，使得儿童将这些标准作为自己评价的标准。第三种是榜样作用。儿童通过榜样作用学习借助道德的要求为自己的标准找到依据。

自我调节的运用范围颇广，体现在儿童的自我控制、自律上，也体现在延迟满足上，即在无外人监督的情况下，适当地控制、调节自己的行为，抵制诱惑，抑制冲动，坚持不懈地完成任务。受班杜拉自我调节论的影响，20 世纪 60 年代美国心理学家米歇尔设计并实施了延迟满足的经典实验。

经典研究

延迟满足

自我效能感是班杜拉在 1977 年提出的，是指人们关于自己是否有能力控制影响其生活的环境事件的信念。① 自我效能感在决定个体的行为选择、努力的程度、面对挑战时的坚持性，以及对未来任务的焦虑程度或自信程度方面发挥着巨大的作用。② 自我效能感主要受成败经验、替代性经验、言语劝说、情绪和心理状态四个因素的影响。成败经验也称直接经验，是个体操作直接获得的经验，也是对自我效能感影响最大的因素。成功的经验可以提高自我效能感，增强信心；失败的经验会使人丧失信心，降低对自己的评估。如果在任务艰巨、没有外援、自身努力不足的情况下失败了，自我效能感也不会减弱；如果在任务简单、外援多、个人非常努力的情况下成功了，自我效能感也不会增强。替代性经验是指个体通过观察他人的行为获得经验。如果他人与自己的能力水平相似，且在某件事上成功了，那么自己也有可能成功。如果一个人和自己的能力水平相仿而在某件事上失败了，那么自己也会丧失信心，不会付出很大努力了。言语劝说是指通过他人的建议、劝告、暗示等鼓励性言语提高自我效能感。劝说者的地位、声望会影响自我效能感，但在面临困境时这种影响较容易消失。情绪和心理状态也会影响自我效能感。如果在完成一项任务时内心平静，则会增强自我效能感；如果急躁焦虑，则会减弱自我效能感。

---

① 李晶晶：《班杜拉社会学习理论述评》，载《沙洋师范高等专科学校学报》，2009(3)。

② 纪海英、郭本禹：《从新行为主义到社会建构主义：班杜拉研究范式的转变》，载《心理科学》，2006(1)。

第二节　精神分析理论的儿童发展观

精神分析是弗洛伊德在对神经症的治疗实践中提出并加以应用的理论体系，它对心理学、生物学、哲学、文学、历史、艺术等众多学科影响深远，是人类科学文化思想的重要结晶。

一、弗洛伊德的理论

图 3-6　弗洛伊德

(一)弗洛伊德的生平简介

弗洛伊德(Sigmund Freud，1856—1939，见图 3-6)，19 世纪末 20 世纪初奥地利的医生、心理学家、精神分析学派的创始人。弗洛伊德出生于奥匈帝国治下摩拉维亚的一个犹太商人家庭，犹太人的身份既是他精神分析理论的重要缘起，也给精神分析的发展带来一定的阻力。弗洛伊德始终意志坚定，承受了常人所不能承受的非议和指责。弗洛伊德具有超强的语言天赋，对各类学科充满兴趣。他的精神分析学说几乎渗透了社会生活的各个领域。

(二)弗洛伊德的主要观点

1. 心理结构说

弗洛伊德把人的心理划分为表层的意识、深层的潜意识和介于两者之间的前意识三个区域。就三者之间的关系，弗洛伊德做了一个形象的比喻：漂浮在海上的冰山。精神分析着重研究藏于水下面看不见、无法意识到的潜意识部分，因此也被称为深蕴心理学(或深度心理学)。

①意识。意识是心理结构的外表，直接与外部世界接触。弗洛伊德认为，相比于潜意识，意识只是人的心理结构中很微小的一部分，源于潜意识。弗洛伊德将意识等同于知觉，认为所有知觉，不论从外部(感官知觉)还是内部——我们称之为感觉和感情——接受的知觉，一开始都是意识。①

弗洛伊德认为，意识并不是在婴儿期以成熟和最终的状态突然出现的。随着人格受到内部的日益成熟和对世界不断拓展的经验的影响，意识不断发展。这一假设是建立在观察的基础上的，如新生儿不必决定让心脏跳动、嘴唇吮吸、在强光下闭眼或摆动手脚，所有这些活动都是自动发生的。随着时间的推移，神经系统的内部成熟和来自外部世界的感觉迫使婴儿开始越来越意识到什么可能的行为可以满足产

---

① [奥]弗洛伊德：《弗洛伊德后期著作选》，林尘、张唤民、陈伟奇译，166 页，上海，上海译文出版社，1986。

生于潜意识的需要。[①]

②潜意识。在弗洛伊德看来，所谓潜意识，就是一种不能为意识所知的特殊心理活动。[②] 弗洛伊德认为精神分析学的三大奠基石是潜意识的心理机制、阻抗和压抑机制、性的重要性。[③] 可见，潜意识在弗洛伊德理论中的重要性。潜意识处于心理结构的最底层，由各种原始的本能和欲望组成，是生物性本能能量的仓库，是人类一切活动的动力源泉。

最初弗洛伊德认为，潜意识是人们在婴幼儿期遭到压抑的性本能和性体验，性冲动是潜意识的核心内容。后来经过第一次世界大战，弗洛伊德在目睹了战争过程中人们所暴露的暴虐、残忍的一面后，他将性本能发展为“生的本能”，囊括了除性本能之外的其他一些生物本能。同时他提出了一种全新的潜意识的内容和成分——“死的本能”，用于解释人的自我毁灭、破坏性和侵略性行为。[④]

潜意识主要有六个特征：一是原始性(源于人们心中最原始和非理性的低级部分)；二是冲动性(“……被压抑物具有一种向上的强大的内驱力，具有一种努力进入意识状态的冲动”[⑤])；三是非逻辑性(相互矛盾的冲动并列存在，不相互排斥)；四是非时间性(不按时间顺序进行，也不因时间的推移而改变)；五是非道德性(没有价值判断)；六是非语言性(没有思维概括能力，没有语言参与，如梦境的荒诞、杂乱)。[⑥]

③前意识。前意识位于意识和潜意识之间，属于两者之间的中介环节和过渡领域。前意识的位置决定了它的内容有两部分：一部分是暂时潜伏的意识的内容，在某些特定的条件下会很容易变成意识的对象，如暂时遗忘却随时可以回想起来的想法；另一部分是潜意识的衍生物，这是潜意识为了躲过前意识的审查产生的一种结果，但是当意识觉察出前意识中的潜意识衍生物时，会把它再驱逐回去，将其压抑在潜意识中。前意识在心理结构中起着很重要的作用，弗洛伊德强调前意识的审查作用，认为前意识系统像介于潜意识系统和意识系统之间的一个筛子[⑦]：它担负着“稽查者”的任务，严密防守，把住关口，不准潜意识的本能和欲望潜入意识之中。

2. 人格结构说

弗洛伊德提出人格结构由本我、自我、超我三部分组成。在儿童的发展过程中，本我在出生时便已存在，自我产生于儿童通过与环境的相互作用来满足需要的不断努力中，超我最晚产生。

①本我。本我是人格系统中最原始、最隐私的部分，处于潜意识的深层，由先

---

① 郭本禹：《精神分析发展心理学》，39页，福州，福建教育出版社，2009。
② [奥]弗洛伊德：《性爱与文明》，滕守尧译，290页，合肥，安徽文艺出版社，1987。
③ [奥]弗洛伊德：《梦的释义》，张燕云译，3页，沈阳，辽宁人民出版社，1987。
④ 郭本禹：《精神分析发展心理学》，40页，福州，福建教育出版社，2009。
⑤ [奥]弗洛伊德：《精神分析引论新讲》，苏晓离、刘福堂译，75页，合肥，安徽文艺出版社，1987。
⑥ 车文博：《弗洛伊德主义》，184页，北京，首都师范大学出版社，2010。
⑦ 车文博：《弗洛伊德主义原著选辑(上卷)》，140页，沈阳，辽宁人民出版社，1988。

天本能、基本欲望组成。本我在个体发生史上是古老而长存的，是个体通过种族遗传继承的。它与外部世界不产生联系，所以只受愿望的支配，遵循快乐原则。

本我的目的是趋乐避苦。在儿童的发展过程中，年龄越小，本我的作用越重要。新生的婴儿几乎全部处于本我状态，只能通过食物、水、温暖、身体的排泄、自主的肌肤刺激以及情感来满足需要，对于自己与其他人、事物之间的区别，他们最初只能通过反射行为对一些痛苦或紧张的信号进行反应。① 随着年龄的增长以及对世界经验的增多，婴儿对环境的意识更为准确，开始通过初级过程来消除紧张——在记忆中创造出为减轻紧张所必需的事物的客体。为了满足需要并将紧张维持在一个适当的水平，婴儿必须同现实世界相互作用，这就是人格的另一面，即自我。

②自我。自我代表人格结构的现实部分，介于以生理需要为基础的原始本能与外部世界之间，是两者内化了的心理代表。从起源上看，自我是从本我中分化出来的，不能脱离本我而存在，但在很大程度上是与外部环境相互作用的产物。

自我在两条战线上作战：它必须既防止外部世界消灭自我的威胁，又防止内部世界提出过度的要求，以求得自己的生存。② 一方面，自我通过接触外部环境将其内化为经验、知觉、记忆等，同时根据本我的要求将其内化为行动，或者通过改造外部世界使之适应本我；另一方面，自我通过对本能愿望的控制，决定要不要使其得到满足，或延缓那种满足，或者干脆压抑本能欲望的兴奋。自我遵循现实原则。

③超我。超我是人格结构中的上层部分，是一切道德限制的代表，代表社会和文化规范的部分，是个人道德的核心。超我是从自我中分化、发展起来的，大约5岁时开始出现。在弗洛伊德看来，超我实际上是父母或教育者的继承者和代表，是社会权威的一种内在延伸，以父母或教育者的超我为原型。

超我由自我理想和良心两个次级系统构成。自我理想代表儿童世界的“应该”，通过父母的奖励形成；良心代表儿童世界的“不应该”，通过外界的惩罚内化形成。成熟的儿童会渐渐地不需要外部的支持，他们的超我扮演了惩罚和奖励自己的角色：如果违背了自己内化的价值观，成熟的儿童会用内疚、羞愧和恐惧来惩罚自己；如果遵守了自己内化的价值观，成熟的儿童则会用自我正义、自我赞扬和自豪感来奖励自己。超我遵循至善原则，其目的主要是控制和引导本能的冲动，说服自我以道德目的替代现实目的并力求完美。

3. 人格发展理论

为了说明患者所描述的关于童年的梦和记忆的种类，弗洛伊德创建了一个以一系列成长阶段为特征的儿童发展模型③，以身体不同部位获得性冲动的满足为划分标准，将人格发展分为五个阶段(见表3-1)。

---

① 郭本禹：《精神分析发展心理学》，42页，福州，福建教育出版社，2009。

② [奥]弗洛伊德：《弗洛伊后期著作选》，林尘、张唤民、陈伟奇译，179页，上海，上海译文出版社，1986。

③ 郭本禹：《精神分析发展心理学》，51页，福州，福建教育出版社，2009。

弗洛伊德在描述五个阶段时提出了固着和退行两个概念。固着指的是在力比多的发展过程中，有一部分心理机能由于在某个阶段得到过度满足或者过度失望而停留在此阶段，不再继续发展。退行指的是发展到下一阶段的力比多又倒回到原先停顿的阶段。固着和退行是紧密联系的。

①口唇期(0～1岁)。这一阶段是个体性心理发展的最原始阶段，性力集中在口部，个体靠吮吸、咀嚼、吞咽、咬等口腔活动获得快感与满足。若得到满足，则形成正面的口腔人格，如乐观开朗等；若没有得到满足或者过度满足，则会在这一阶段产生固着，形成负面的口腔人格，如过度依赖他人等。

②肛门期(2～3岁)。性力集中在肛门，儿童通过排泄解除内急压力获得快感。在此阶段，如果父母能配合儿童自己控制能力，儿童会养成良好的习惯，长大后具有较高的创造性和效率。若父母训练过严，与儿童发生冲突，则会导致儿童形成两种肛门性格：一是肛门排放型性格，表现为邋遢、浪费、无条理、放肆、凶暴等；二是肛门便秘型性格，表现为过分干净、过分注意条理和小节、固执、小气、忍耐等。① 因此，父母对儿童大小便的训练不宜过早、过严。

③生殖器期(4～5岁)。性力集中在生殖器。这一时期的儿童喜欢抚摸和显露生殖器以及性幻想。生殖器期对儿童的人格形成产生重要影响，表现为男孩对父亲认同，女孩对母亲认同。弗洛伊德认为这一阶段固着的产生是因为俄狄浦斯情结没有解决好。男孩表现为自负、夸张等，女孩表现为要强、性偏离等。

④潜伏期(6～12岁)。性力受到压抑，无特定的敏感区。这一阶段的儿童倾向于和同性交往，性冲动暂时停止活动，有目的地转向学习、体育、歌舞、艺术、游戏等。性会带上社会性情感的盔甲，同时又通过压抑和反向作用建造起日后用来防阻性欲的堤防。儿童在这一阶段若受到不良引诱，会产生性偏离。

⑤生殖期(13～18岁)。性力集中在生殖器。这一阶段也是性成熟期，其特征是异性爱的倾向占优势。弗洛伊德认为，这个阶段的性生活发展尤为重要，如果个体的性发展顺利进入青春期，将性目标和对象集中在异性身上，则有助于对他人产生兴趣并具有成熟的性特征；相反，如果个体的性生活受到外部干扰或者其他原因的阻隔而停滞，就可能导致性变态和性倒错，甚至产生病态人格。

表 3-1　弗洛伊德的性心理发展阶段②

阶段	年龄/岁	性敏感区	主要发展任务（潜在冲突来源）	本阶段发生固着会导致的成人性格特点
口唇期	0～1	口部	断奶	嘴部行为，如抽烟、过度饮食；被动性和易上当

---

① 沈德灿：《精神分析心理学》，104页，杭州，浙江教育出版社，2005。

② [美]格里格、[美]津巴多：《心理学与生活》，王垒、王甦等译，北京，人民邮电出版社，2003。

续表

阶段	年龄/岁	性敏感区	主要发展任务（潜在冲突来源）	本阶段发生固着会导致的成人性格特点
肛门期	2～3	肛门	大小便的训练	杂乱无章、吝啬、固执或者相反
生殖器期	4～5	生殖器	俄狄浦斯情结	虚荣、莽撞或者相反
潜伏期	6～12	无特定区域	防御机制的发展	无（一般在此阶段不会发生固着）
生殖期	13～18	生殖器	成熟的性亲密行为	成功完成早期阶段的成年人会对他人产生兴趣并具有成熟的性特征

二、埃里克森的理论

（一）埃里克森的生平简介

埃里克森（Erik Homburger Erikson，1902—1994，见图 3-7），生于德国，后来迁居美国。他是著名的儿童精神分析学家，创立了以自我同一性为核心的人格发展渐成说，开创了有关人的毕生心理学研究的先河，是自我心理学的文化转向的集大成者，著有《儿童与社会》《同一性：青少年与危机》等。

图 3-7 埃里克森

（二）埃里克森的主要观点

埃里克森将人格结构的重心转移到自我，把人的发展动机从潜意识领域扩展到意识领域，从先天的本能欲望转移到现实关系中，他的发展阶段理论也比弗洛伊德的更全面、更深刻，也更富有乐观精神。埃里克森走出弗洛伊德心理性欲的范围，将自我放在心理与社会的相互作用中，还将以自我为中心的人格发展阶段扩展到整个生命周期，将自我心理学理论提高到一个新的高度，推动了自我心理学的社会文化转向。他的理论在很多领域产生了积极的影响，扩大了精神分析的研究范围。

1. 自我同一性

自我同一性是埃里克森提出的最有影响的概念之一，是其心理学思想体系的核心概念。这一概念的提出源于战时对伤员的诊断。埃里克森发现战争造成的伤员中，有一些伤员既不曾患有弹震症，也不是在装病，而是在战争的紧急状态中失去了个人同一性和历史连续性之感，失去了对自己中枢的控制。①

自我同一性是一个多维度的概念，从根本上看，它是一种能意识到的独特感和方向感，源于多种与自我相统一的心理社会体验，包括个体对以往各种身份、各种

① 郭本禹：《精神分析发展心理学》，298 页，福州，福建教育出版社，2009。

自我形象的综合感以及对合适伴侣做出明智选择的意识和感受等。因此，自我同一性指的就是我们是什么，我们想成为什么，我们应该成为什么，我们不想成为什么，我们知道我们不应该成为什么。①

与同一性相反的是同一性混乱，即同一性危机，指的是内部和外部之间不平衡、不稳定的感觉，或者感受不到一个人的生命是向前发展的，不能获得一种令人满意的社会角色或职业所提供的支持。同一性混乱对青年精神健康的危害极大，容易导致人格的适应不良，甚至患上神经症等精神疾病。

2. 人格发展阶段理论

埃里克森认为人的发展是根据渐成原则进行的，在发展过程中，自我的发展顺序按成熟时间表将内心生活与社会任务结合起来，形成既分阶段又连续的人格发展过程。人格发展八阶段（见表 3-2）的顺序是不变的，由遗传因素决定。如果个体在发展过程中因受阶段改变的影响不能很好地适应社会，就会产生发展危机。

①婴儿期。0～1.5 岁，其发展任务是获得信任感，克服不信任感，发展危机是信任对不信任。如果婴儿能够得到爱抚和悉心的照料，生理需要得到满足，就会对周围环境产生信任感；反之，如果父母的育儿方式不当，对婴儿缺乏爱抚，会造成婴儿对环境产生不信任感。充满信任感的婴儿敢于冒险，不屈服于挫折；缺乏信任感的婴儿则害怕挫折和失败。

②儿童早期。1.5～3 岁，其发展任务是获得自主感，克服羞怯和疑惑感，发展危机是自主独立对羞怯怀疑。这一阶段的儿童会快速掌握大量技能，一方面在探索新世界中因自信而产生一种自主感，另一方面又因不愿过分依赖以及担心越出自身和环境的边界而感到羞怯和疑虑。如果父母在教导儿童行为时既宽容又能坚持培养儿童的良好行为习惯，就能保护好他们的自主感；如果父母过于纵容或者惩罚严厉、不公正，儿童就会感到疑虑和害羞。这一阶段形成的人格倾向将会影响他以后的人格发展。

③学前期。3～6 岁，其发展任务是获得主动感，克服愧疚感，发展危机是主动对愧疚。此时儿童能从言语和行动上探索和扩展其环境，因不难达到目的而产生主动感。这一阶段的儿童容易对差别（尤其是性别差别）产生强烈的好奇心，好奇心得到成人的鼓励还是否定、嘲讽，会直接影响儿童产生主动感或愧疚感。如果在此时获得更多的主动感、更少的愧疚感，他们就会产生正视和追求有价值目标的勇气。这一阶段的儿童热爱团体游戏，游戏是解决主动感和愧疚感矛盾的方法，因此，埃里克森称这一阶段为游戏阶段。

④学龄期。6～12 岁，其发展危机是勤奋对自卑。这一阶段的儿童多数在上小学，如果求学过程中他们的成功多于失败，可能就会养成勤奋进取的性格，敢于面对困难，能自如地运用智力和技能来完成任务；反之，则可能会养成自卑自贬的性

① 郭本禹：《精神分析发展心理学》，298 页，福州，福建教育出版社，2009。

格，难以面对困难。能力品质源于成人对儿童充满爱的注意和鼓励，自卑感则产生于成人对儿童缺乏关心和冷嘲热讽。①

⑤青年期。12～18岁，其发展任务是建立同一性，克服同一混乱感，发展危机是自我同一对角色混乱。这一时期的个体如果能够把与自己有关的多个层面统合起来，形成协调一致的自我整体，则自我同一形成；否则，会产生同一性危机，阻碍以后的发展。埃里克森认为，青年期是人生重要的一个阶段，自我同一性的形成标志着儿童期的结束、成人期的开始。

⑥成人早期。18～25岁，其发展任务是获得亲密感，克服孤独感，发展危机是亲密对孤独。这一时期的个体需要获得爱情，需要人与人之间的亲密无间，否则就会感到孤独。如果个体在这个阶段具备了建立亲密关系的能力，他就会形成爱的品质；反之则会回避与他人的亲密交往，产生孤独感。

⑦成人中期。25～50岁，其发展危机是繁衍对停滞。繁衍指的是生儿育女、工作上的发展、关心下一代的成长。具有繁衍感的人会形成关心的品质；如果一个人只关注自己，就不会获得繁衍感，心理就会停滞或倒退。

⑧成人后期。50岁至生命结束，其发展危机是完美无缺对悲观绝望。当个体顺利通过前七个阶段，觉得生活充实，对社会有贡献，问心无愧时，就会形成智慧的品质，能够坦然面对死亡；否则，个体就会产生绝望和无意义感。

表 3-2　埃里克森人格发展八阶段的发展危机和相应特质②

阶段	发展危机	年龄/岁	特质	
			对危机的积极解决	对危机的消极解决
婴儿期	信任对不信任	0～1.5	希望	恐惧
儿童早期	自主独立对羞怯怀疑	1.5～3	自我控制和意志	自我怀疑
学前期	主动对愧疚	3～6	方向和目的	无价值感
学龄期	勤奋对自卑	6～12	能力	无能
青年期	自我同一对角色混乱	12～18	忠诚	不确定感
成人早期	亲密对孤独	18～25	爱	淡漠
成人中期	繁衍对停滞	25～50	关心	自私
成人后期	完美无缺对悲观绝望	50岁至生命结束	智慧	绝望和无意义感

① 沈德灿：《精神分析心理学》，395页，杭州，浙江教育出版社，2005。
② 沈德灿：《精神分析心理学》，397页，杭州，浙江教育出版社，2005。

第三节　皮亚杰的儿童认知发展理论

图 3-8　皮亚杰

皮亚杰(Jean Piaget，1896—1980，见图 3-8)，瑞士心理学家、发生认识论的创始人。他一生主要致力于儿童认知发展研究，以逻辑学、相对论和辩证法为支点，运用临床谈话法、实验法揭示了儿童认知发展的本质特征及其规律，对儿童心理学理论体系的建构做出了重要的贡献。

一、认知发展理论的基本假设

皮亚杰认为认知发展是个体心理结构的改进和转换，具有内在主动性、建构性和阶段性。

(一)认知发展是个体心理结构的改进和转换

皮亚杰认为，认知发展是个体在与环境不断相互作用的过程中进行心理建构的过程。心理结构的实质是一种思维化或组织化的模式，是个体通过建构来解释相关经验的。在个体与客体和环境作用的过程中，如果出现心理结构与实际不符的情况，心理结构便会失衡。为了使心理结构再度平衡，个体便会重新建构以调整或改变心理结构，从而使认知得到发展。简言之，这种心理结构的改进和转换就是认知发展。

(二)认知发展的内在主动性

皮亚杰认为，儿童是主动的建构者，其发展源于内部的动因。儿童总是在主动地探索周围的世界，在这个过程中，他们会遇到新鲜的、不能用现有认知结构解释的事物，这会导致其认知结构失衡。因此，儿童便需要重新调整或改变已有的认知结构以重新达到平衡，这是一个建构新认知结构的过程，也是认知发展的过程。

(三)认知发展的建构性

皮亚杰认为，认知发展不是“经验的”，也不是“先验的”，而是个体建构的。所谓建构，主要指的是认识结构的建构，以建构的基础为主体作用于客体的动作。在发展的初期，个体不能分辨其与客体的差别，因此，个体主要通过动作系统来获得认识。这些动作系统是本能的、先天的、孤立的，形成了个体认知发展的基础。之后，个体的动作系统开始分化为内外两个方向，从而建构起主体动作间的内部协调，以及与主体相关的客体动作间的外部协调。这种内化的动作发展被称为内向建构，外化的动作发展被称为外向建构，二者共同构成皮亚杰的双重建构体系。

个体通过内化建构使其最初的本能动作结构变成协调的动作结构，进而形成主体的认知结构；之后，通过外化建构使最初的认识结构确定下来；接着，内化建构和外化建构共同作用于个体的认知结构，使个体不断形成新的认知结构，并将这些认知结构作用于客体，继而再形成新的认知结构，这样循环往复，使个体的认知得以发展。

(四)认知发展的阶段性

皮亚杰在工作的过程中发现年龄相仿的儿童会出现相似的认知错误，他对此进行了深入的研究。通过临床访谈法以及一系列实验，如客体永久性、三山实验、守恒实验等，皮亚杰将儿童的认知发展划分为四个阶段。每个阶段代表儿童认知和思维的一种发展水平，所有儿童都遵循这样的发展顺序，不可能跳过某一阶段，次序也不可能颠倒。

二、智力的起源与发展

皮亚杰认为，智力是个体适应环境的能力。儿童生来就是充满好奇的探索者，因此，当他们通过探索发现某些新奇的、不能理解的刺激时，其认知结构就会产生冲突，进而失去平衡。在智力的作用下，儿童会努力适应环境，使认知结构再度趋于平衡。在这种由不平衡到平衡的过程中，个体的知识得到了建构，智力也得到了提高，从而使认知得到发展。可以说，儿童本身就是一个建构者，他们依据自己已有的知识对事实进行建构。皮亚杰认为在儿童发展的过程中，同伴起着非常重要的作用，因为与同伴的相互作用更容易使儿童产生认知失衡，而同伴往往没有引导和解释的能力，个体需要依靠自身的建构来解决冲突，从而促进认知的发展。

皮亚杰认为，儿童认识是通过图式的改进和转换得以发展的。所谓图式，就是认知结构，是个体建构的用来解释相关经验的有关思维和动作的组织化的模式，是个体理解周围环境并进行建构的基础。个体在原有图式的基础上与环境进行相互作用，在这个过程中会产生同化或顺应。同化和顺应是个体建构图式的主要途径。

所谓同化，是指将新的知识或刺激纳入已有图式中的过程，或者说用已有图式来解释新经验的过程。通过同化，个体的原有图式会得到扩充和丰富。例如，在一个儿童的原有图式中，鸟类是有翅膀、会飞的动物，所以当他看到以前没有见过的白头鹎时，就会把它归为鸟类。但是当他有一天看到不会飞的鸵鸟时，就会产生疑惑。很多时候，单靠同化是不能解释所有新事物的，这时就需要顺应。顺应是改变已有图式来理解新经验的过程。当从别人那里知道，这是鸵鸟，它不会飞，但也是鸟时，他可能就会改变原有图式中鸟类的概念。例如，鸟类是有翅膀、长着羽毛但不一定会飞的动物，从而修正原有图式。

同化和顺应互为补充，共同作用，促进认知发展。没有同化就没有顺应，因为顺应需要已有图式作为基础，而已有图式是通过同化而来的；同样，没有顺应也就没有同化，因为个体最初的图式基础通过顺应而来的。同化和顺应是适应的两极，主体是同化之极，而对象是顺应之极，这两极是不可分割的。通过同化和顺应，个体不断进行着平衡化过程，但是个体无法达到绝对静止的平衡，所以个体只能不断趋于平衡状态，不断进行着平衡化过程。

三、认知发展的影响因素

皮亚杰认为，认知发展的影响因素主要有四个，即成熟、练习与经验、社会环境和平衡化。

(一)成熟

成熟指的是个体的成长，尤其是神经系统和内分泌系统的成熟。虽然皮亚杰并不认为成熟是发展的决定性因素，但是个体认知的发展必须以成熟为基础，因为个体的成熟使其达到某一发展阶段成为可能。

(二)练习与经验

练习与经验指的是个体在对物体做出动作的过程中得到的练习和所获得的经验，这种经验分为两种，即物理经验和逻辑数理经验。物理经验是通过对物体的直接动作而获得的经验，源于物体自身。例如，物体的颜色、触感、气味、味道等，都是个体通过看、摸、闻、尝等动作直接从物体处获得的。而逻辑数理经验则源于对动作以及动作间协调结果的理解。例如，儿童将杯子里的液体倒入不同形状的杯子中，然后又倒回原来的杯子中，发现水的多少没有变化，通过这一系列的动作他明白了水的多少是不会随容器的不同而变化的。皮亚杰强调动作的作用，认为知识源于动作。

(三)社会环境

社会环境，如教育、语言等能够影响个体的发展进程。但是，社会环境发挥作用的前提是它能够被个体同化。此外，个体的发展要遵循认知发展的固定顺序，社会环境的影响虽然不能改变这样的顺序，但是通过适当的教育，能够加速个体的认知从一个阶段向下一个阶段过渡的进程。可以说，社会环境不是发展的充分条件，而是必要条件。

(四)平衡化

平衡化指的是个体在与环境的相互作用中自我调节的过程。平衡化过程对成熟、练习与经验以及社会环境三个因素都具有调节作用。在发展的过程中，个体会出现新知识与已有图式不符的情况，这时就会产生认知失衡。在这种情况下，个体会通过建构再次达到认知平衡。在这种由不平衡到平衡的过程中，认知结构会发生改变，从而促进个体智力的发展。皮亚杰认为平衡化是个体认知发展的内在动力。

四、认知发展阶段

皮亚杰通过对自己的孩子以及众多儿童的大量研究，将认知发展(也可称思维发展)分为四个阶段：感知运动阶段、前运算阶段、具体运算阶段和形式运算阶段。因为本部分在后面有详细介绍，在此不赘述，详见第十章第三节。

第四节 维果茨基的社会文化历史观

维果茨基(Lev Semenovich Vygotsky，1896—1934，见图 3-9)，苏联心理学家、社会文化历史学派的创始人。他强调社会环境、社会文化、教育、社会交往等对儿童心理发展的重要影响，儿童的一切发展都深深地被打上了社会的烙印。维果茨基与列昂节夫和鲁利亚等人形成了极具影响力的“维列鲁学派”。1934 年，维果茨基因患肺病逝世。维果茨基的研究成果颇丰，一生虽短暂但辉煌，被誉为 20 世纪最有影响的心理学家之一、心理学界的“莫扎特”。

图 3-9 维果茨基

一、儿童心理发展观

(一)两种心理机能及其关系

维果茨基将人的心理机能划分为两种：其一是自然的低级心理机能，如感觉、知觉、机械记忆、不随意注意以及形象思维、情绪等；其二是社会的高级心理机能，如随意注意、逻辑记忆、抽象思维、高级情感和意志等。

这两种心理机能的关系复杂，既相互区别又相互联系(见表 3-3)。首先，它们是相互区别的，具体表现在它们的起源、反映水平、实现过程的结构、产生机制、个体发展等方面。其次，它们是相互联系的，具体表现在人的心理发展是由低级心理机能向高级心理机能的转化过程。

表 3-3 两种心理机能的比较

特征	低级心理机能	高级心理机能
起源	种系发展的产物，受生物学规律的制约	社会历史发展的产物，受社会历史规律的制约
反映水平	感性、形象、具体	概括、抽象、有思维的参与
实现过程的结构	直接的，而非中介的	中介的，而非直接的
产生机制	不随意的、被动的，由客体引起	随意的、主动的，由主体按照预定的目的自觉引起
个体发展	伴随生物的自身结构，尤其是神经系统的发展而发展	在人际交往、活动中产生并不断发展

(二)高级心理机能的社会起源

维果茨基从种系发展和个体发展两个角度探究了高级心理机能的社会起源。

从种系发展的角度看，维果茨基主要研究了人类萎退性心理机能的发展。所谓萎退性心理机能，是指行为的历史发展所遗留下来的痕迹，主要包括求签占卦、结绳记事、文化算数三种。它们源自原始社会，并一直衍生至今，在儿童的行为中也常可以看见。这些高级的、心理的"化石"背后显露的是心理的高级形式结构。

从个体发展的角度看，维果茨基认为高级心理机能不是儿童所固有的，起源于社会，并在与周围人的交往过程中产生与发展，因为儿童从出生就一直生活在社会文化的影响下。交往是活动的重要形式，是形成一切高级心理机能的社会基础，没有社会交往就没有高级心理机能。随着儿童的交往与复杂化，随着儿童掌握更多的交往手段，他们的高级心理机能也不断发展，最后形成了完整的高级心理机能的自我调节系统，形成了意识。

能够证明在人的发展历程中高级心理机能起源于社会的最有力证据是狼孩的发现。狼孩被发现时，虽然具有正常人的大脑，但是无法言语或直立行走，这主要是因为狼孩长期脱离人类社会，缺乏正常的社会交往，高级心理机能难以形成。

（三）高级心理机能发展的基本规律

人的心理发展是由低级心理机能向高级心理机能的转化过程。心理机能由低级向高级转化的标志可以归结为四个方面：第一是心理活动的随意机能发展，由开始的心理意识的不随意发展过渡到随意机能的成熟；第二是心理活动的抽象—概括机能，也就是各种机能由于思维（主要指抽象逻辑思维）的参与而高级化；第三是各种心理机能之间的关系不断变化，形成间接的、以符号或词为中介的心理结构；第四是心理活动的个性化。

（四）心理发展的实质

维果茨基认为，心理发展的实质就是一个人的心理（从出生到成年）在环境与教育的影响下，在低级心理机能的基础上，逐渐向高级心理机能转化的过程。由此可见，维果茨基的心理发展观是建立在他的文化历史发展观基础上的。维果茨基认为，人与动物的区别在于人有历史。人类只有在掌握了人类经验的基础上才能形成各种高级心理机能。

维果茨基指出人的发展要经历两个过程：一个是自然的、生物种系的发展过程；另一个是历史文化的发展过程，是社会性的。在人的历史发展过程中，不能排斥自然的、生物种系的发展过程。这两个过程在原则上以彼此不同的、独立的、互不依赖的发展路线表现出来。它们是相互融合的，即在个体的发展过程中，既有种系的发展又有历史文化的发展。

二、教学与发展的关系

（一）教学的含义

维果茨基把教学的概念分为广义和狭义两种。广义的教学是指儿童通过活动和交往掌握精神生产工具的过程，它带有自发的性质；狭义的教学则是指有目的、有计划、有系统的交际形式，它创造着儿童的发展。

(二)最近发展区

维果茨基认为儿童的发展存在两种水平：第一种是儿童已经达到的发展水平，表现为不需要别人的帮助，能够独立解决问题的水平；第二种是儿童可能达到的发展水平，表现为需要借助别人的帮助才能达到的解决问题的水平。这两种水平之间的差距就形成了一个发展区域，维果茨基称之为最近发展区。

应当注意的是，最近发展区是一个动态区域，教学不断创造着最近发展区。基于最近发展区，我们知道学习与发展是一种社会和合作活动，是永远不能被“教”给某个人的。它适用于学生在他们自己的头脑中构筑自己的理解。在这一过程中，教师扮演着促进者和帮助者的角色，指导、激励、帮助学生全面发展。

(三)教学应当走在发展前面

1. 学习的最佳期限问题

任何广义上的教育都是和年龄相关的。一般大家在讨论学习期限时，常常只指出其下限期，如不能教 6 个月的婴儿写字，大家都能意识到儿童只有达到一定的成熟度才能做某些事。儿童应当在发展过程中取得一定的先决条件，以便可以学习某门学科。维果茨基强调，教学存在一个最佳的上限期。

维果茨基这一概念的提出源自弗里兹提出的发展的敏感期。所谓发展的敏感期，是指个体发育中的某个时期，在这个时期发展中的动物对某种类型的环境影响特别敏感。弗里兹指出，这个环境的影响只有在一定的发育时刻才会产生积极的效应，早于或迟于这一时刻，这一影响都不会发生。

维果茨基提出了有关学习最佳期限的思想：任何教学都存在最佳的，也就是最有利的时期，对这个时期任何向上或向下的偏离，即过早或过迟实施教学，从发展的观点看，都是有害的，对儿童的智力发展会产生不良的影响。

2. 教学要走在发展前面

维果茨基认识到早在学校教学之前儿童的教学就已经开始了，即学校教学不是从零开始的，儿童在学校所受到的教育都是有其前史的。① 只有跑到发展前面的教学才是好的教学。维果茨基认为，教学不等同于发展，但正确的教学能促进儿童智力的发展。

对教育过程而言，最重要的不是着眼于学生现在已经完成的发展过程，而是关注那些正处于形成的状态或正在发展的过程，教学决定着智力的发展。如果教师在教育过程中只是利用学生现有的知识水平，而没有实际做到走在发展的前面，创造最近发展区，那么，教育过程就不可能成为学生发展的源泉，学生的发展就会受到限制。需要注意的是，教学走在发展前面，并不意味着发展的过程总是符合教学过程的，发展过程跟随着建立最近发展区的教学。教学与儿童的发展过程相互联系，

---

① 余震球：《维果茨基教育论著选》，398 页，北京，人民教育出版社，1994。

它们之间是一种复杂多变的关系。

三、内化学说

所谓内化，是指把存在于社会中的文化(如语言、概念、体系、文化规范等)变成自己的一部分，来有意识地指引、掌握自己的各种心理活动。①

维果茨基是内化学说最早的提出人之一。他指出，教学最重要的特征便是创造最近发展区这一事实，也就是教学激起与推动学生一系列内部的发展过程，从而使学生掌握人类的经验，并将其内化为自身的财富。

以数数为例，在最初的阶段，儿童一般用肉眼来估计并确定数量，之后出现了数数，但只是单纯地、外部地数他们以前在成人的帮助下数过的确定对象，然后过渡到实际的计数，但只有在外部标识，如在自己手指的帮助下才能完成。后来，儿童由用手数数转化为用心数数，在心里连贯地用言语数数。最后，当不需要中介环节就能直接说出结果时，就达到了内化。这种由社会、集体、合作的活动形式向个体独立的活动形式的转化、由外部活动形式向内部心理过程的转化，就其实质而言就是心理发展的一般机制即内化机制。

维果茨基把符号当作人心理活动的工具，同时也指出符号与工具之间存在差异，工具是外部活动的手段，符号则是内部活动的手段。在高级心理机能中，所有内部的东西以前都是外部的东西，在发展过程中，外部的东西内化为内部的东西。他认为内化是通过语言实现的。语言、词语究其意义而言，是社会联系的核心系统，先在人们的协同活动和人与人的交往中自然生成，然后变成个人的心理手段。儿童早年还不能使用语言这个工具来组织自己的心理活动，处于低级阶段，是自然的、不随意的，只有掌握了语言后，才能转化为间接的、随意的高级心理机能。

正如维果茨基所说的，在儿童的发展过程中，高级心理机能有两次登台：第一次是作为集体活动、社会活动，即作为心理间的机能；第二次是作为个体活动、儿童的内部思维方式，即作为内部心理机能。②

四、思维与语言的发展

(一)思维的发展

维果茨基认为儿童思维的发展是一个漫长的过程，他把这个漫长的过程划分成三个阶段。

第一阶段是含混思维阶段，即无条理思维的阶段。在这一阶段，儿童根据直觉或动作与表象连接成的一个混合形象对一堆物体进行分类，结果是这一堆物体的关系表面上有联系而实际上缺乏内在基础。

---

① 陈琦、刘儒德：《当代教育心理学》，196 页，北京，北京师范大学出版社，2007。

② 余震球：《维果茨基教育论著选》，5 页，北京，人民教育出版社，1994。

第二阶段是复合思维阶段。此时儿童的复合思维是将一类功能上有某种联系的具体事物加以联合的思维形式。复合思维已经是有条理的思维，同时也是客观的思维。

第三阶段是抽象思维阶段。此时的儿童更加重视某个物体的某些特征而不是其他特征，也会对这些特征优先处理。儿童知觉的综合特征被打破，对物体分类不再根据其相似性，而是依据单一的属性。维果茨基发现，随着儿童智力的增长，思维的原始形式越来越退居次要地位，而越来越频繁地使用真正的概念。

(二)语言的发展

在维果茨基看来，语言的发展对认知的发展极为重要。他把语言的发展划分为四个阶段。

第一阶段是从出生到 2 岁，儿童处在语言的原始自然时期，这一时期的任何操作都是以行为在原始阶段形成的形式出现的。

第二阶段是从 2 岁到 4 岁，即"朴素心理学"时期，这是模拟研究者在实际智力方面提出的"朴素物理学"的称谓。这一时期儿童语言发展的最大特点是对语法结构和形式的掌握领先于对相应形式的逻辑结构和操作的掌握。例如，儿童掌握"因为""如果"等形式比掌握因果、假设、对比等关系要早得多。

第三阶段出现在 4 岁左右，是自我中心语言阶段。随着朴素心理经验的增多，进入外部符号和外部操作的阶段，儿童利用这些符号操作完成内部心理任务。最有代表性的例子就是儿童数学发展中借助手指计数，在记忆过程中用外部符号增强记忆。

这一阶段的儿童很多时候会自言自语，尤其是在游戏时，常常会用不同的语气来表达不同的想法。在维果茨基看来，这种说话的形式标志着语言思维的出现。语言和思维之间的互动标志着语言思维的出现。其优势在于能使儿童在解决问题的过程中设计出解决这一问题的方案。

第四阶段是语言的内部成长阶段，这一时期是转化时期，最大的特点是外部操作进入内部，由此经历深刻的变化。这是使用以内部符号为形式的"内部对比关系"的所谓"逻辑记忆"时期。①

由以上发展阶段可见，儿童语言发展的基本路径是"社会语言—自我中心语言—内部语言"。在儿童语言的发展过程中，自我中心语言阶段承担着将社会语言转化为内部语言的发展任务，将集体共享的知识转化为个体知识。研究发现，大量使用自言自语的儿童比其他儿童能更有效地完成复杂的任务。

(三)思维与语言的关系

维果茨基认为思维与语言是独立而又相互联系的，语言的发展离不开思维，概念思维的形成以语言为基础。正如维果茨基所言，思维与语言的关系在发展过程中

---

① 余震球:《维果茨基教育论著选》，106 页，北京，人民教育出版社，1994。

在数量和质量方面是等量进行的。它们的发展斜线多次交叉，有时又径直平行前进，在某些部分甚至重合，而后又重新分开。思维和语言的发生根源和发展道路在一定时间点之前是各不相同的，任何人也不会反对的两条发展道路的交叉则是新的发现。[①] 思维与语言在发展过程中有三种关系状态。

第一，相对独立。这样关系主要存在于个体发展的初期，集中在 2 岁以前。这种独立体现为语言的发展有前智力期，思维的发展有前语言期，前语言期是与思维发展毫无关系的语言阶段。在这一阶段，儿童能发出连续的音节发音、电报语等，这些起着社交的作用。前智力期是一个与语言无关的思维发展阶段。在这一阶段，儿童虽然没有言语行为，但是能通过身体姿势与母亲交流或解决一些问题。这说明思维和语言并不是天生就连接在一起的。

第二，联系相交。2 岁以后儿童语言与思维的发展再也不像相对独立时期那样毫无关联。这一阶段表面上语言和思维并无太大的关系，但在内部存在某种联系[②]。

第三，汇合交融。这种关系产生于 3 岁儿童语言发展的关键期。语言和思维相汇合，思维变成了语言的东西，语言变成了思维的东西[③]。维果茨基在研究思维与语言的关系时，主要采用的是单元分析的方法。在这种关系中，维果茨基认为能够反映整体特征的是词义。因为它以最简单的形式反映着思维和语言的统一。这时儿童对词产生了巨大的好奇心，对于身边的事物总会问是什么，并在这一过程中学会了概括事物，并用语言表达出来。所以，这一阶段儿童的词汇量飞快增加。

(四)儿童概念的发展

维果茨基把儿童概念划分为日常概念和科学概念两种，认为这两种概念是相对立而存在的。日常概念是指儿童在日常中的一些生活实例，它没有特别的逻辑思想体系，是儿童通过经验和独立思考形成的。科学概念一般是伴随科学发明和研究出现的，是对事物本质的概括，是人类对事物本质的认识，是儿童通过学校的学习生活习得的，有一定的体系。与建立在感觉器官基础之上的日常概念相比，科学概念更加抽象、复杂。

本章小结

华生提出环境决定论和条件反射理论，认为人的行为习得遵循 S—R 模型。斯金纳认为人的行为可分为应答性行为和操作性行为，提出了 S(刺激)—R(操作)—S(强化)模型。班杜拉提出了观察学习理论，认为观察学习包括注意、保持、运动再现、动机四个过程，并提出了相互决定论、自我调节论和自我效能感等理论。

弗洛伊德认为人的心理结构包括意识、潜意识和前意识，人格结构由本我、自我、超我三部分组成。埃里克森提出了自我同一性概念，并形成了人格发展八阶段

---

① 余震球:《维果茨基教育论著选》，113 页，北京，人民教育出版社，1994。
② 唐超、王悦:《维果茨基的心理语言观及其对幼儿教育的启示》，载《学理论》，2010(27)。
③ 唐超、王悦:《维果茨基的心理语言观及其对幼儿教育的启示》，载《学理论》，2010(27)。

理论。

皮亚杰认为个体的认知发展是心理结构的改进和转换，发展过程具有内在主动性、建构性和阶段性；个体通过同化和顺应建构图式，实现认知发展的平衡化过程；成熟、练习与经验、社会环境和平衡化是影响认知发展的主要因素。

维果茨基认为儿童心理发展是由低级心理机能向高级心理机能的转化过程；提出最近发展区、教学应当走在发展前面、内化学说等；认为思维和语言是相互交织的、复合的、动态的统一体。

复习与思考题

1. 解释概念或术语：强化、替代强化、观察学习、潜意识、本我、图式、同化、顺应、平衡。

2. 华生是怎样解释儿童行为的获得的？从中你获得了哪些启示？

3. 简述斯金纳的操作性条件反射理论的主要观点。

4. 论述班杜拉观察学习理论的主要观点及其启示。

5. 论述皮亚杰关于儿童心理实质和影响因素的理论观点。

6. 论述维果茨基关于儿童心理发展的主要观点及其启示。

实践活动

1. 去幼儿园观察幼儿的行为，尝试运用行为主义理论进行分析，并提出教育对策。

2. 请准备相关材料，验证皮亚杰的部分守恒实验，并撰写分析报告。

3. 观察日常生活中亲子互动或师幼互动的场景片段，尝试用班杜拉的观察学习理论分析学前儿童模仿大人行为的内在机制，思考父母和教师应如何给学前儿童做榜样。

4. 观察幼儿园教师组织小朋友开展的一个活动，尝试对教师的指导和学前儿童的行为反应进行分析，体会最近发展区的作用，思考教师应如何为学前儿童的发展提供有效的支持。

拓展阅读导航

第四章　学前儿童心理发展研究的方法

学习目标

1. 理解学前儿童心理发展研究的基本原则。
2. 了解学前儿童心理发展研究的基本类型。
3. 初步掌握学前儿童心理发展研究的常用方法。

案例导读

皮亚杰在研究儿童道德认知发展方面取得了很大的成就。皮亚杰采用两难故事法，设计了包含道德价值内容的对偶故事来研究儿童的道德判断。他先向儿童叙述经过精心设计的包含道德价值内容的对偶故事，这些故事基本上都是关于儿童过失行为的，然后让儿童对特定行为进行评价，并要求他们说出评价的理由，从评价及理由中分析儿童的道德认知。对偶故事中有一个是这样：A. 一个名叫约翰的小男孩听到妈妈叫他吃饭，马上放下手中的玩具冲下楼去推餐厅的门。但是他不知道门后有一张椅子，椅子上放着15个杯子。结果约翰一推门，撞倒了椅子，15个杯子也全部被打碎了。B. 有个男孩叫亨利，一天，妈妈外出，他想拿碗橱里的果酱吃。当他爬上椅子伸手去拿的时候，因为果酱放得太高，他够不着，结果碰翻了放在边上的一个杯子，杯子被打碎了。

在向儿童叙述了上面这个对偶故事之后，皮亚杰接着对每一个儿童进行访谈：(1)这两个故事你听懂了吗？(2)第一个孩子干了什么？(3)第二个孩子干了什么？(4)第二个孩子怎么会打碎杯子？(5)这两个孩子哪个更调皮？等等。皮亚杰根据儿童对上述几个问题的回答，概括了儿童道德发展的三个阶段：前道德阶段、他律道德阶段、自律道德阶段。①

为了揭示学前儿童心理发展的特点和规律，研究者必须掌握科学的研究方法。在两难故事法中，研究者先为儿童讲述一个进退两难的故事，其中往往涉及两条或

① 皮亚杰：《儿童的道德判断》，傅统先、陆有铨译，138页，济南，山东教育出版社，1984。

多条道德、价值规范，而且会发生不可避免的冲突；然后根据故事内容提出一系列问题。在儿童对故事做出判断的基础上，让儿童回答理由，以了解其道德认知、价值判断或心理理论等方面的发展水平。只有在一定的理论指导下，经过反复实践才能掌握学前儿童心理发展研究的方法。

第一节　学前儿童心理发展研究的基本原则

针对学前儿童的特点，研究其发展时，要特别注意以下几个基本原则。

一、客观性原则

客观性原则是一切科学研究必须遵循的，尤其在研究心理时要特别注意。因为研究与被研究的都是“人”，人都有主观意识，会使材料带有主观性，以致不能反映人心理本来的面貌。生活环境和教育状况对学前儿童的心理发展起着决定性作用。客观性原则主要有以下几个含义。

①学前儿童的心理是由客观条件引起的，并且表现在他们的动作和活动中。因此，研究学前儿童的心理，必须充分考虑社会生活条件和教育条件，在儿童的活动中进行研究。

②任何结论都要以充足的客观事实为依据。研究者应尽可能地全面收集资料，对所观察到的行为和活动进行客观如实的记录，细致分析全部事实材料，从中抓住本质的东西，切忌随意取舍和主观臆测。

二、发展性原则

发展性原则指的是必须用发展的眼光研究学前儿童的心理，不仅要注意他们已经形成的心理特点和品质，而且要注意那些刚刚萌芽的新特点、新品质和心理发展趋势。由于学前儿童是处于迅速发展中的个体，研究者要避免用静止的眼光看问题。同时，由于学前儿童尚处于不稳定的发展变化中，研究者要避免仅通过偶尔一两次的观察或研究就下结论。

信息栏

儿童研究伦理学基础

三、教育性原则

由于研究过程本身往往就是教育的过程，关于心理发展的研究对学前儿童的心理总会产生或多或少的影响。因此，研究者必须对学前儿童的身心发展负责，对学前儿童的研究必须符合教育的要求。学前儿童心理发展研究遵循教育性原则，是对研究者最基本的伦理道德要求。从设计方案、安排时间到研究者的言行举止，都必须考虑对学前儿童的心理可能产生的影响，在不影响学前儿童正常生活和活动的情况下，尽可能降低或消除研究中的不利影响或干扰因素，且绝不允许进行损害学前儿童身心健康的研究。

第二节　学前儿童心理发展研究的基本类型

发展心理学家不只是对学前儿童某个特殊阶段的发展感兴趣，还希望弄清楚学前儿童的情感、能力和行为是如何变化和发展的。如何设计研究来描述这些发展趋势呢？根据研究时间上的取向，学前儿童心理发展研究可分为横断研究、追踪研究、聚合式交叉研究。

一、横断研究

横断研究是在同一时间内对不同年龄阶段个体的心理发展进行研究和比较的方法。研究者可以通过选取心理成熟度不同的群体或者不同年龄阶段的群体来研究某一个特定发展领域在不同年龄阶段的发展状况。通过比较不同年龄阶段儿童的差异，可以鉴别出发展的某些方面是否有与年龄相关的变化。例如，通过同时观察 1 岁、2 岁、3 岁不同年龄组儿童的游戏，就可以了解在游戏过程中不同年龄阶段儿童同伴交往的发展特点。

经典研究

社会参照实验

横断研究的优点是研究者能在短时间内从不同年龄阶段的儿童那里收集大量的数据。例如，不必等 1 岁儿童长大到 2 岁、3 岁再去研究他们的同伴交往有哪些变化，而只要从 1 岁组、2 岁组和 3 岁组三个年龄阶段中抽取样本，对他们进行同时观察即可，省时省力。但横断研究的局限性在于仅在某个时间点上考察不同的被试，难以描述个体发展的过程。因此，横断研究不能回答诸如“我的孩子什么时候可以变得交往比较主动”“1 岁时具有交往主动性的儿童到 3 岁时是否依然比较主动”这样的问题。

二、追踪研究

追踪研究是在某一段时间内对同一被试群体进行反复观察，这个观察期可以相对较短(6～12 个月)，可以相对较长，也可以贯穿一生。研究者可以研究发展的一个特定方面，如智商，也可以研究发展的多个方面。通过反复测试同一被试群体，研究者可以评估样本中每个人特性的稳定性(连续性)，也可以通过寻找共同特点，如大多数儿童在某些时间点上会经历的某些特定变化，从而确定常态的发展趋势和过程。对一些被试的长期追踪将有助于研究者弄清发展中的个体差异。如果能够鉴别出导致不同结果的早期经历的不同类型，就更有价值了。例如，有学者追踪研究了 1～2 岁儿童的假装游戏，第一次观察完成后，3 年中每间隔 6 个月重复观察一次，发现所有的被试在这 3 年中游戏的复杂性都提高了。而且，儿童游戏的复杂性和在同伴中的社交能力有着明显的关系：不管哪个年龄阶段，游戏形式比较复杂的儿童在 6 个月以后的观察中都被评价为最容易交往和具有最少攻击性行为的儿童。①

追踪研究也有自身的缺陷：耗资大、耗时长；反复测试容易导致被试的练习效应，使得被试可能对测试的内容越来越熟悉而影响发展的正常水平；不易同时对大量被试进行研究，且被试往往因为搬家或其他不可控因素流失。追踪研究还有一个明显的缺点——跨代问题。对于参与某些早期的长期追踪研究项目的儿童，研究者必须考虑时代变迁、跨代变化给儿童带来的影响(见图 4-1)。环境的跨代变化限制了追踪研究所得出的结论，因为研究进行时，被试也在成长。

经典研究

气质追踪研究

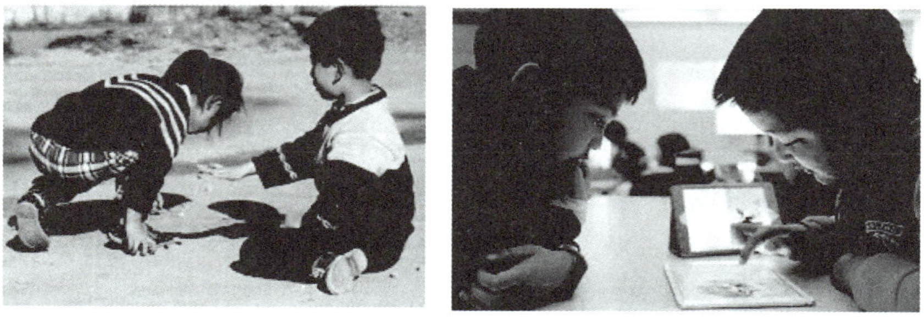

图 4-1　左图是 20 世纪 80 年代儿童的休闲活动，右图是 21 世纪儿童的休闲活动

三、聚合式交叉研究

由于横断研究和追踪研究都存在自身的缺点，有时不能完全适应研究的需要。将二者结合，通过选择不同年龄的被试并对其进行追踪的研究方法，即将横断研究和追踪研究的优点结合起来，被称为聚合式交叉研究。例如，想研究 6～12 岁儿童逻辑推理能力的发展，可以从 2010 年开始测量 6 岁组被试(2004 年出生)和 8 岁组被试(2002 年出生)的逻辑推理能力，接着，在 2012 年和 2014 年再次测量两个被试组的逻辑推理能力。注意，聚合式交叉研究要求对 2004 年出生的被试从 6 岁追踪到 10 岁，2002 年出生的被试从 8 岁追踪到 12 岁(见图 4-2)。

聚合式交叉研究既克服了追踪研究的缺陷，又保留了横断研究的许多优点，因而其科学性、适用性很强，目前在发展心理学的研究中日益受到重视和广泛应用。聚合式交叉研究具有两个明显的优点：第一，通过比较出生于不同年份的同龄儿童

① 洪秀敏：《学前儿童发展心理学》，20 页，北京，中国人民大学出版社，2022 。

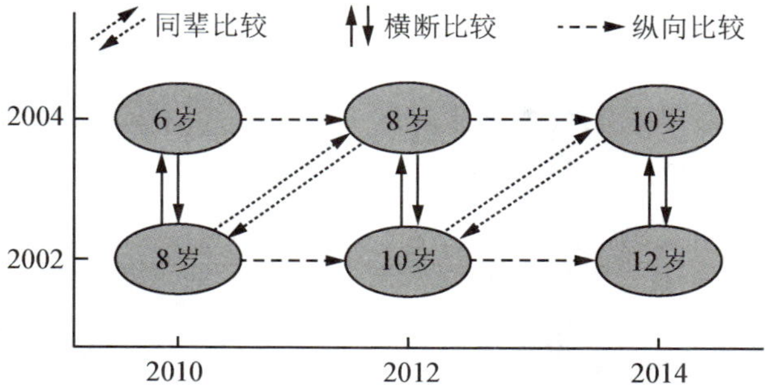

图 4-2　聚合式交叉研究的例子

的逻辑推理能力，来决定同辈效应是否有影响；第二，能在同一项研究中同时进行横断研究和追踪研究，既可以在短期内了解各年龄阶段儿童心理特点的总体状态，又可以从纵向发展的角度认识儿童心理特征随年龄的增长而出现的变化，还可以探讨社会历史因素对儿童心理发展产生的影响。

第三节　学前儿童心理发展研究的常用方法

观察法、访谈法、问卷法、实验法、作品分析法是学前儿童心理发展研究比较常用的方法。

一、观察法

(一)定义

观察法是指研究者通过感官或辅助仪器有目的、有计划地收集处于自然情境下的个体在日常生活、游戏、学习和劳动过程中的表现，包括其言语、表情和行为，并根据观察结果分析个体心理发展的特点和规律的方法。在研究中，人们除了借助自己的眼睛、耳朵进行观察外，还可以运用照相机、摄像机等现代技术手段进行观察。

观察法是研究学前儿童最基本的方法。对于从事学前教育的教师来说，观察法也是常用且实用的研究方法之一。因为学前儿童的心理活动有突出的外显性特征，通过观察他们的外部言行，可以了解他们的心理活动。观察法通常是在自然状态下进行的，可以比较便捷而真实地获得有关学前儿童发展的资料。

(二)种类

根据不同的划分标准，观察法分为以下几种类型。

根据观察时是否借助仪器，观察法分为直接观察和间接观察。直接观察是不借助仪器，靠眼、耳等感觉器官直接感知观察对象，从而获取感性资料的方法；间接观察是借助各种仪器进行观察，从而获取感性资料的方法。

根据观察者是否直接参与观察对象的活动，观察法分为参与性观察(见图 4-3)和非参与性观察(见图 4-4)。参与性观察是观察者介入观察对象的活动进行观察的方法；非参与性观察是观察者不介入观察对象的活动，以旁观者的身份置于所观察的情境之外观察和收集资料的方法。

图 4-3　参与性观察

图 4-4　非参与性观察(借助单向玻璃观察)

根据观察的范围，观察法分为全面观察和抽样观察。全面观察是把观察对象当作一个整体，对其构成的要素、结构功能及发展过程中发生和出现的各种现象进行系统观察和记录的方法；抽样观察是按照随机抽样的基本原则，科学地抽取部分样本进行观察研究，获取代表总体的资料的方法。

根据观察实施的方式，观察法分为结构性观察和无结构观察。结构性观察是有明确的观察目标、对象和范围，有详细的观察计划、步骤和设计，在观察时基本上按照设计的步骤进行的方法；无结构观察是对研究问题的范围、目标采取弹性态度，观察内容项目和观察步骤不预先确定，也没有记录要求的非控制性观察。

(三)常用的观察法

根据观察记录的方式以及对所观察行为的选择控制程度，观察法分为叙述性观察法、取样观察法。

1. 叙述性观察法

叙述性观察法也称描述性观察法，是随行为或事件的发生，自然地将其再现出来，观察者详细地做观察记录，然后对资料加以分类并进行分析和研究的方法。它主要包括日记描述法和轶事记录法。

(1)日记描述法

日记描述法是一种记录连续变化、新的发展或新的行为的观察方法。它是一种纵向记录，通常在一较长的时间阶段内重复观察同一被试或同一组被试。例如，裴斯泰洛齐所著的《一个父亲的日记》以及我国儿童心理学家陈鹤琴所著的《儿童心理之研究》，都是根据通过日记的形式对幼儿进行长期观察获得的资料而写成的。

观察研究案例

普莱尔曾用日记描述法仔细观察记录了新生儿的吮吸反射现象，他是最先观察到这一无条件反射现象的心理学家。下面是他记录的某一段细节：

1872 年 9 月，这个小婴儿的头出现后的 3 分钟，他的嘴一张一开发出微弱的哭声，我触摸他的舌头，用手指在他的舌头上滑动着，这孩子立即不哭了，开始用力地吮吸着我的手指。

日记描述法要求记录者客观真实地记载所观察到的事实与细节，避免主观臆断。它记录简便，可以帮助研究者全面详尽地了解儿童各方面的发展，掌握儿童的心理发展过程，并把儿童的发展置于真实生活的情境中加以考察。但是，日记描述法也有一些缺点，如研究对象缺乏代表性，观察易带有主观倾向性；观察的案例有限，较难概括出一般的结论；需要长期持续的记录，比较费时费力，难以坚持。

(2)轶事记录法

轶事记录法与日记描述法同是描述性的，但它不像日记描述法那样连续记载儿童新行为的发生和发展，而是着重随时随地记录某种有价值的行为及研究者感兴趣的事例。轶事记录法不受时间的限制，不需要特殊的情境，不需要特殊的步骤。这种方法无一定的框架，简单易行。

观察研究案例

有一次，我到南京去，在火车上一个母亲带了两个小孩子，一个大的，大约 4 岁，一个小的，大约 2 岁。小的抱在手里，大的坐在椅子上。母亲叫大的坐好不准动，大的坐了一会儿就吵起来，他要弟弟的摇铃，母亲不给他，他就哭了！母亲叫他不要哭，对他说："你做哥哥，年纪大了，还要哭吗？不许哭！不许哭！"不过他还是哭，还是吵。后来母亲打了他几下，他哭得更加厉害。那时我想这样小的孩子，哪里可以像成人一样坐得牢，他应当有东西玩玩，有图画看看，有事情做做，就不会厌倦了。他哭了好久，那母亲另外买了一个摇铃给他，他拿到之后，揩揩眼泪，就笑嘻嘻地玩了。

以上是陈鹤琴先生的一篇轶事记录，通过观察，得出家长不要把孩子当作成人看待，而且要善于做生活中的有心人，善于观察记录，勤于思考孩子身上发生的有意义、有价值的行为。

2. 取样观察法

取样观察法不同于描述性的方法，它不是详细地描述行为或事件。取样观察法的特点是对观察的行为或事件进行分类，把复杂的事件或行为转化为可以量化或可限制的材料来进行记录。常见的取样观察有时间取样观察和事件取样观察。

(1)时间取样观察

时间取样观察专门观察、记录在特定时间内发生的特定行为。在一个特定的较短的时间段内，选择一定的行为事件样例或样本进行观察，将儿童在每个时间段内的行为事件看作他们通常行为的代表。所观察的行为是儿童经常表现出来的外显的行为，出现的频率较高，一般不低于每15分钟1次。例如，观察儿童在活动中注意力分散的表现，把活动时间25分钟划分为5段，即每一段5分钟，记录每一段时间内儿童注意力分散的表现(如东张西望、做小动作、小声讲话、说话或者面部表情呆滞等)。

经典研究

帕顿对儿童游戏的研究

(2)事件取样观察

事件取样观察与时间取样观察不同的是，不是测量限定时间单位中的行为表现，而是等待所要观察的事件发生并记录下来。

使用事件取样观察，需要确定要研究的行为与事件，确定其操作定义，了解这类行为或事件的一般状况，以便在适当的时机和场合进行观察，确定所需要记录的资料类型与记录方式。

事件取样观察保留了时间发生的背景，收集资料所用的时间比较短，可用于研究比较广泛的行为事件；但主要收集的是定性的资料，不利于进行定量化统计分析。

经典研究

对儿童争执事件的观察研究

(四)优缺点

观察法最大的优点是能通过观察直接获取资料，不需要其他中间环节。因此，观察的资料比较真实，在自然状态下观察儿童，能获取生动的资料；观察具有及时性，能捕捉到儿童正在发生的现象，还能收集到一些无法言表的儿童活动资料。观察法也有其局限性，主要是过分强调儿童处于日常的自然状态，对刺激变量不加以控制，观察者常处于被动的地位，因而观察所获取的资料存在一定的局限性。

(五)使用注意事项

运用观察法研究学前儿童发展时应注意：①观察前要做好准备，根据一定的理论知识和研究问题确定观察目的和记录要求；②观察时尽量使儿童保持自然状态，最好不让儿童意识到自己是被观察的对象；③观察记录要详细、准确、客观，不要带有任何主观偏见；④儿童的行为具有不稳定性，观察时应排除偶然性，一般要进行多次观察，反复进行。

二、访谈法

(一)定义

访谈法又称谈话法，是指研究者根据一定的研究目的和计划直接询问个体的看法、态度，从中分析个体发展特点的方法。

(二)种类

根据提问和反应的结构，访谈法分为结构式访谈和非结构式访谈。结构是指事先对问题及回答方式规定的程度。结构式访谈是一种有指导性的、正式的、事先决定了问题项目和反应可能性的访谈形式，非结构式访谈是一种非指导性的、非正式的、自由提问和做出回答的访谈形式。例如，想调查 5 岁儿童对家庭信息的理解，可以列出这样的问题："你家里有多少人？他们分别是谁？你能说出他们的名字吗？""你家住在哪里？知道家里的电话号码吗？"也可以列出这样的问题："你能给我说说你家里的情况吗？"并根据儿童的回答给予一些反馈。前者属于结构式访谈，后者属于非结构式访谈。结构式访谈能在同等时间内获得更多的有效信息，且对访谈者的要求不如非结构式访谈高。非结构式访谈不仅比较费时，而且对访谈者的要求很高，要控制谈话的主题与节奏。但是因为其非指导性和不限制性，更容易激发受访者的思维，能得到更有价值的答案。

根据对象的多少划分，访谈法分为个别访谈和群体访谈。个别访谈是一对一的访谈，不易受外界的干扰而能得到比较真实的回答，但比较费时费力。群体访谈是以某一主题为焦点进行团体讨论，访谈者引导谈话的主题与节奏，倾听、收集访谈结果。相比于个别访谈，群体访谈更容易激发个体发言，并在相互讨论中引发较深入的思考，但是可能会引发一些从众反应，涉及隐私的问题也无法展开。而且，对访谈者的要求也比较高，如访谈哪些人、如何引导访谈的主题、如何对大量的信息进行记录等。

信息栏

对 6 岁汤姆的访谈

(三)优缺点

访谈法的优点在于：①比较灵活，谈话双方都可以随时改变方式，有利于了解新的信息或更多更有价值、更深层的想法；②使用面广，适用于很多问题，对成人、儿童都有效，特别是书写能力较差的人；③能比较有效地收集人的态度、知觉、想法和观念等方面的资料，还能随时观察谈话过程中的行为表现，了解受访者的动机、个性和情绪等。

其缺点在于：①对访谈结果的处理和分析比较复杂；②访谈者的价值观、信念、倾向会影响受访者的反应，必须事先对访谈者进行适当的访谈技术训练；③访谈比较花费时间和精力。

(四)使用注意事项

运用访谈法时，应注意：①使访谈的双方有轻松愉快的心情，有利于谈话的顺利进行；②创设恰当的谈话情境，通过引导过渡到谈话内容，如和小朋友讨论他们喜欢的玩具，等消除陌生感后再进入正题；③对访谈内容有清晰且正确的理解，在访谈中能根据访谈目的和儿童的反应进行正确的引导和追问；④不对受访者持有主观偏见，不对受访者进行暗示和诱导；⑤客观、详细地记录访谈内容；⑥尊重受访者的情感、社会性的成熟度及其家庭和社会背景，提出的问题应该是适宜的、让人可以接受的。如果感觉自己的提问引起了受访者的不适，必须立刻停止访谈。在访谈结束后，研究者要向受访者保证保密，让其放心，并表示感谢。

三、问卷法

(一)定义

问卷法是指研究者以书面的形式给出一系列与研究目的有关的问题，让答卷者进行填答，通过对问题答案的回收、整理、分析获取有关资料的一种方法。

(二)种类

按照问题的类型，问卷一般分为三种。

①非结构型问卷：结构较松散，要求答卷者根据自己的实际情况自定答案；属于开放式，没有固定的回答格式与要求；多用在研究者对某些问题尚不清楚的探索性研究中。

②结构型问卷：又称封闭式问卷，是对所有答卷者使用相同的题目，对回答有一定的结构限制。可根据是否使用文字分为图画式问卷与文字式问卷。其中，图画式问卷比较适合文字能力较差的儿童与文盲被试，在跨文化研究中应用比较方便，较少受文化的影响。

③半开放式/半结构型问卷：介于非结构型问卷和结构型问卷之间，虽然没有明确的答案供选择，但限制了可能回答的范围，如“你现在的玩具中最喜欢的玩具是什么？”“你目前最苦恼的事情是什么？”“昨天晚饭后，除了睡觉外，你在什么事情上花的时间最多？”

结构型问卷增强了答卷者回答的一致性，易于统计。但设计答案时往往较难穷尽所有可能的答案，设定答案需要更多的时间和精力。非结构型问卷给了答卷者一个自由回答的空间，使得一些在回答结构型问卷时没有表达的情感和信息暴露出来；但由于答卷者的自由度较大，答卷者回答的时间长短和内容不一，对调查结果难以进行列表、统计。

信息栏

大班幼儿科学探究兴趣及能力的调查问卷

(三)优缺点

问卷法最大的优点在于效率高，可以在短时间内获得大量资料，便于进行分析统计。不足之处在于编制一份高质量的问卷需要花费大量的时间和精力，题目的信度、效度要经过严格的检验。

四、实验法

实验法是有计划地控制各种条件，通过引起或改变某一条件来研究个体心理特征变化的方法。

实验法可以分为实验室实验和自然实验。

实验室实验是在特别创设的实验室条件下进行的，有时要借助专门的仪器和设备。例如，在实验室中用眼动仪来研究儿童的阅读兴趣、阅读水平。实验室实验的优点是能够精密地控制实验室条件，标准化强，效率高，收集来的数据易于进行量化统计分析；缺点是人为性太强，容易与儿童的实际生活相脱离。因此，如果用它来分析和研究一些比较复杂的心理现象，如儿童的个性品质特征，就有一定的局限性。

自然实验是在研究对象的日常生活场所中展开，引起或改变某些因素来研究个体心理特征的变化。例如，在幼儿园的区域活动中，通过提供某一种新奇的益智玩具，观察幼儿的探索兴趣、坚持性和问题解决能力等的表现。相比于实验室实验，自然实验研究的生态性更强，研究对象的表现更加真实，研究得出的结果也更适合推论。

教育实验是自然实验的一种特殊形式，是将个体心理的研究与一定的教育教学过程结合起来，从而研究个体在一定的教育教学条件影响下某些心理过程或个性品质形成和发展的规律。例如，为了研究各个年龄阶段儿童合作行为的发展特点，可以考虑让教师在组织活动中自然地创设一种当活动中材料不够用、需要小组合作才能完成的情境，考察不同年龄阶段儿童是否能自发地出现合作行为，并比较不同年龄阶段儿童的合作水平。这种方法可以在很大程度上结合教育实际，为教育实践服务。

信息栏

社会主题绘本教学促进幼儿亲社会行为发展的实验研究

五、作品分析法

作品分析法是对个体的各种作品，如绘画、手工等，进行分析研究，了解和分析个体的个性特征和心理品质的方法。儿童不同于成人，他们有独特的表达方式，成人不经意间可能会错过许多发现和了解儿童的机会。在儿童成长的过程中，当儿童还不会用文字来表达他们内部言语的时候，作品就成了对他们内心世界最好的诠释。儿童在日常活动中的游戏和绘画表现或许反映了儿童对于某个事件或现象的理解，有些相同的游戏或绘画主题可能会重复相当长的时间。作品可以弥补他们语言方面的欠缺，向人们传递他们无法用语言表达的感受，展示他们眼中的世界以及丰富的想象力，表达自己的认识、情感和生活经验，这也是他们富有个性和创造性的自我表现方式。如果教师和家长能从心理发展的角度去分析和看待儿童的游戏和绘画表现，而不仅仅把它当作一次简单的玩耍或乱涂乱画，就会拥有一种观察了解儿童的途径，就能更深入地了解儿童，更有效地促进儿童的发展。对于教师而言，在实际的教学活动中，作品分析也是了解儿童发展状况的一个重要渠道，且实施便捷。

分析儿童的作品可以了解其心理活动。儿童在创造过程中往往用语言、表情、动作等交流方式补充作品所不能表达的思想，因此对儿童作品的分析不能脱离儿童的创造过程，否则很难了解其心理活动。为了达到更好的研究效果，对儿童的作品分析可以与观察法、访谈法等其他研究方法相结合。

综上所述，研究学前儿童发展的方法是多样的。在实际研究过程中，研究者不必拘泥于单一的方法，可根据不同的研究目的和课题，以及研究的具体条件，综合运用各种方法，灵活使用，以便多维度、多层次地收集资料，更客观和深入地研究学前儿童的发展特点和规律。

本章小结

对学前儿童开展心理研究，必须遵循客观性原则、发展性原则和教育性原则。学前儿童心理发展研究的基本类型可分为横断研究、追踪研究、聚合式交叉研究；研究的常用方法主要包括观察法、访谈法、问卷法、实验法和作品分析法。每种研究类型和方法都有各自的优点和局限，在具体研究中应根据研究需要进行科学的设计，采用适宜的方法。

复习与思考题

1. 学前儿童心理发展研究的基本原则包括哪些？
2. 比较横断研究、追踪研究的优点和局限性。
3. 研究学前儿童心理发展的常用方法有哪些？分析每种研究方法的优缺点和运用时的注意事项。

实践活动

1. 实地观察：以一名幼儿为观察对象，在幼儿自由活动时进行30分钟的观察，记录幼儿的动作、表情、言语，分析幼儿对人、对事的态度。
2. 幼儿访谈：围绕幼儿最喜欢的图书，设计访谈提纲，并通过实际访谈分析幼儿选择图书和阅读的偏好。
3. 问卷调查：尝试设计一份针对家长最需要得到的育儿支持调查的问卷，注意问卷结构的完整性，体会问卷编制的科学性。
4. 文献检索：查阅关于学前儿童发展研究伦理的有关规定和违反研究伦理的典型案例，思考为什么进行婴幼儿发展的相关研究需要保护和尊重婴幼儿的权益，遵守研究的伦理道德。

拓展阅读导航

第五章 学前儿童心理发展的生物学基础

学习目标

1. 了解胎儿成长的阶段。
2. 理解遗传和环境对学前儿童的影响。
3. 理解学前儿童身体和大脑的发展规律。
4. 理解学前儿童动作的发展规律。

案例导读

格塞尔做过一项非常著名的双生子爬梯实验，旨在研究动作发展与成熟的关系。被试是一对46周大的同卵双生女婴T和C。由于同卵双生子是由一个卵细胞分裂而成的，因此具有共同的遗传物质。在实验前，双生子并没有爬梯的经验。从第47周开始，格塞尔让T开始学习爬楼梯，每天10分钟。T的学习过程很艰辛，格塞尔耐心地教她如何抬脚、手如何向上爬，日复一日，T仍然跌跌撞撞、摇摇晃晃地走。实验连续进行6周，到第52周结束时T停止练习。在55周大时，T终于能独立地爬楼梯了。格塞尔在C第53周大时才开始每天教她10分钟爬楼梯的动作，这时的C走路已经比较稳了，腿部肌肉也比较发达了。结果，在进行了与T同样的训练2周后，C就能独立地爬楼梯了。实验结果表明，对47周大的T训练6周与对53周大的C训练2周的效果是一样的。

在儿童发展的过程中，环境和教育因素具有调节和反映发展进程的作用，但不能决定这个进程。我们要尊重成熟的客观规律，个体只有在生理或心理成熟之后才能得以发展，在儿童生理成熟之前所进行的早期训练对于最终的结果没有显著的作用。只有生理上完成了这项动作的准备，训练才能获得事半功倍的效果。在讨论儿童的发展问题时，必须同时考虑遗传因素、生理成熟因素和环境因素。本章主要讨论生命的开始及其影响因素、学前儿童身体和大脑的发展、学前儿童动作的发展。

第一节　生命的开始及其影响因素

个体的发展是遗传和环境相互作用的结果。所有人都具有某些共同属性和类似的发育阶段，但每一个体也具有各自的特点。这种多样性不仅表现在他们的身体特征上，也表现在他们的行为上。一些婴儿可能多数时间在睡觉；另一些可能在啼哭；还有的醒着但很安静，似乎在观察房间。决定人与人之间既相似又有差异的因素是什么，这个令人感兴趣的问题直到近代才在一定程度上有了比较科学的解释。

为了理解遗传和环境的工作原理，必须从受孕开始谈起，也就是卵子从女性卵巢排出，在通过输卵管到达子宫的过程中，和男性精子相遇并受精的那一刻。只有明确了受孕时遗传了什么、受到了哪些因素的影响，才能考察为何儿童会展现出不同的发展特征。

一、胎儿的成长

(一)胚胎的形成

一个人独特的发展道路是从受精卵开始的。从卵子与精子结合形成受精卵的那一刻起，新的个体就出现了。受精卵借助细胞分裂迅速繁殖并发育成未来的胎儿。受孕最初的变化是保护性的：当精子穿透卵子的细胞膜后，卵子就会发生一种生化反应，排斥其他的精子，避免重复受精。几小时之内，这个精子开始解体，释放出遗传物质；卵子也释放出它的遗传物质，一个新的细胞核形成了，它同时享有父亲的精子和母亲的卵子提供的遗传信息。这个新细胞叫作受精卵，也称胚胎。这个小小的细胞承载着来自父母的遗传基因——卵子与精子的各 23 条染色体，这些遗传物质决定了个体的特殊性，也是个体发展的基础。

(二)胚胎的发展阶段

胚胎的发育分为三个时期。

1. 胚卵期(合子期)

从受孕的单细胞胚胎到形成一个球形细胞团胚泡，并植入子宫内，在子宫壁“着床”，大约需要两周。胚泡的结构主要有两层：外层结构为滋养层，为胚泡提供保护膜；内层结构上附着的细胞为胎盘，将发育成新的器官。

2. 胚胎期

胚胎期，从植入一直持续到受孕的第 8 周。胎儿身体的大部分器官在这个时期内发育成一个人的原始状态。在受孕的第 4 周开始，胎儿的心脏已形成，并开始搏动，大脑开始形成。到第 2 个月，胎儿的眼睛、耳朵、下颚、脖子形成，芽体长成手臂、腿、手指和脚趾。消化器官已能进行吸收、消化的功能操作。到第 7～8 周，开始性别分化，形成睾丸和卵巢。这时胎儿已长到3厘米长，并已具有人的外形和身体结构。

3. 胎儿期

胎儿期，从受孕第9周到分娩。在这段最长的产前期内，胎儿的机体迅速增大，胚胎期形成的器官继续发育，逐步发育完全并显示其功能。到第3个月时，神经系统、各种器官和肌肉开始变得有组织、有联系，胎儿的大脑有了反应，开始活动其四肢，新的行为能力(如踢、吮吸等)开始出现。到第3个月末，已能吞咽、消化和排泄。到第4～6个月，感觉器官已能发挥其作用。胎儿的神经系统、脑、呼吸以及循环系统均已基本形成，并能发挥作用。胎儿在最后的3个月内，大脑的生长发育很快，身体迅速长大，身体各器官、各系统继续发育。胎儿身体各系统的功能已完善到足以在母体外生存的程度。

二、遗传的影响

(一)遗传物质

人类的受精卵里有哪些遗传物质呢？这个新细胞核含有46条染色体，每一条染色体都是由成千上万的化学片段或者叫基因组成的。基因是遗传物质的基本组成单位，是由脱氧核糖核酸即DNA组成的。DNA是复杂的双螺旋结构分子，提供携带人类遗传功能和特性的一切信息和“密码”。DNA的一个独特之处是能够自我复制，从而使受精卵有可能发展成为人。

(二)受精卵的成长和细胞的产生

在穿过输卵管到达子宫的过程中，受精卵通过有丝分裂进行自我繁殖。人体存在两类构造和功能不同的细胞。第一类是生殖细胞，由女性的卵细胞和男性的精细胞组成；第二类是人类所有的其他细胞，称体细胞或人体细胞。

首先，受精卵分裂成2个细胞，很快变成4个，4个变成8个，8个变成16个，如此下去。在每一次分裂前，这个细胞都复制它的46条染色体，这些复制的染色体向细胞两极移动，然后开始细胞的分裂，产生两个子细胞，每一个都含有23对染色体以及与初级母细胞相同的遗传密码。有丝分裂一生都在持续产生新的细胞，使人能够成长并替换损坏的细胞。

除了体细胞，人类还有生殖细胞，它具有特殊的遗传功能——产生配子(男性的配子叫精子，女性的配子叫卵子)。卵细胞和精细胞这两种生殖细胞的体积明显不同，但这两种生殖细胞对后代的遗传特征所起的作用几乎相同。每一个细胞的细胞核内有被称为染色体的线状体。染色体上的一个个有遗传功能的基因都含有遗传密码，载负着一代代传递下去的遗传信息。男性睾丸和女性卵巢中的生殖细胞通过减数分裂产生精子和卵子。生殖细胞首先复制它的46条染色体，然后发生互换。相邻的染色体交叉并且在一个或更多的点处纵向脱离，交换基因片段。在互换过程中，基因的传递产生了一种新的、独特的遗传组合。接下来，复制的染色体对分别进入两个新细胞，每个都含有 46 条染色体。新细胞分裂使得每个配子含有 23 条单独的或者非配对的染色体。最后，有 23 条染色体的精子和有 23 条染色体的卵子结合，就产生了有 46 条完整染色体的受精卵。

(三)遗传的独特性

一对染色体减数分裂后会随机进入不同的母细胞。依据独立分配的原则，每对染色体分离是独立于其他所有的染色体对的，所以，一个生殖细胞进入减数分裂能够产生许多不同的染色体组合。因为人类的生殖细胞有 23 对染色体，每对都独立地分裂，从概率上讲，父母分别能在精子或卵子里产生超过 800 万种不同的基因组合。

在某种特殊的情况下，两个人会享有一种基因型。有时候，一个已经开始复制的受精卵会分裂成分开的但又完全一样的两个细胞，然后发育成两个个体。这叫作单精合子或同卵双生子，它们由一个受精卵发育而来，并且具有同样的基因。比同卵双生子更常见的是双精合子或异卵双生子，这是母亲同时排出的两个卵子，并且每一个与一个不同的精子受精所产生的。因此，尽管异卵双生子一起出生，但是它们之间的共同基因并不比其他任何的单胎亲兄弟姐妹多。异卵双生子可能是相同的性别，但在外表上可能完全不同，也可能是不同的性别。

对正常男性和女性染色体的考察可以清楚地揭示性别差异的遗传基础。在人类的 23 对染色体中，有 22 对(常染色体)在男性和女性间是相同的。性别由第 23 对染色体决定。男性的第 23 对染色体由一条 X 染色体和一条 Y 染色体组成。女性的两条性染色体都是 X 染色体。

(四)遗传的缺陷

1. 基因遗传疾病

在正常情况下，基因携带的遗传信息是相对稳定的，但是遗传信息可能有异常。

例如，苯丙酮尿症这一病症由父母的一对隐性基因引起，是一种先天性代谢缺陷。许多食物中含有苯丙氨酸的成分，它可以在消化酶的作用下代谢。但是，患此病的婴儿缺少这种酶或这种酶没有活性，致使苯丙氨酸聚集，从而影响神经系统，使智力变得迟钝。临床表现为：①皮肤颜色较淡，毛发在新生儿阶段正常，随后逐渐由黑色转为黄色。②在 2 岁以前肌张力高，躯体常常前后摆动。有部分患者表现为胆小，约 25%的患者有反复发作的惊厥。③在智力方面，在新生儿阶段不容易被发现，85%的患者智力落后，极少数(1%)能够达到正常水平。苯丙酮尿症的发生率为万分之一，患者的寿命较短，只有 25%的患者能活到 30 岁。

还有一些疾病，如肌肉萎缩症、神经管缺陷、一些类型的糖尿病等，都是基因变异引起的。引起基因变异的环境因素很多，如化学制剂、病毒、射线等有害物质。绝大多数的遗传缺陷是由多种基因和多种因素造成的。

2. 染色体异常

染色体异常是细胞分裂与重组出现问题，引起负载遗传信息的改变。

唐氏综合征。这是常见的染色体出生缺陷，又称先天愚型，表现为智力和语言发展迟缓，并具有独特的体征，患者一般脸形圆满，两眼旁开，塌鼻梁，口小舌大，表现出伸舌样痴呆。大部分唐氏综合征与第 21 条染色体的分裂或变异有关。造成唐氏综合征的原因多在于母亲。研究发现，母亲 20 岁时生育唐氏综合征儿童的发生率是 1/1420，而 45 岁时大约是 1/30。一般来说，在胎儿出生之前可以通过唐氏综合征的筛查发现异常的胎儿。

特纳综合征。这种染色体的异常是由于胎儿有一条染色体缺失或部分缺失。多数染色体缺乏的胎儿都会自然流产，但是出生后的胎儿直到青春期才表现出来。多出现在女孩中，主要是第二性征发育不完善，表现为身体矮小，手指、脚趾短粗，乳腺和生殖系统发育不良，不能生育，一般有社会适应性问题和学习问题。

克氏综合征。多出现在男孩中，主要由于出现多余的 X 染色体，表现为同时出现男性和女性的第二性征。治疗上通常需要注射雄性激素。

超雄综合征。发生在携带多余的 Y 染色体的男性身上，表现为个头高大、智力低于正常水平，比正常男性冲动。

三、环境的影响

虽然从受精卵形成的一瞬间，特有的遗传基因就已经形成了，但是环境的影响在受精卵形成之前和之后一直存在。环境对于先天特征的形成和胎儿的成长以及出生后的发展具有重要意义。影响胎儿发育的环境主要有以下几个方面。

(一)母亲因素

1. 母亲的生育年龄

年龄偏大或偏小的孕妇为胎儿提供的胎内环境通常比正常孕妇差。35 岁以上的孕妇，尤其是第一胎，容易出现分娩困难，婴儿患唐氏综合征的概率也更高。而 18 岁以下的孕妇，因母体本身正是生长发育的时期，会与胎儿争抢营养，导致其胎儿容易体重过轻，出现神经系统缺陷的可能性也会增大。

2. 母亲的疾病

疾病会影响母亲的健康状况，改变母体的生理状况，恶化胎内环境，某些病毒甚至能够透过胎盘进入胎儿体内。这些因素很可能导致胎儿出现缺陷，甚至引发流产。例如，病毒性流感可能造成胎儿唇裂；艾滋病可能摧毁胎儿的免疫系统，导致其在 3～6 岁时死亡；母亲有肝炎、高血压、糖尿病等遗传性疾病，都可能影响胎儿的健康状况。

3. 母亲的情绪

一般情况下，短暂的不良情绪不会对胎儿的身体发育产生大的危害。但是，如果母亲长时间处于惊恐、焦虑、愤怒之中，或者在孕期受到了剧烈的精神刺激，则会影响胎儿的正常发育。因为不良情绪会使身体释放出某些影响胎儿发育的化学物质，同时也会导致母体血管收缩，造成胎儿供血不足。这些因素会导致胎儿早产、体重过低等，不利于胎儿的成长。

4. 母亲的营养

胎儿的发育完全由母体的营养来供给。有研究表明，营养良好的母亲流产、早产的概率更小，胎儿发育得更好。因此，母亲营养充足与否会影响胎儿的健康。母亲孕期营养不良会导致胎儿的组织结构扭曲，增加其成年期患心脏病、糖尿病的概率。在胎儿期，母亲营养不良会导致胎儿中枢神经系统损伤并阻碍其免疫系统的发展，使新生儿易患呼吸系统疾病。

(二)致畸因素

胎儿发育的时期不同，致畸因素的影响也不同。在关键期内，胎儿对环境非常敏感。如果这时胎儿正在迅速发展的部分受到致畸因素的影响，其损伤有可能不可逆转。

1. 药物

药物对胎儿影响的大小一般取决于剂量、时间、次数以及药物本身的性质。药物可能通过两种方式对胎儿产生影响，一种是通过改变母体的生理环境，从而影响胎儿的发育；另一种是透过胎盘直接对胎儿产生影响。研究与实践证明，服用反应停(一种用于缓解孕期妇女恶心和呕吐的药物)会造成婴儿出现严重畸形，许多还表现出短肢畸胎。大剂量的阿司匹林会导致胎儿的生长迟滞、动作失调。孕妇在孕晚期服用布洛芬可能会推迟分娩并增加新生儿肺动脉高压的风险。妇女在不知道自己怀孕的情况下口服避孕药可能会导致胎儿出现心脏缺陷和其他畸形。

2. 烟酒及咖啡因等

烟酒对成人会产生危害，对胎儿亦然。孕期吸烟对胎儿有危险，是因为其中含有的尼古丁等会影响胎儿的正常发育，可能导致胎儿唇裂、腭裂，肺功能异常及高血压，同时明显增加了流产或夭折的危险。酒精通过损害胎盘的功能直接或间接地影响胎儿的发育。母亲酗酒很容易产下患有胎儿酒精综合征的孩子。一些研究甚至还指出，父亲饮酒比父亲不饮酒的新生儿更可能出现低体重。咖啡因等麻醉品会造成婴儿的身体缺陷、情绪问题以及认知、动作发展的落后。

3. 辐射、化学物质和污染

化学和辐射因素可能导致胎儿基因突变，进而影响胎儿发育。辐射，如X光、核泄漏等，可能诱发恶性肿瘤或妨碍脑部发育，导致胎儿严重残疾。化学因素，如食品添加剂、人工合成的甜味剂、杀虫剂、装饰材料、有机燃料等，可能造成胎儿智力发育迟缓及身体缺陷。暴露于高浓度的铅、锌、汞和锑等污染物质之中，对孕妇的生理和心理健康均有伤害，并对发育中的胎儿具有致畸的影响。

第二节　学前儿童身体和大脑的发展

学前阶段是儿童躯体生长、大脑机能和神经系统发育最为迅速的时期，身体的成长和变化非常明显。儿童在发育过程中，虽然遗传和生活环境(营养、体育锻炼、疾病)等因素会出现各方面(形态、机能、性成熟等)的个体差异，但生长发育的一般规律还是存在的。本节主要介绍儿童出生后身体和大脑发展的一般规律和特点。

一、学前儿童身体的发展

(一)身高和体重

儿童身体发展的重要标志是身高和体重，它们标志着内部器官，如呼吸、消化、排泄系统以及骨骼的发育。

从出生到成熟的整个发育时期，儿童的身高和体重都在增长。在不同的阶段，儿童的身高和体重增长的速率是不同的。出生后的前两年，是人体第一个快速生长期。在这期间，无论是骨骼、身体比例还是大小都有明显的变化。婴儿期身高、体重增长得较快。幼儿期身高、体重的增长开始减慢，保持一个相对平稳的速度。身体各部分的比例逐渐接近成人的比例。各年龄阶段健康体态的目标见表 5-1。

表 5-1 《3—6 岁儿童学习与发展指南》中健康体态的目标

3～4 岁	4～5 岁	5～6 岁
1. 身高和体重适宜。 参考标准： 男孩： 身高：94.9～111.7 厘米 体重：12.7～21.2 公斤① 女孩： 身高：94.1～111.3 厘米 体重：12.3～21.5 公斤 2. 在提醒下能自然坐直、站直。	1. 身高和体重适宜。参考标准： 男孩： 身高：100.7～119.2 厘米 体重：14.1～24.2 公斤 女孩： 身高：99.9～118.9 厘米 体重：13.7～24.9 公斤 2. 在提醒下能保持正确的站、坐和行走姿势。	1. 身高和体重适宜。 参考标准： 男孩： 身高：106.1～125.8 厘米 体重：15.9～27.1 公斤 女孩： 身高：104.9～125.4 厘米 体重：15.3～27.8 公斤 2. 经常保持正确的站、坐和行走姿势。

(二)身体各系统的发展

儿童出生后脑与神经系统的发育最快，在最初的六年内继续以最快的速度发展，学前期已接近成人水平。淋巴系统的发育在第一个十年中表现出一种特殊的速度。这是因为儿童时期有机体对疾病的抵抗力弱，需要强有力的淋巴系统来进行保护；10 岁左右发展达到最高峰，表明 10 岁左右的儿童已获得相当的免疫力。儿童的生殖系统在出生后的十年几乎没有什么发展，而在全身第二次发育开始以后才迅速发展。

(三)身体比例的变化

儿童身体的发展，除体型外，各个器官系统生长速率也在变化，因此随着年龄的增长，儿童身体的比例也在变化。正常的发展遵循两个原则：头尾原则(从头到尾)和近远原则(由近及远)。

---

① 编者注：1 公斤=1 千克。

身体的发展遵循头尾原则，即身体各部分的发展必须从头部延伸到身体的下半部，次序是头部→颈部→躯干→下肢。头部的发育早于颈部，颈部的发育早于胸部，胸部的发育早于腰骶，上肢的发育早于下肢。胎儿的头、脑和眼睛的发育比躯干和双腿要早。出生以后，这些部分的发育依旧先于身体的下半部，因此整个身体的各部分比例显得不相称，直到其他部分的发育赶上来时，这种不相称的现象才完全消失(见图 5-1)。个体在胎儿期有一个大的头颅(约占身长的 1/2)、较长的躯干和短小的两腿。出生后头部约占身高的 1/4，到成人时变为较小的头颅(约占身长的 1/8)、较短的躯干及长腿的形态。

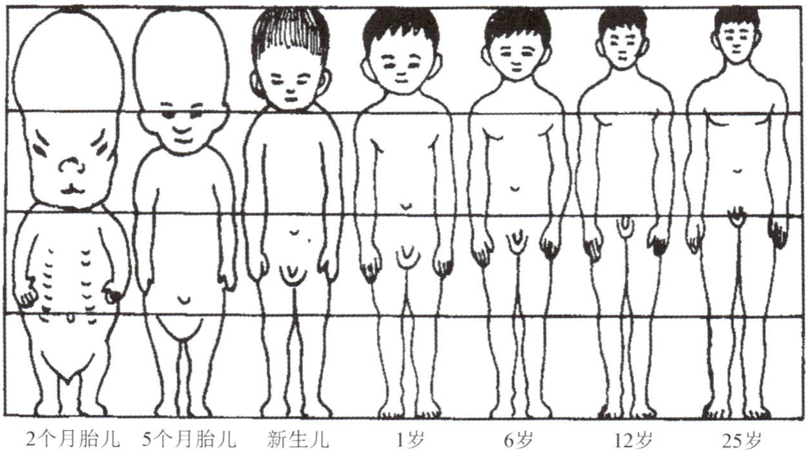

图 5-1 身体比例的发育

儿童的发展也遵循近远原则，从身体的中部开始，然后延伸到边缘部分。头部和躯干比四肢先发育，手臂和腿比手指和脚趾先发育。

(四)骨骼的发育

在孕期，最初形成的骨骼结构是软骨。出生时婴儿的大多数骨骼都是柔软而有韧性的，因此不易发生骨折。当把新生儿拉起时，他们不能站立或保持身体平衡，原因之一就是他们的骨骼太小、太柔软。

新生儿的头骨中有几块是可以弯曲的软骨，它使得胎儿可以顺利通过母亲的宫颈和产道。这些头骨被六个囟门分裂开来，出生后囟门将逐渐被一些矿物质填充，最后形成一整块头盖骨。同时，在头盖骨的连接处留有一些接缝，这些接缝使得头盖骨能够随着大脑的生长而不断扩展。

身体的其他部位，如脚踝和脚、手腕和手，将随着儿童的成熟分化成更多的骨骼。身体所有部位的骨骼都以不同的速度生长和硬化。头盖骨和手部骨骼先成熟，而腿骨生长会一直持续到十五六岁。

了解了儿童身体发展的特点，可以根据不同时期身体各部分的发育速度，安排各年龄阶段儿童的活动，保证营养供应，以促进儿童身体的正常发育。

二、学前儿童大脑的发育

在生命早期，大脑以惊人的速度生长。人脑的结构和机能是统一的，结构决定机能，机能也影响结构。学前儿童大脑结构的发展影响、制约着其机能的发展，决定着其发展的速度。

(一)大脑的形态发展

1. 脑重与头围

婴儿的大脑从胚胎时期开始发育。怀孕第4周，胚胎中首先形成的就是神经系统；8周时，胚胎的大脑皮层已经开始能够分辨；26周时，脑皮层的沟回及皮层结构基本形成，脑细胞主要是在怀孕第15～18周形成的。大脑结构见图5-2。

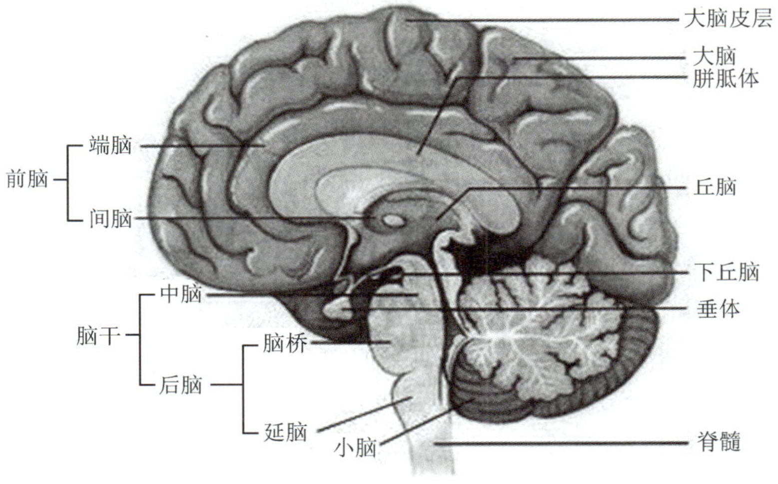

图5-2 大脑结构图

婴儿出生时脑已重达350～400克，是成人脑重的约25%(这时体重只占成人的5%)。此后第一年内脑重增长最快，6个月时已达700～800克(约占成人脑重的50%)，12个月时已达800～900克，24个月时增到1050～1150克(约占成人脑重的75%)，36个月时脑重已接近成人脑重。此后脑发育速度变慢，15岁时才达到成人水平。这些发展变化在一定程度上反映了各个阶段大脑内部结构发育和成熟的情况，与大脑皮质面积的发展密切相关。

婴儿的头围也存在类似的发展变化。刚出生时头围已达34厘米(约占成人头围的60%)；12个月时达46～47厘米；24个月时达48～49厘米；此后头围增长速度变慢，10岁时才达52厘米。新生儿如果头围过小(小于32厘米或3岁后仍小于45厘米，又称“小头畸形”)，其大脑发育可能会受到严重影响，智力发育易出现障碍。新生儿如果头围过大(超过37厘米，又称“巨头畸形”)，则表明新生儿可能患有脑积水或区脑畸形等脑部病变，必须尽快检查治疗。当然，有个别新生儿的头围过大或过小纯粹是由体重过大或过小引起的，不存在其他病因。

2. 大脑皮层

胎儿六七个月时，脑的基本结构就已具备。出生时脑细胞已分化，细胞构筑区和层次分化已基本上完成，大多数沟回都已出现，脑岛已被邻近脑叶掩盖，脑内基本感觉运动通路已髓鞘化(白质除外)。

此后，婴儿的皮层细胞迅速发展，层次扩展，神经元密度下降且相互分化，突触装置日趋复杂化。到 2 岁时，脑及其各部分的相对大小和比例已基本上类似于成人大脑。白质已基本髓鞘化，与灰质明显分开。其中，大脑的髓鞘化程度是婴儿脑细胞成熟状态的一个重要指标。整个皮层广度的变化与髓鞘化程度密切相关。

(二)大脑的机能发展

脑结构的发展为其机能的发展提供了物质基础，并促进了心理的发展。

1. 脑电图

脑电的变化常作为婴儿脑发育的一个重要指标。研究证实，5 个月的胎儿已显示出脑电活动，8 个月以后则呈现出与新生儿相同的脑电图，脑电活动开始具有连续性和初步的节律性，形成睡眠和觉醒的脑电图。其中，同步节律波 α 波常作为婴儿脑成熟的标志。新生儿在睡眠或向睡眠过渡时表现出 6 次/秒的节律波群，而这种波被认为是 α 波的原型。这表明新生儿皮层神经成分在一定程度上是成熟的。另外，在新生儿皮层投射区中还记录到对各种感觉运动刺激的诱发电位反应。诱发电位的早成分与信息的接收有关，晚成分与信息的加工有关，这是两种皮质机制。晚成分(信息加工机制)在新生儿时期还不成熟，而通过两条通路接收信息的机制从出生时就起作用。

出生后的 5 个月是婴儿脑电活动发展的重要阶段。脑电逐渐皮层化，伴随产生皮质下的抑制。5～12 个月，外部刺激引起的诱发电位发生变化，如视觉诱发电位构形变得复杂化，潜伏期缩短。12～36 个月，婴儿的脑电活动逐渐成熟，主要表现为安静觉醒状态下脑电图上主要节律的频率有较大提高(达到 7～8 次/秒)，脑电图的性质也变得复杂化，前中央部位出现高振幅缓慢波，β 波增多，脑电图的个体差异开始增大。

2. 皮质中枢

婴儿的大脑是按照其基因结构的顺序而发展的，遵循头尾原则和近远原则。婴儿刚出生时大脑两半球及其皮层尚不能正常发挥功能，皮层兴奋还处于弥漫状态。因而触动新生儿身体的任何部位都会引起其头、手和足等的乱动。

此后，在婴儿脑的发展中速度最快的区域是脑干和中脑。它们具有控制先天性反射和呼吸、消化、排泄等主要生物机能的作用。随着皮层的发展，婴儿的反射动作越来越少，高级智力活动进一步发展。

3. 大脑单侧化

大脑单侧化指的是大脑两个半球的单侧化现象。大脑由两个半球组成，左半球主要包括语言中枢、听觉中枢、动作中枢、积极情感表达中枢，右半球主要包括空间视觉中枢、触觉中枢和消极情感表达中枢(见图 5-3)。大脑单侧化能够实现更多功能，具有更强的适应性。婴儿大脑的两半球不仅在解剖上存在差异，而且在功能上也存在差异。大脑单侧化就是在其大脑某个半球建立特定功能的过程。例如，对于多数右利手婴儿来说，其语言功能逐渐定位于左半球的过程就是一种单侧化进程。有人认为大脑单侧化是渐进的发展过程，如刚出生时大脑两半球同时对语言进行处理，以后左半球逐渐显示其语言优势。有人认为，婴儿大脑单侧化在发展过程中是恒定不变的，即自出生起，婴儿的左右半球就分别控制着不同的机能。这两种观点均反映了婴儿大脑单侧化进程中的一些事实。事实上，在新生儿阶段就能观察到某种大脑单侧化的倾向。但这种倾向只表明两半球在功能上存在量的差异，并非质的区别。随着大脑的逐步发育，这种单侧化倾向逐渐发展，并最终导致两半球在功能上出现质的差异。

信息栏

左右脑失去联系会怎样

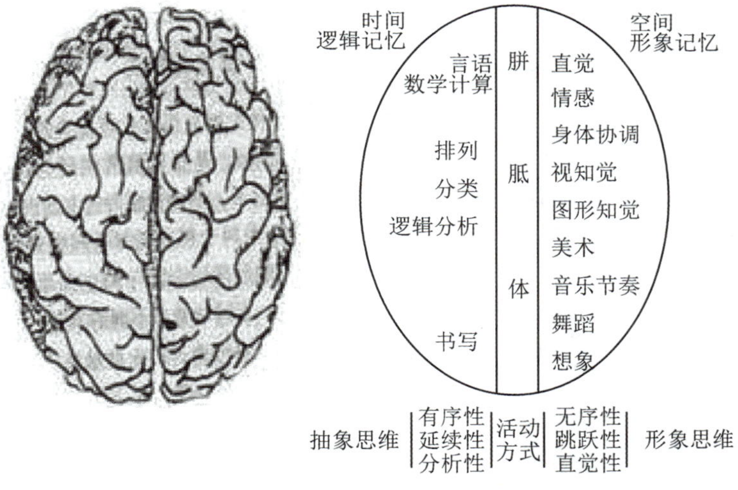

图 5-3　左右脑及其功能

4. 脑其他部分的发展

脑部除了大脑以外，还包括小脑、脑垂体、网状结构和胼胝体等部分，这些部分与大脑共同合作，促进中枢神经系统的协调。脑垂体能分泌生长激素，与甲状腺共同调节儿童的生理发育。同时，它还能支配其他腺体，刺激其分泌激素。

小脑是控制身体运动及平衡感的部位。小脑神经元髓鞘化的开始时间与大脑相似，都是在出生后，小脑的髓鞘化持续到儿童 4 岁左右。到学龄期末，儿童就可以进行比较多样的运动了。网状结构的主要作用是维持意识和警觉，对提高注意力有很大作用。这部分的髓鞘化一直持续到青春期，因此，学前儿童的注意力较成人持续时间短。胼胝体是连接大脑左半球和右半球的部位，能够使信息在两半球之间传递，有利于整合两半球的功能。它的髓鞘化从 1 岁末开始，一直持续到儿童中期和青春期。

(三)后天环境的影响与婴儿脑的发展

过去人们一直认为，婴儿脑的生长是一个恒定的过程，当达到某一特定水平后就不会再有变化，脑的生长决定了行为的变化。现在人们发现，婴儿大脑的发展在很大程度上受后天环境的影响和制约。婴儿的大脑具有巨大的可塑性和良好的修复性。

1. 婴儿脑的可塑性

在生命早期，大脑的发展并不单纯是成熟程序的展开，而是生物因素和早期经验两者结合的产物。婴儿脑的大小和功能都受后天经验的影响和制约。在突触形成处于高峰的时期，婴儿大脑所受到的刺激对这一过程是至关重要的。大量动物和人类婴儿的研究结果表明，早期经验剥夺可能会导致婴儿的脑中枢神经系统发展停滞甚至出现萎缩现象；早期营养不良也会对婴儿脑的生长产生影响，可能使脑细胞的发育不正常。

2. 婴儿脑的修复性

对婴儿的脑损伤案例进行的研究发现，在婴儿早期，大脑具有良好的修复性。一般来说，脑损伤是难以弥补的。但是婴儿大脑可以通过某种类似于学习的过程获得一定程度的修复。在一侧半球受损后，另一侧半球可能会产生替代性功能。例如，5 岁以前大脑任何一侧的损伤都不会导致语言功能的永久性丧失，因为语言功能可以很快地移向另一侧半球，以克服言语障碍。

第三节　学前儿童动作的发展

出生后第一年中引人注目的一个变化，就是婴儿在控制自身运动和动作技能方面的巨大进步。学前儿童动作的发展是其活动的前提，也是其心理发展的外在表现。动作的发展有着一定的内在规律，遵循一定的原则，存在一定的常模，是一个复杂多变而又有规律可循的动态发展系统。

一、动作的发生

一般认为，动作最早发生在新生儿期，其最初的无条件反射行为便是最早产生的动作。事实上，动作发生的时间应追溯到胎儿期。胎儿期的胎动和一些反射活动才是最早产生的动作。研究发现，刚满 2 个月的胎儿便可利用头或臀的旋转使身体弯曲（这是最早的胎动）；3 个月的胎儿已出现巴宾斯基反射和其他类似于吮吸反射及抓握反射的活动。胎儿在 5 个月后逐渐出现防御反射、吞咽反射、眨眼反射等对其生命有重要作用和价值的本能动作。

新生儿的主要动作大多体现在反射活动中。新生儿的无条件反射可以说是婴儿最早的动作。研究表明，新生儿的反射运动多达 40 多种，其中 20 多种比较常见。此外，新生儿还有模仿、躲避物体和够取物体等能力。新生儿对迎面来的物体有明显的躲避行为，如缩头、后仰、眨眼等。新生儿的反射可分为生存反射和原始反射（见表 5-2 和表 5-3）。

（一）生存反射

生存反射具有明显的适应价值，提供了新生儿在外界所提供的哺育条件下继续生存的可能。例如，呼吸反射、眨眼反射、瞳孔反射、觅食反射、吮吸反射和吞咽反射都属于生存反射。生存反射不仅能使婴儿避免不良刺激的伤害，帮助他们满足基本需要，而且对看护者有非常积极的影响。例如，当饥饿的婴儿停止哭闹，开始高兴地、有规律地吮吸乳头时，母亲可能会产生极大的满足感。

（二）原始反射

原始反射并不具有确保新生儿生存的价值，它被看成人类在进化的过程中遗留下来的“残余”。正常情况下出生后的几个月内原始反射就会消失。一般来说，原始反射是否在新生儿身上出现是检测其神经发育是否正常的重要诊断指标之一。如果婴儿在出生时缺少这些反射，或者这些反射持续的时间过长，就可以据此诊断婴儿的神经系统可能出现了某些病变。

表 5-2　足月新生儿的主要生存反射

生存反射	反应	发展和出现的时间	意义
呼吸反射	反复地吸气和呼气	终生	供应氧气，排出二氧化碳
眨眼反射	闭眼或眨眼	终生	保护眼睛免受强光和外界刺激的伤害
瞳孔反射	遇强光时瞳孔收缩，遇弱光时瞳孔放大	终生	保护眼睛免受强光和外界刺激，使视觉系统适应低亮度的环境
觅食反射	把头转向刺激的方向	出生后的头几个星期消失，被自主性的头部转动取代	帮助婴儿寻找乳房或奶瓶
吮吸反射	吮吸放入口中的物体	终生	使婴儿摄取营养物质
吞咽反射	吞咽	终生	使婴儿摄取营养物质

表 5-3　足月新生儿的主要原始反射

原始反射	反应	发展和出现的时间	意义
巴宾斯基反射	足底被抚摸时，会张开并弯曲脚趾	8～12 个月消失	神经系统正常发展的指标
抓握反射	弯曲手指去抓接触婴儿手心的物体	3～4 个月消失	神经系统正常发展的指标
游泳反射	浸入水中的婴儿四肢会自主划动，下意识地屏住呼吸	4～6 个月消失	神经系统正常发展的指标
行走反射	使婴儿身体直立，脚触到平面时，能像走路一样向前移步	除非有很多机会锻炼，否则出生后 8 周左右就会消失	神经系统正常发展的指标

二、动作发展的规律

儿童动作的发展是在脑和肌肉控制下进行的，因此动作的发展和神经系统、身体的发展密切相关。儿童身体的发展是有先后顺序的，儿童动作的发展也表现出一定的时间顺序。在儿童早期，动作的发展在某种程度上标志着心理发展的水平，动作的发展同时也促进儿童心理的发展。因此，在儿童智能发育检查中，大(粗)动作和精细动作的发展情况是检查的重要方面。动作的发展和身体的发展是密切相连的，因此动作的发展也遵循类似于身体发展的规律、顺序及趋势。

(一)从上到下

从上到下，也称“首尾律”。儿童最早发展的动作是头部动作，其次是躯干动作，最后是脚的动作。儿童最先学会抬头和转头，然后是翻身和坐，接着是使用手和臂，最后才学会腿和足的运动，能直立行走和跑跳。儿童的动作发展总是沿着抬头—翻身—坐—爬—站—行走的方向成熟的。

(二)由近及远

由近及远，也称“近远律”。儿童动作的发展从身体中部开始，越接近躯干的部位，动作发展得越早，而远离身体重心的肢端动作发展得较晚。以上肢动作为例，肩头和上臂动作发展得最早，其次是肘、腕、手，手指动作发展得最晚。

(三)由粗到细

生理的发展从大肌肉延伸到小肌肉，因此儿童先学会大肌肉、大幅度的粗动作，以后才逐渐学会小肌肉的精细动作。新生儿只会弥漫性地“臂舞腿蹈”，四五个月的婴儿要拿面前放着的玩具往往不是用手，而是用手臂甚至整个身体。随着神经系统和肌肉的发育，加之大量的自发性练习，动作逐渐分化，儿童开始学习控制身体各个部位的小肌肉动作。他们在身体某部位受到刺激后能控制仅由有关部分做出相应的动作反应，而抑制其余部分的动作，使反应更加专门化。儿童手握铅笔自如地一笔一画地写字，往往要到六七岁才能做到。

三、动作发展的一般进程

儿童的动作发展主要有两个方面的内容，即行走动作的发展和手运用技能的发展。心理学界对儿童动作发展的一般进程进行了大量的大样本容量和大时间跨度的研究，取得了丰富的常模资料，反映了儿童动作发展的整个过程(见表 5-4① 和表 5-5②)。

表 5-4　3 岁前儿童全身动作发展顺序表

运动能力	成熟早期月龄	成熟中期月龄	成熟晚期月龄	常模月龄
抬头 45°	2.1	3.2	4.0	3.6
抬头 90°	2.9	3.5	4.5	3.8
抱直、头转动自如	2.0	2.9	3.7	3.3
仰卧翻身	3.1	3.7	6.8	4.2
扶坐竖直	3.1	4.2	6.3	4.9
独坐前倾	3.2	4.5	5.9	5.2
独坐	4.7	6.0	6.9	6.5
自己会爬	5.9	8.2	10.2	9.3
从卧位坐起	6.9	8.6	11.4	9.7
扶腋下站	3.3	4.2	5.4	4.7
扶双手站	5.1	6.6	8.9	7.7
扶一手站	7.0	9.5	10.9	10.1
独站片刻	9.2	11.2	13.3	11.9
扶双手走步	7.1	9.3	11.0	9.8
扶一手走步	9.1	10.7	12.7	11.8
独走几步	11.2	12.7	15.0	13.7
扶物能蹲	8.2	9.8	11.9	11.1
自己能蹲	11.2	12.6	14.8	13.9
会跑，不稳	14.0	15.2	17.7	16.7
跑能控制	15.6	18.3	20.7	19.8
自己上下矮床	14.6	17.1	22.8	20.0
双手扶栏上下楼	15.0	18.1	20.5	19.3
一手扶栏上下楼	19.4	22.7	28.2	23.9
不扶栏上下楼	21.5	26.1	33.7	28.1
双脚跳	21.3	24.0	29.5	26.7

① 林崇德:《发展心理学》，159～160 页，北京，人民教育出版社，2018。
② 林崇德:《发展心理学》，161～162 页，北京，人民教育出版社，2018。

续表

运动能力	成熟早期月龄	成熟中期月龄	成熟晚期月龄	常模月龄
独脚跳	23.6	29.5	—	33.4
踢球	15.0	16.7	21.2	17.6
从楼梯末层跳下	24.3	29.1	34.4	31.7
跳远	24.1	28.2	35.4	30.5
手臂举起投掷	23.6	27.4	33.7	29.3

表 5-5　3 岁前儿童手的动作发展顺序表

细动作项目	成熟早期月龄	成熟中期月龄	成熟晚期月龄	常模月龄
握住拨浪鼓一会儿即掉	—	—	1.9	1.0
玩弄手	1.8	3.2	3.9	2.5
能抓住胸前玩具	3.1	4.2	5.5	4.7
能自己抱住奶瓶	3.0	4.4	7.4	5.5
可将奶瓶的奶嘴放入口中	4.1	5.3	7.9	5.8
积木在双手传递	5.0	5.9	6.9	6.4
能拿起面前的玩具	5.0	5.8	6.7	6.2
拇指和他指抓握	5.1	6.5	7.9	6.9
拇指和食指捏米花	7.1	8.5	9.9	8.9
撕纸	5.7	8.3	9.9	9.1
从瓶中倒出小球	9.4	12.5	14.7	13.4
拾取东西	7.9	9.6	10.9	10.1
拿柄摇拨浪鼓	9.8	12.4	13.8	13.2
把小球放入瓶中	10.7	11.7	13.0	12.3
翻书一次一页	19.0	24.2	31.9	28.3
穿串珠	21.1	24.2	31.9	28.3
折纸成长方形	22.7	28.3	34.0	31.1
折纸成正方形	23.6	30.8	—	34.1
双手端碗	12.3	16.0	18.5	17.1
一手端碗	21.3	24.4	29.6	27.0
搭桥	19.5	26.5	34.4	28.9
搭火车	21.8	26.0	30.3	28.1
自己动手	21.1	24.8	30.4	27.6
搭积木 2～4 块	11.0	12.3	13.8	12.9
搭积木 5～7 块	18.1	19.0	21.8	20.9
搭积木 8～10 块	29.5	—	—	—

一般情况下，儿童在出生后的第一年，是大肌肉动作发展最为迅速的阶段，涉及全身较大幅度的动作，如抬头、翻身、坐起、爬行、走、跑、跳等。前两年是手部精细动作发展的重要时期。但是，也有一些儿童会因为各种主客观原因导致动作发展缓慢的情况，主要原因在于：首先，疾病、营养不良等生理因素可导致动作发育迟缓。每一项动作技能的发展都离不开一定的生理基础，与支配动作的中枢神经系统的发育及骨骼、肌肉的成熟息息相关。例如，流感或耳部感染等疾病可能影响平衡能力，使儿童不能很好地站立，推迟走路的时间。营养不良可能使儿童的下肢骨骼及肌肉无法很好地支撑自己的整个身体，或抬不起双腿也会阻碍他们学会走路。其次，生理成熟也是影响动作技能发展重要的生物学基础。正如本章案例导读中提到的双生子爬梯实验，在儿童没有做好充分的生理准备之前，技能训练并不能促进他们掌握爬楼梯的动作技能；如果他们的生理成熟已经做好了准备，则可以起到事半功倍的效果。再次，缺乏必要的环境支持条件也会导致儿童的动作发展迟缓。例如，家长总是抱着孩子，或常常把孩子放置在婴儿车内，限制了他们活动的自由，会使得他们缺乏必要的练习，导致无法练习腿部力量和学习走路。最后，儿童每一个动作的发展都是自己通过努力获得的，如果他们缺乏探索的兴趣或学习的动力，或在学习新的动作技能中遇到非常大的挫折，或家长的要求过于严格等，都可能会降低他们学习的积极性，延迟动作的发展进程。

四、动作对学前儿童发展的重要意义

从个体心理发展的生理基础以及心理各方面的早期发展来看，动作作为主体能动性的基本表现形式，在个体早期发展中起着重要的建构作用，使个体能够积极地构建和参与自身的发展。具体表现在：①动作对大脑的发育具有促进作用。动作的不断练习、丰富和提高可以促进大脑在结构上的完善，从而为个体早期心理的发展奠定基础。②动作使个体对外部世界的各种刺激及其变化更加警觉，并使感知觉精确化。③动作使个体的认知结构不断改组和重建。动作既可以促使个体认知结构的内涵不断充实，也可以通过提供新经验来引起个体原有认知结构与新的环境刺激之间的冲突、不协调，为打破原有的认知结构并促使其向新结构转换提供了现实的可能性。④动作改变着个体与物理环境、社会环境的互动模式，使个体由被动接受环境信息变为主动获取各种经验，这既促进了个体自主性、独立性的发展，也深刻地影响着个体的社会交往，进而对个体的情绪、社会知觉、自我意识等产生重要影响。

本章小结

生命的开始是从受精卵开始的。胚胎的发育分为胚卵期、胚胎期和胎儿期。个体的发展是遗传和环境交互作用的结果。基因是影响儿童成长的重要遗传物质，基因突变和染色体异常会引发各种遗传缺陷和疾病。同时，母亲的自身因素和外在的各种致畸因素对于先天特征的形成和胎儿的成长以及出生后的发展也具有重要影响。

学前阶段是儿童躯体生长、大脑机能和神经系统发育最为迅速的时期。身体的成长和变化非常明显，大脑的形态和机能的发展十分迅速，婴儿大脑具有巨大的可塑性和良好的修复性。

学前儿童各种运动、动作的发展是其活动发展的前提，也是其心理发展的外在表现。新生儿的反射可分为生存反射和原始反射。动作发展遵循从上到下、由近及远、由粗到细的规律，存在一定的常模，是一个复杂多变而又有规律可循的动态发展系统，在个体早期发展中起着重要的建构作用。

复习与思考题

1. 胎儿的成长有哪些主要的阶段？
2. 遗传对学前儿童发展的作用机理是什么？
3. 举例说明致畸因素影响胎儿的原理。
4. 身体的发育对学前儿童的发展有什么意义？
5. 如何提供适宜的早期环境促进学前儿童大脑的发育？
6. 学前儿童的动作发展有哪些规律？这些规律对学前儿童发展具有怎样的意义？
7. 案例分析题：

小宝快1.5岁了，可还是爬来爬去，迟迟不能迈出人生的第一步，爸爸妈妈都非常着急。周围跟小宝差不多年龄的宝宝早在1岁左右就开始学走路，现在都走得稳稳当当的，甚至“健步如飞”了。请分析小宝为什么迟迟不会走路。

实践活动

1. 观看录像：观看《寰宇地理之子宫内日记》，了解婴儿在母亲子宫里从单细胞长成发育完全的小宝宝的全过程，并尝试分析胚胎发育的影响因素。

2. 实地观察：在见习期间，观察幼儿园中幼儿的动作过程，如起床后的动作(灵巧、熟练、迟缓)，完成动作需要的时间，遇到的具体困难(扣纽扣、穿鞋、系鞋带等)，记录并分析幼儿动作和自理能力的发展特点。

3. 文献查阅：查阅关于学前儿童某方面动作发展的研究文献，分析体会动作发育对学前儿童发展的意义，理解学前儿童动作发展的个体差异性，思考在教育中应该如何帮助和促进动作发育迟缓的学前儿童。

拓展阅读导航

第二部分

学前儿童认知与言语发展

第六章　学前儿童感知觉的发展

学习目标

1. 认识感知觉在学前儿童发展中的作用。
2. 了解婴儿感知觉的研究方法。
3. 掌握学前儿童感觉的发展特点。
4. 掌握学前儿童知觉的发展特点。

案例导读

小新盯着正在玩的积木，似乎是注意到了积木颜色的差异。她触摸着这些积木，感知它们的形状和材质。不一会儿，她把头转向厨房的方向，轻轻用鼻子吸气，好像是闻到了饭菜的香味。她放下积木，走到餐桌旁等待着美味的午餐。

我们每天都在通过各种感觉认识身边的世界。在案例中，小新用到了视、触、嗅几种不同的感觉。很明显，她已经能够整合大量的感觉信息，探索周围的世界。这些感觉信息是婴幼儿产生更高级的认知活动的基础。

本章介绍了感知觉的作用及其研究方法、学前儿童感觉的发展和学前儿童知觉的发展。

第一节　感知觉的作用及其研究方法

感觉是指人脑对直接作用于感觉器官的事物的个别属性的反映，包括视觉、听觉、嗅觉、味觉、触觉、动觉和平衡觉等。感觉属于简单的心理现象，主要与生理作用相联系。当刺激物作用于感觉器官时，我们能立即觉察并分辨出刺激物的个别属性。以视觉为例，眼睛是我们的视觉器官，由感受器和感觉神经构成。当我们看到一块积木时，积木的形状、颜色等信息首先被感受器接收到，通过感觉神经把信息传递到大脑，我们才能通过这些信息判断看到的是一块积木。这一复杂的过程是在瞬间完成的。

如果说感觉是把零散的信息传递给大脑，那知觉就是对这些信息进行组织与加工。知觉是人脑对直接作用于感觉器官的事物的整体反映。知觉以感觉为基础，但并非感觉成分的简单相加。知觉对感觉所提供的信息进行加工，反映刺激所代表的意义，受经验的影响。有时知觉同一个事物，不同的人会得出不同的结论。

信息栏

知觉两歧图形

一、感知觉在学前儿童发展中的作用

（一）感知觉是其他心理现象的基础

无论是从比较心理发生的角度，还是从人类个体心理发展的角度，感知觉都是最早出现的认知过程。新生儿出生时即有感知觉，如当饥饿、身体不舒服时就啼哭，表明机体觉在起作用；当皮肤受到不良刺激时就哭，表明触觉在起作用；当见到强光时就眨眼，周围出现巨响时便惊哭，表明视觉、听觉在起作用。随着时间的推移，个体逐步具备了更为完善的感觉能力和一定的知觉组织能力。

感知觉是一切比较复杂、高级心理活动的基础，是人类认识世界的开端。在感知觉的基础上，儿童才能形成记忆、想象、思维等一系列较复杂的心理过程，才能对客观事物有更进一步的认识。

（二）感知觉是儿童认识世界的基本手段

儿童从一出生就开始感觉周围的环境：他们喜欢看那些颜色鲜艳、活动的物体，对某些声音、味道和气味会做出反应。感知觉是 2 岁以前儿童认知结构中重要的组成部分。人生最初的两年，即语言、思维形成之前，儿童在日常生活中主要依靠视觉、听觉、触觉等感觉通道获得各种信息，了解外部世界的物质属性，形成对客观世界的认识和经验，并为后续的心理现象的产生、发展奠定基础。

在幼儿期，儿童对世界处于感性认识阶段。2 岁以后，语言、思维等心理现象逐渐出现，3～6 岁儿童的思维已经有所发展，但在整个幼儿期的认知活动中，感知觉一直占据着重要地位。幼儿的记忆直接依赖感知的具体材料，对直接感知过的形象的记忆比对词语的记忆效果好。

二、婴儿感知觉的研究方法

在婴儿出现言语之前，我们无法从他们口中得到有关是否看见或听见的报告。20 世纪初，大部分人包括一些研究者和医生都认为婴儿出生的头几天看不见东西，也听不到声音，无法从周围环境中提取有意义的信息。然而自 20 世纪 60 年代起，有研究者推翻了这些论断，他们设计了一些巧妙的方法来验证婴儿是可以感知周围环境的。下面我们简要介绍四种常用的比较有影响的方法。

(一)观察法

对婴儿一些自然发生的探索行为的观察是研究婴儿感知觉常用的方法。例如，“够物”行为就可以作为婴儿觉察距离的指标。对于离得近的物体，婴儿会伸手去抓取(当然不一定能准确抓到)，这表明婴儿具有远近距离的知觉能力。本章第三节介绍的视崖实验就是通过观察婴儿的爬行行为判断婴儿是否具有深度知觉。婴儿对有威胁的刺激(如一个视觉上膨胀的物体)的回避反应也可以作为视知觉发展的观察指标。

观察法可以借助一定的仪器来实现。高振幅吮吸法就是借助一个里边镶嵌有电路的特殊奶嘴来观察婴儿的吮吸行为，以此了解他们的喜好。在实验开始之前，研究者首先记录下婴儿吮吸频率的基线值。以基线值为准，每当婴儿的吮吸频率加快，吮吸强度增加(达到高振幅吮吸)时，就会触动奶嘴里的电路，并启动用来提供感觉刺激的幻灯机或录音机。如果婴儿能感觉到这种刺激并对它感兴趣，那么只要他一直保持高振幅吮吸，这个刺激便会一直存在。一旦婴儿对刺激的兴趣减弱，吮吸频率和强度恢复到基线状态，那么刺激便会消失。

高振幅吮吸法是一种很巧妙的测量方法，只要稍加改进，我们就可以获得更多的信息。例如，如果我们想知道婴儿更喜欢摇篮曲还是儿歌，只需要调整一下奶嘴里的电路：吮吸增强时启动一种音乐，吮吸减弱时启动另一种音乐。这样，通过观察婴儿的吮吸行为就可以了解到他们的偏好。

(二)偏好法

偏好法可以适用于多种感知觉的研究，视觉偏好法是研究者采用较多的一种。视觉偏好法采用一个很简单的测验程序：婴儿仰面躺在一个观察箱里，实验者给婴儿呈现两个或更多刺激物；观察者从观察箱的上方观察并记录婴儿注视每个视觉刺激物的时间长短；如果婴儿注视其中一个图案的时间比其他图案长，就认为他更喜欢该图案。20 世纪 60 年代，范兹首创了这个方法来研究出生不久的婴儿能否分辨不同的视觉图案(如面孔、报纸、同心圆和没有图案的盘子)(见图 6-1)。在此之后，视觉偏好法得到了广泛的运用。范兹的早期实验结果清楚地表明，新生儿能够轻松地分辨视觉图案，相比于没有图案的盘子，他们更喜欢看面孔和同心圆。后续的研究发现，婴儿对一些视觉刺激有特殊的偏爱，这些刺激很容易引起他们的注意，如鲜艳的色彩、运动的物体、物体轮廓线密集的地方或黑白对比鲜明处、正常的人脸、曲线等。

视觉偏好法证实了婴儿是可以感知周围环境的。然而，视觉偏好法有一个缺点：如果婴儿没有表现出对某一个图案有明显的偏好，研究者就无法确认婴儿是不能分辨图案的不同，还是对所有图案都感兴趣。

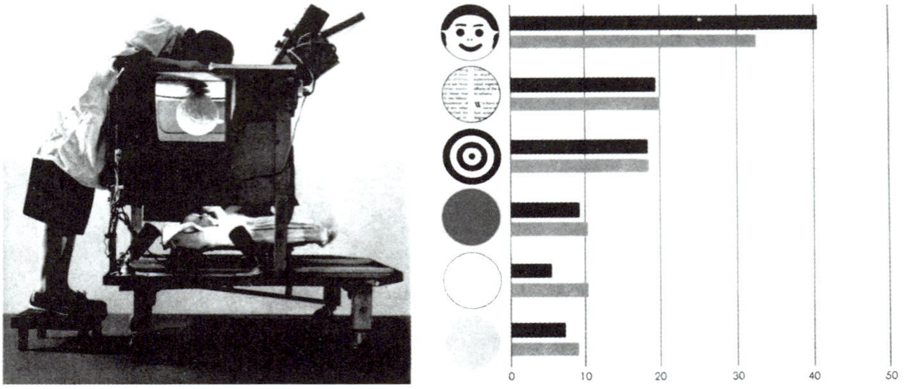

图 6-1　范兹的视觉偏好实验

(三)习惯化法

习惯化法是测量婴儿感知觉能力普遍使用的方法。使用习惯化法要反复呈现刺激物，使得婴儿对刺激物越来越熟悉，直到不再对刺激物做出反应。婴儿对多次呈现的同一刺激的反应强度逐渐减弱，甚至不再反应的现象，被称为习惯化。习惯化是一种简单的学习方式。当婴儿对熟悉的刺激物不再做出反应时，就表明他已经辨认出那是一个熟悉的物体。

用习惯化法测试婴儿分辨两种不同刺激的能力时，研究者首先要反复呈现其中一个刺激物，直到婴儿不再注意它或不再做出反应(习惯化)，再呈现第二个有区别的刺激物。如果婴儿能将两者区分开来，他会表现出去习惯化，即婴儿会关注新的刺激物(如表现出呼吸或心跳频率的变化)。如果婴儿没有表现出去习惯化，就说明两个刺激物的差异细微，婴儿无法觉察到。习惯化方法不仅用于视觉研究，婴儿对声音、气味、味道等刺激都会有习惯化和去习惯化的反应。

习惯化法和偏好法一样，也会受到婴儿个人喜好的影响。婴儿开始熟悉(但又不完全熟悉)某刺激物时会表现出明显的偏好，如果在这个时间点上呈现第二个刺激，婴儿可能不会有去习惯化的反应。因此，使用习惯化法需要研究者密切关注婴儿习惯化发生的时间点，只有这样，才能更准确地了解婴儿感知觉的特征。

(四)诱发电位法

诱发电位法是给婴儿呈现一种刺激，记录他们看到刺激时脑电波的变化(见图 6-2)。具体的做法是对应处理不同刺激的脑区，在婴儿的头部接上一些微电极。例如，在脑后部枕叶上方一个区域的微电极会记录下婴儿对视觉刺激的反应。如果婴儿感觉到刺激，那么他的脑电波形状就会发生变化，即表现出诱发电位。相反，如果婴儿没有感觉到刺激，那么他的脑电波形状就不会发生变化。由于不同的刺激会诱

信息栏

功能性近红外光谱成像技术

发不同的脑电活动，因此，通过诱发电位能够知道婴儿能否分辨不同的图像或者声音刺激。

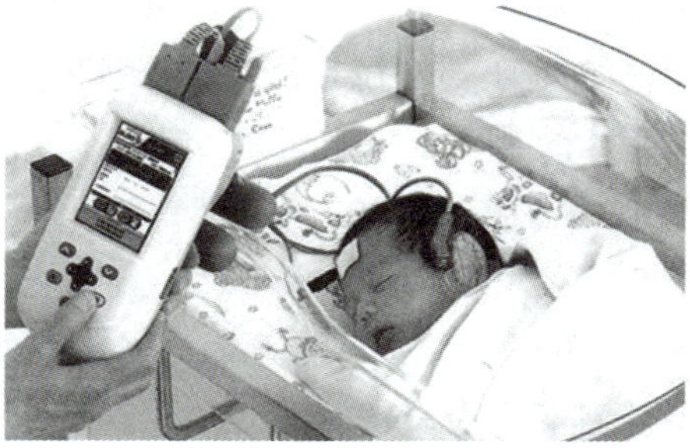

图 6-2　诱发电位法：在婴儿头皮的不同位置放上电极，用来记录婴儿的脑电活动

第二节　学前儿童感觉的发展

儿童从出生时感觉就已经出现，其中视觉是主要的感知渠道，儿童的视觉感受性在学前期不断发展；听觉也是学前儿童获得信息的主要渠道之一，听觉的发展对学前儿童言语、智力等的发展有着重要的意义；触觉在学前儿童认识世界中占有的地位比成人重要，特别是 2 岁前儿童往往通过手部和口腔的触觉来感知周围的物体。另外还需指出的是，学前儿童并非只通过某一种感觉认识和探索世界，通常需要多种感觉协同起作用。

一、视觉的发展

(一)胎儿与新生儿的视觉反应

四五个月的胎儿已经能对光线有所反应。在这一阶段，用手电筒照射孕妇的肚子，会发现胎儿有睁眼的反应，并且会把头转向光源。胎儿的视觉能力还很有限，他们只能感受光线的强弱。

健康的新生儿在出生后就具备视觉反应能力。他们的视觉范围为 30～40 厘米，视觉感受性在学前期逐渐发展。

(二)视觉集中

视觉集中是指通过两眼肌肉的协调，能够把视线集中在适当的位置观察物体。由于新生儿的眼肌不能很好地协调运动，出生后 2～3 周内，双眼协调比较困难，视觉的焦点很难随客体远近的变化而变化，难以形成视觉集中。出生后 3 周的婴儿能将视线集中在物体上，2 个月的婴儿能追随在水平方向移动的物体，3 个月的婴儿能追随物体做圆周运动。随后，婴儿视觉集中的时间逐渐增长，距离逐渐增加，他们对周围环境的观察也更具主动性。

(三)视敏度

视敏度是指视觉精确地辨别物体细节的能力，也就是区分对象形状和大小上最小差异的能力，即通常所说的视力。视力主要依靠晶状体的变化来调节，随着晶状体调节功能的不断发展，婴儿的视力也越来越接近成人。

研究表明，新生儿的视敏度在20/200～20/600，即视力很好的成人距离200或600英尺(1英尺≈0.30米)能看清的事物，新生儿要移近到20英尺的距离才能看清。在新生儿的眼里，母亲的面容是模糊不清的。

出生后的前几个月视敏度得到快速的发展。6个月婴儿的视敏度大概是成人的1/5，而到了12个月，他们的视力就已经和成人相当接近了。

良好的用眼习惯和用眼环境对儿童早期视敏度的发展非常重要。柔和的散射光源可以避免强光对儿童视力造成伤害，有利于视敏度的良好发展。

信息栏

婴儿视力缺陷的检测方法

(四)颜色视觉

颜色视觉是指区别颜色细微差异的能力，也称辨色力。颜色视觉与颜色的3种特性有关，即颜色的明度、色调、饱和度。新生儿具有辨别颜色的能力，他们看到的世界是彩色的。红色对于新生儿来讲似乎是最容易辨别的颜色。到了2～3个月，婴儿就已经可以分辨所有的基本色。4个月的婴儿已经能在光谱上辨认颜色。

幼儿期颜色视觉的发展主要表现在区别颜色细微差异的能力上。从4岁开始，区别各种色调细微差别的能力逐渐发展。5岁儿童不仅能注意到色调，而且能注意到颜色的明度和饱和度。

为儿童提供颜色丰富的生活环境有利于他们颜色视觉的发展。长期在单色光的环境中生活会造成儿童在颜色识别方面的障碍；但过于色彩斑斓的环境会影响视力的正常发育，而且会加剧儿童的情绪波动，让他们烦躁易怒。

二、听觉的发展

(一)胎儿的听觉反应

许多研究都说明，胎儿对声音有所反应。例如，很多胎儿通过运动对大的声响和汽车喇叭声产生反应。因此可以说，胎儿已经有听觉反应。妊娠期最后三个月胎儿已经能通过声音开始学习了。胎儿在听到母亲读熟悉的故事和新故事时心跳频率会发生变化。因为胎儿对母亲的声音有很强的感受力，我们应该鼓励母亲经常跟胎儿讲话，为胎儿的听觉发展打好基础。

(二)新生儿听觉的发生

儿童出生以后，听觉系统已经开始起作用。新生儿的听觉还达不到成人的水平。

在刚出生的几小时里，他们对较弱强度的声音不敏感。新生儿的听觉是很灵敏的：他们能依据声音的大小判断逐渐接近的声源；可以分辨声音的强弱、长短、方向等；持续而温和的音乐对新生儿有抚慰和镇静的作用。

信息栏

警惕中耳炎

新生儿对人说话的声音比较敏感，这说明儿童学习语言的能力是与生俱来的。他们尤其喜欢母亲的声音，相对于其他语言，他们更喜欢听母亲讲母语。

（三）婴幼儿听觉的发展

3个月之前，婴儿的听觉主要是听觉中枢的反射性听觉反应。3个月后，才开始出现有意义的听觉活动。6个月的婴儿能够敏感地识别母亲的声音。

随着年龄的增长，特别是在掌握语言、接触音乐环境的过程中，儿童的听觉不断发展。在辨别声音的细微差别方面，3～4岁儿童往往由于不能区别发音上的细微区别，而不能学会正确发音。5～6岁儿童平均能在55～65厘米距离外听到表的摆动声，6～8岁儿童则在100～110厘米之外就能听到，说明从6岁到8岁，听觉感受性可提高一倍。

（四）视听协调发展

儿童在很小的时候就已出现视听协调现象。新生儿听到人的声音时，眼睛也会朝着声音的方向转去。例如，把玉米粒放在塑料瓶里，摇动瓶子，发出响声，新生儿会把头转向声源。

婴儿还能辨别同时呈现的视听对象的一致性。与不伴随声音的人脸相比，婴儿注视伴随声音的人脸时间更长。看见母亲的脸，同时听见母亲的声音，这种情况下的注视时间最长。如果看见的人脸与听见的声音不一致（如看见母亲的脸，同时听见陌生人的声音），婴儿会出现回避反应。

三、触觉的发展

触觉是皮肤受到机械刺激时产生的感觉。

（一）触觉的发生

儿童从出生时就有触觉反应，天生的无条件反射，如吮吸反射、抓握反射等，都可以说是触觉的表现。婴儿身体的某些部位比其他部位对触觉更敏感，如婴儿的嘴唇、手掌、脚掌、前额、眼皮等部位都是非常敏感的触觉感受器。婴儿的触觉敏感性因人而异，有的婴儿不喜欢被他人紧紧地拥抱。因此，一种抱起婴儿的方法是先把婴儿放在枕头上，再连同枕头抱起，这样可以减少触觉敏感的婴儿的不适感。

保持触觉的适度敏感性具有保护意义。例如，对保育箱里的早产儿进行有规律的拍打和按摩有助于提高其反应性。

（二）口腔的触觉

婴儿触觉的发展主要表现在触觉探索活动的形成以及活动过程中触觉和其他感觉的协调上。触觉探索活动有两种主要形式：口腔探索和手的探索。

新生儿的吮吸反射和觅食反射是一种口腔本能的触觉活动，还称不上口腔探索。3 个月的婴儿出现主动的口腔探索。婴儿对熟悉的物体会产生吮吸习惯化，即吮吸的幅度逐渐降低。换了新的物体后会出现去习惯化，表现为用力吮吸。这说明口腔的触觉能帮助婴儿获得关于物体间差异的信息。

婴儿的口腔探索是探索外界环境的一种主要手段。在婴儿手的探索发展起来以后，口腔探索逐渐退居次要地位。但是在相当一段时间内，婴儿仍然以口腔探索作为对手的探索的补充。例如，6 个月以后常常出现眼、手和口的协调连续动作，婴儿看见东西，拾起来，放到嘴里，以此作为一种探索方式。

（三）手的触觉

学前期是手的探索活动产生的时期，其产生和发展经过若干阶段。

1. 手的本能触觉反应

婴儿出生后即有本能触觉反应，抓握反射是手的触觉表现。当物体碰到新生儿的手心时，他会立即把手指收起，紧握该物体。在这种反射随婴儿的成熟而消失后，婴儿还是会出现一些无意性的触觉活动。例如，当手在无意中碰到被子的边缘时，婴儿会沿着边缘抚摸被子。

2. 视触协调

视触协调主要表现为眼手探索活动的协调，也是手真正探索活动的开始，出现在出生后 5 个月左右。积极主动的触觉探索，如挤、用手指摆弄、拖拽等，在双手的协调动作产生后才出现。7 个月的婴儿看见新异物体时，常常用手去抓，半转动手腕，使物体转动，这样婴儿可以从不同的角度观察物体。再大些，婴儿能用双手把东西转来转去，而且动作都有视觉相伴随。

8 个月以后，触觉在探索中已起明显的作用。婴儿去寻找用视觉和触觉同时探索过的物体的频率高于去寻找单纯看过的物体。婴儿对看见的东西总是想去摸一摸，似乎是要用触觉去肯定所看到的物体的特性。照料者在这个时期应该注意尊重他们的这种探索方式，鼓励他们积极去认识外界事物。

3. 听觉和触觉的协调

婴儿期已经出现了听觉和触觉的协调。让一个婴儿坐在黑暗的房间里，给他提供一个会发声的玩具，发现 5 个月的婴儿已经有向声源伸手的倾向。另外，让一个婴儿在关灯之前看见不发响声的玩具，但不让他动手去抓，关灯之后才让他去抓。结果发现，不满 6 个月的婴儿，其听觉对手的动作的指导比视觉记忆更为准确。

四、味觉和嗅觉的发展

婴儿一出生就表现出明确的味觉偏爱。例如，无论是足月儿还是早产儿，都对味道表现出明显的偏爱：与苦、酸、咸或者中性的液体（水）相比，他们吮吸甜味液体的频率更快，持续时间更长。4 个月以后，婴儿开始能接纳一些咸味的食物，这为他们的断奶做好了准备。此外，婴儿对味觉上的细微差异也比较敏感，吃惯了母乳的婴儿可能会拒绝吃奶粉，习惯了一种味道的奶粉后可能会拒绝另一种味道的奶粉。

不同的味道还会引发新生儿不同的面部表情。甜味能减少新生儿的哭泣，让他们发笑和咂嘴；酸味会让新生儿皱鼻子和噘嘴；苦味则经常会让新生儿表现出厌恶的表情，嘴角下撇，伸舌头，甚至吐口水。而且，浓度越高，相应的表情越明显，这说明新生儿已经能够辨别某种味道的浓度。

人类的嗅觉虽然比不上某些动物那么发达，但是对于新生儿的发展仍有适应性的意义。新生儿已经表现出明显的嗅觉偏好，对于不喜欢的气味，如鱼腥味、臭鸡蛋味等，他们会做出一些强烈的反应，如把头扭开并露出厌恶的表情。在出生后的 4 天里，母乳喂养的新生儿已经表现出对奶味的偏爱，并会根据乳房和腋下的气味辨别自己的母亲。

信息栏

感觉的适应与对比

五、多种感觉的协同活动

由于客观事物常常是包含多种属性的复合刺激物，因此，我们对客观事物的感知也经常是通过多种感觉的协同活动来实现的。将看到、摸到、听到或其他探索方式获得的信息整合在一起，无疑能够帮助刚开始理解或探索事物的学前儿童更好地认识这个世界。心理学的研究表明，在接收信息方面，看到的比听到的印象深刻。如果单纯靠听觉，一般只能记住 15％的信息。如果单纯靠视觉，对于从图形中获得的信息一般能记住 25％。如果视听结合，对于获得的信息就能记住 65％。

在感知活动中，触觉的参与具有重要的作用。因为只有在触觉的参与下，有些对象的某些特点才有可能被感知，如物体的软硬属性等。因此，那种既看又听，还能动手操作的学习方式是适合学前儿童的。多种感觉的协同活动不仅能提高感知效果，而且能帮助学前儿童学会协调多通道获得信息，有助于高级认知功能的发展。

第三节　学前儿童知觉的发展

学前儿童知觉的发展主要包括空间知觉和时间知觉的发展。空间知觉主要指对物体的空间关系以及机体自身在空间所处位置的知觉，包括形状知觉、大小知觉、方位知觉和深度知觉等。形状知觉和大小知觉是对物体属性的知觉；方位知觉和深度知觉是对物体之间关系的知觉，属于比较复杂的知觉，需要多种感官的协同。时间知觉是对客观现象的延续性、顺序性和速度的反映。

一、空间知觉

(一)形状知觉

形状知觉是对物体的轮廓及各部分的组合关系的知觉。新生儿已经具有初步辨别形状的能力，对不同图案有明显的视觉偏好：他们喜欢对比度高、有明显的明暗分界线，以及有弧度的、中等复杂程度的图案。

学前儿童的形状知觉发展很快，3 岁儿童基本上已能正确找出相同的几何图形。对儿童来讲，辨别不同几何图形的难易程度有所不同，由易到难依次是：圆形、正方形、半圆形、长方形、三角形、八边形、五边形、梯形、菱形。

形状知觉的发展是生理基础(视觉能力)和视觉经验(学习)之间相互作用的结果。新生儿在生理上已经做好了视觉加工的准备。2～3 个月时，视觉神经中枢的成熟让婴儿能看清更多的细节并构建视觉图形。早期的视觉经验在视觉神经中枢的成熟过程中起很重要的作用，因为这些视觉经验能让视觉神经元处于激活状态，有利于神经元之间的联结。

(二)大小知觉

大小知觉是对视线范围内物体大小的反映，包括物体的长短、面积、体积大小等。学前儿童的大小知觉能力随着年龄的增长而不断发展。一般来说，儿童在婴儿时期便能识别物体的大小。

儿童对物体大小的感知容易受到观察角度、姿势、距离等因素的影响。大小知觉会因个体对物体的识别辨认能力不同而产生大小错觉，其中个体的识别辨认能力受到认知水平和日常生活经验等的影响。儿童的大小知觉是动态发展、不断完善的过程，可以用知觉大小恒常性来描述儿童大小知觉的发展过程。

知觉大小恒常性是指不管物体离眼睛多远，在视网膜上成像的大小变化如何，个体都能够认识到物体的实际大小保持稳定。一般来说，儿童的知觉大小恒常性越稳定，大小知觉水平越高。儿童的知觉大小恒常性在生命第一年稳步发展，3 岁以后更加精确。

(三)方位知觉

方位知觉即个体对自身或物体所处位置和方向的知觉，如对上下、左右、前后、东西、南北的辨别。儿童很小就有依据听觉信息判定方位的能力。

儿童方位知觉发展的顺序是：上下、前后、左右。通常 3 岁儿童仅能辨别上下方位，4 岁儿童开始能辨别前后方位，5 岁后儿童开始能以自身为中心辨别左右方位。左右方位的相对性要到七八岁后才能掌握。由于左右方位的辨别是从以自身为中心逐渐过渡到以其他客体为中心的，因此，教师面向儿童做示范动作时，其动作要以儿童的左右为基准，就是常说的“镜面示范”。例如，要对面站立的儿童举起右手，教师示范时自己要举起左手；或者举出具体的事实说明，如说“伸出右手，就是伸出拿勺的那只手”，不要抽象地说“右”，避免引起理解混乱。

（四）深度知觉

深度知觉又称立体知觉，是对同一物体的凹凸程度或不同物体远近程度的知觉。测量婴儿深度知觉的常用工具是吉布森等人创设的视崖装置（见图 6-3）。把婴儿放在厚玻璃板的平台中央，平台一侧下面紧贴着玻璃放有方格图案，另一侧则在一定距离下面布置了同样的方格图案，造成一种视觉印象：前一侧是“浅滩”，后一侧是“深滩”。通过视崖装置观察婴儿的爬行行为发现：6 个月的婴儿就能感觉到视崖的存在，从“浅滩”爬到“深滩”的边缘时心率会加快，仅有少部分婴儿会爬过“悬崖”，绝大多数婴儿则选择爬回“浅滩”，说明他们已经具有深度知觉的能力。深度知觉的发展受婴儿经验的影响。如果婴儿早期缺少爬行的经验，深度知觉的发展可能会滞后。深度知觉发展不足的婴儿在户外活动时可能不会注意到一些安全隐患，这就需要照料者予以足够的重视。

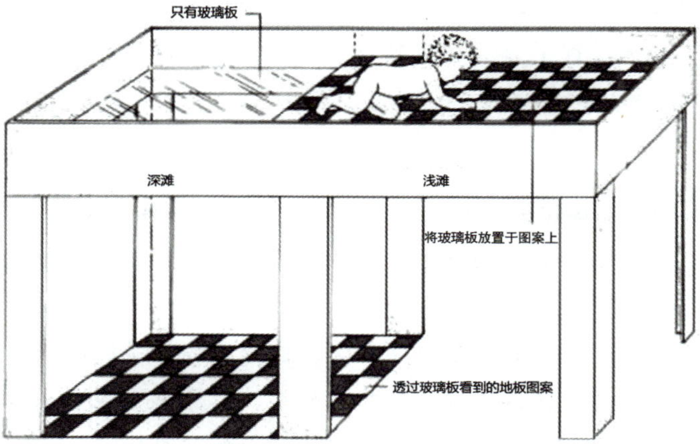

图 6-3　视崖装置

二、时间知觉

时间知觉是对客观现象的延续性、顺序性和速度的反映。时间知觉并没有专门的感觉器官，是通过某种媒介来反映时间的。这些媒介可能是外界的变化，如昼夜的交替；也可能是人体自身的生理状态，如生物节律周期（生物钟）。婴儿主要借助生物钟来感知时间，如婴儿到了吃奶的时间就会醒来或者哭闹，这就是婴儿对吃奶时间的条件反射，也可以说是生命初期最早的时间知觉的表现。

幼儿已经具有的初步的时间概念往往和具体的活动相联系。例如，他们理解的“早晨”就是指起床的时候，“下午”就是指家长来幼儿园接自己的时候。对于一些带有相对性的时间概念，幼儿还难以正确掌握。一般来说，他们只懂得现在，不理解过去和将来。一些中班幼儿可以理解“昨天”“今天”“明天”，也能运用“早晨”“晚上”

等词语，但对较远的时间，如“前天”“后天”等还不能理解。大班幼儿开始能辨别“大前天”“前天”“后天”“大后天”，分清“上午”“下午”，知道今天是星期几等，但对更短的或更远的时间观念，如几分钟、几个月等难以分清。幼儿对时间单位不能正确理解。6岁幼儿还不能真正了解“一分钟”“一小时”“一个月”的意义。在幼儿的言语中，常常会出现一些有关时间的词语，如“去年”“星期天”等，但往往不能反映它们的实际含义。例如，幼儿说“明天我到北海去玩”，实际上要表达的可能是“昨天”去玩的。

幼儿时间知觉的发展水平比较低，原因之一是时间知觉没有直观的物体供感觉器官直接感知，不像空间知觉那样有具体的依据。另外，表示时间的词又往往具有抽象性、相对性，这对于思维能力尚未发展完善的幼儿来说是较难掌握的。幼儿的生活经验直接影响其时间知觉的发展。有规律的幼儿园生活能帮助幼儿树立一定的时间观念。音乐和体育教学使幼儿掌握节奏和有节律的动作。带领幼儿观察动植物的生长、自然界的规律性变化以及在与幼儿交谈过程中有意识地使用有关时间的词汇，都有利于其时间知觉的发展。

信息栏

婴幼儿感知觉研究的启示

本章小结

感觉是指人脑对直接作用于感觉器官的事物的个别属性的反映，知觉是人脑对直接作用于感觉器官的事物的整体反映。感知觉是认识的开端，是一切心理现象的基础，也是学前儿童认识世界的主要方式，在整个学前期的认知活动中占据着重要地位。

研究婴儿感知觉的主要方法有：观察法、偏好法、习惯化法、诱发电位法。

学前儿童的感觉主要包括视觉、听觉、触觉、味觉和嗅觉；知觉主要包括空间知觉(形状知觉、大小知觉、方位知觉、深度知觉)和时间知觉。

教师进行教育和教学工作时，要考虑学前儿童感知觉的特点，恰当运用学前儿童的感知规律于幼教实践中，促进学前儿童的心理发展。

复习与思考题

1. 感知觉在学前儿童心理发展中有什么作用?

2. 研究婴儿感知觉主要有哪些方法?

3. 学前儿童感觉的发展有怎样的特点与规律?

4. 举例说明，如何在教育实践中运用学前儿童的感知特点与规律提高教育的效果。

实践活动

1. 儿童嗅觉适应实验：准备不同气味的原材料，如香水、醋、酒等，测试一下儿童对不同气味的嗅觉适应时间并记录下来。想一想用什么方法可以知道儿童产生了嗅觉适应，这个实验适合多大年龄的儿童，在实验过程中有哪些需要注意的事项。动手试一试，分享你的经验。

2. 婴儿视觉偏好实验：准备一些不同面部表情的照片，看一看不同月龄的婴儿对表情的偏好是怎样的。0～3 个月、3～6 个月、6～12 个月的婴儿都对同样的表情情有独钟吗？还可以尝试一下用不同人的照片，看一看婴儿从什么时候开始有美的概念，他们从几个月开始更喜欢看漂亮的面孔。

拓展阅读导航

第七章　学前儿童注意的发展

学习目标

1. 了解注意在学前儿童发展中的作用。
2. 掌握学前儿童注意发展的趋势。
3. 理解各年龄阶段学前儿童注意发展的特点。
4. 在设计教学活动过程中，学会运用学前儿童的注意发展规律。

案例导读

在与幼儿的接触中，我们常常可以看到这样的情形：

活动开始了，幼儿聚精会神地听着老师讲故事，忽然，跑进来一只小猫，幼儿的注意力就会立即转到小猫身上。

老师带幼儿在院子里观察桃树，突然临近树上传来小鸟的叫声，幼儿就会不由自主地去寻找小鸟。

做操时，幼儿听着老师的口令做早操，动作挺整齐。忽然幼儿园来了一群服装鲜艳、手拿照相机的外宾，幼儿就会情不自禁地扭头去看他们，动作跟不上节拍了，队伍也乱了……

这些事例都反映了学前儿童注意的一个显著特点，就是注意不稳定，容易转移。他们虽然已经开始能比较自觉地去注意某些事物，但是还不能较长时间地把注意力集中保持在某一事物上，稍受干扰，注意力就会分散。教师应当正确认识和尊重学前儿童注意的发展特点，并采取有效的方法因势利导，有效吸引和调动学前儿童的注意力。本章主要介绍和探讨注意在学前儿童发展中的作用、学前儿童注意发展的趋势、学前儿童注意发展的特点，以及注意规律在教学活动中的运用四个方面的内容。

第一节　注意在学前儿童发展中的作用

注意是心理活动对一定对象的指向和集中。指向性和集中性是注意的两个基本特点。注意的指向性是指人在清醒状态时，每一瞬间的心理活动都是有选择地指向某些事物，同时离开其他事物。简单来说，就是要从众多的刺激物中选择注意对象。注意的集中性是指把心理活动贯注于某一事物。一旦专注于某一事物，我们对其他事物可能就会“视而不见，充耳不闻”。注意并不是一种独立的心理过程，因为它本身并没有反映的内容，既不反映事物的属性，也不揭露事物的意义。但它与其他心理过程密不可分，如通常我们所说的“注意看”“注意听”“注意想”等。可以说，没有注意的参与，各种心理活动就无法顺利进行。

一、注意有助于学前儿童选择和调节自己的行为

儿童生活在纷繁复杂的世界中，时刻都在接触各种各样的事物和信息。他们不可能在同一时刻对所有信息做出反应，注意能使儿童对环境中的刺激做出有选择的反应。只有当儿童有选择地对某些特定刺激做出反应时，他们才能真正从环境中捕获到有价值的信息，从而促进其认知和社会性的发展。

儿童需要调整自己的行为以适应不断变化的环境。注意能使儿童发觉周边环境的变化并及时对这些变化做出反应，调节自身的活动，为应对外界的刺激做准备，以此来更好地适应环境的变化。

二、注意有助于研究和促进学前儿童的感知觉发展

首先，注意是研究幼小的婴儿感知觉发展的指标。幼小的婴儿还不会说话，不能用言语完整地表达对事物和刺激的反应，而成人通过观察婴儿注意的表现，就可以了解其心理反应。例如，视觉偏好法通过运用注意指向功能来研究婴儿视觉偏好的对象和模式特点。

其次，只有注意到所指向和集中的对象，儿童对该对象的知觉才可能更突出、更清晰、更完全。感知觉是认识过程的开始，注意则是感知的先决条件。在观察同一事物时，不同儿童所感知到的信息不同，往往是因为注意的信息不同。

三、注意有助于学前儿童长时记忆的发展

只有注意所指向或集中的感知觉信息才能进入长时记忆，没有注意的感知觉信息一般只能停留在短时记忆中。因此，注意力发展不良的儿童，其记忆的发展往往也会受到影响。

四、注意能有效维持学前儿童的活动

儿童要维持各种活动和行为，注意是不可或缺的。只有当儿童的注意指向某一行为或活动时，才能保证行为活动持续进行；如果儿童转移了注意，之前所进行的活动也会停止。这主要是由于儿童的注意能使其对所选择的事物保持长久、积极、紧张的状态，这种状态能保证儿童的学习以及游戏等活动持续进行。

注意力发展良好的儿童往往能调动各种感官，从而更好地体验外界事物，获得并加工更多的信息，认知水平也随之提高。

第二节　学前儿童注意发展的趋势

一、定向性注意的发生先于选择性注意

（一）定向性注意

外来的强烈刺激可能使新生儿暂时停止哭闹或把视线转向刺激物，这就是定向性注意。定向性注意是一种初级的注意，也可以说是一种定向反射或探究反射，是儿童生来就有的一种生理反应。定向性注意主要是由外界刺激的特点引起的，是无意注意的初级形式。定向性注意是一种本能，到成人阶段也不会消失。不过，随着年龄的增长，定向性注意所占的比例将逐渐减少。例如，某处出现了巨大声响，有些成人会停下手中的工作转向声源，而有些成人则继续专注于眼前的工作。

（二）选择性注意

选择性注意指的是在同一情境下，个体对某类刺激或信息表现出集中的注意，而忽略其他刺激或信息的现象。通过选择性注意，儿童能筛选外界的刺激，将注意力集中在特定的刺激上。选择性注意是在定向性注意之后出现的，随着儿童年龄的增长而不断发展。年龄越小的儿童，其过滤无关信息、将注意集中在特定任务上的能力越弱。

选择性注意的发展主要表现在选择性注意性质的变化和选择性注意对象的变化两个方面。

1. 选择性注意性质的变化

儿童的选择性注意最初主要是由刺激的物理性质决定的，如刺激物的声音强度、色彩明亮度、气味的特殊程度等。随着儿童注意的发展，选择性注意逐渐转变为由刺激物对儿童的意义决定。例如，一块糖可能比一张百元钞票更能吸引儿童的注意，这是由于糖更能满足儿童的需要，对儿童更有意义。

2. 选择性注意对象的变化

选择性注意对象的变化主要包括范围的扩大化和对象的复杂化两个方面。范围的扩大化是指选择性注意的对象增多，而对象的复杂化是指随着注意的发展，儿童逐渐倾向于注意较为复杂的对象。儿童的动作、认知以及语言等方面的发展将改变选择性注意的性质、扩大选择性注意的范围并改变注意对象的性质。

二、无意注意的发生先于有意注意

根据注意是否受个体意识的支配，注意可以分为无意注意和有意注意。

(一)无意注意

无意注意也叫不随意注意，是没有目的的、被动的，也不需要意志努力的注意。无意注意是儿童生来就有的，定向性注意和婴儿期的选择性注意都属于无意注意。在整个学前阶段，刺激物的物理特征是无意注意产生的重要原因。随着儿童的发展，其无意注意的性质和对象会发生变化，注意范围逐渐扩大，稳定性也不断增强。

(二)有意注意

与无意注意相反，有意注意是主动的、由意识支配的注意。它出现得比较晚，在婴儿早期，儿童基本没有有意注意。直到 2 岁左右，儿童的有意注意才出现。在幼儿期，随着儿童言语、认知和动作有意性的发展，有意注意也开始发展。有意注意的发生和发展极大地改变了儿童注意的性质、范围和稳定性。同时，儿童心理过程的其他方面也因此得以发展。

第三节　学前儿童注意发展的特点

一、1 岁前婴儿注意的发生和发展

(一)定向性注意的出现

定向性注意实质上是一种无条件反射，也是无意注意的最初形态。当新生儿处于觉醒状态时，外部的新异刺激或其他刺激会引起他的全身反应。这种反应表现为心率、瞳孔、脑电、呼吸、血流等指标的变化，是一种复合型的反应。由于这些指标的变化是心理活动的外在表现，而新生儿和婴儿的可测行为又很少，不能用语言表达其心理活动，因此，这些生理指标便成为研究新生儿和婴儿注意的主要依据。

(二)选择性注意的萌芽

0～1 岁婴儿的选择性注意已经开始萌芽。婴儿满月以后，每天清醒的时间延长，神经系统的成熟使婴儿对外界世界的探索更积极、主动。视觉偏好的研究表明，

0～1 岁婴儿注意的选择性主要有以下特点。

①与简单的事物相比，更偏好复杂的事物。

②与分散的事物相比，更偏好集中的事物。

③与不对称的事物相比，更偏好对称的事物。

④与密度小的轮廓相比，更偏好密度大的轮廓。

⑤与规则的模式相比，更偏好不规则的模式。

⑥与直线相比，更偏好曲线。

利用眼动仪对婴儿视觉运动轨迹的研究发现，0～1 岁婴儿的注意有以下规律：①在光线不太强烈的情况下，婴儿在清醒时都会睁开眼睛探索周围的环境。②即使在黑暗中，婴儿也会对环境进行仔细搜索。③在光线良好的情况下，如果面对的是无形状的事物，婴儿会在很大的范围内扫视以寻找物体的边缘。发现边缘后，婴儿会停止扫射或将视线停留在边缘附近，并试图用视线跨越边缘；如果边缘离中心太远，则开始搜索其他边缘。④婴儿倾向于注意对比鲜明的东西，以及事物的轮廓或边缘，而不是具体的内容。

除了视觉以外，听觉刺激也会引起婴儿的注意。听觉的空间定位会影响婴儿的视觉定位，他们更倾向于注视声音所指向的方位。出生 3 个月以后，由于生理因素对婴儿注意的制约减少，经验开始在注意中发挥作用。6 个月以后，婴儿对熟悉事物的注意多于陌生事物，尤其表现在社会性方面，婴儿对熟悉人的注意多于陌生人。

以上例子都证明了婴儿已经开始对外部刺激表现出选择性的反应。

二、1～3 岁儿童注意发展的特点

(一)注意受到言语的影响

言语不仅能引起儿童的注意，而且能支配儿童注意的选择性。1 岁以后，儿童的言语初步形成，一直到 3 岁左右，儿童的言语能力飞速发展，为注意的发展奠定了基础。当成人说出某个名词时，儿童便会将注意集中于相应的物体。此外，言语的发展扩展了注意的范围，儿童能通过集中注意听故事、看电视、念儿歌、看图等活动，获得丰富的信息和经验，从而促进儿童的记忆和学习活动。

(二)注意时间延长、注意范围扩大

2 岁以后，儿童在活动中的注意时间逐渐延长，范围逐渐扩大，这与儿童的身体动作发展是密不可分的。虽然总体来说，3 岁以前儿童的注意时间依然较短，范围也较小，但是在此阶段，儿童对自己喜欢的事物能注意更长的时间，能更多关注周围生活中的事物，这对儿童认识周围世界是有重要意义的。例如，一个 3 岁的儿童对自己喜欢的动画片或电视节目最长能集中注意 30 分钟。

三、3～6岁儿童注意发展的特点

（一）无意注意占主导地位

3～6岁儿童的注意依旧是无意注意占主要地位。但是相比于婴儿，他们的无意注意有了发展，表现出以下两个基本特点。

1. 引起儿童无意注意的主要因素是刺激物的物理特征

刺激物的物理特征依然是引起儿童无意注意的主要因素。刺激物突然且显著的变化、明亮的色彩、强烈的声音、刺激性的气味等都能引起儿童的无意注意。也正因为如此，儿童的注意力非常容易被无关的刺激物分散。因此，教师需要利用儿童注意的特点提高教学效果。例如，如果教室中十分吵闹，教师突然停止说话或放低声音反而会吸引儿童的注意。

2. 对儿童有意义的事物逐渐成为引起其无意注意的因素

对儿童有意义的事物主要指能引起儿童兴趣或能满足儿童需要的刺激物。3～6岁儿童的生活经验比之前更加丰富，逐渐产生对事物的兴趣、偏好和渴望，因此，迎合其兴趣或需要的事物更能引发其无意注意。例如，有的儿童对汽车特别感兴趣，那么，他在生活中总是会去注意汽车以及与汽车有关的事情。另外，符合儿童发展水平的教学内容、教学方式以游戏为主的活动也能比较好地吸引儿童的注意。这个阶段的儿童充满好奇心，能发现很多新奇的或与原有经验不符的事物，这种事物的新颖性也是引发儿童无意注意的重要因素。

（二）有意注意初步发展

1. 儿童的有意注意受大脑发展水平的限制

有意注意是由大脑高级中枢控制的，这部分中枢主要位于额叶。然而，额叶到儿童7岁左右才能接近成熟水平，因此，儿童的有意注意虽然在这个阶段开始发展，但只是处于初级阶段，水平较低。

2. 儿童的有意注意是在外界，特别是成人的要求下发展的

儿童在生活中、幼儿园中都要遵守一定的规则和要求，这些规则和要求是促使儿童有意注意发展的主要因素。同时，儿童有意注意的发展需要成人的引导。一方面，成人能够帮助儿童明确注意的任务，产生有意注意动机，从而自发地控制其注意，并努力保持；另一方面，成人能够用言语组织儿童的有意注意，这也是成人引导儿童有意注意的主要方法。例如，成人可以通过提问来提示儿童有目的地去注意某些事物或活动。此外，成人还可以组织智力游戏、活动等，促使儿童将注意力集中于思考解决问题的方法。

3. 儿童的有意注意需要在特定的活动中完成

儿童有意注意的发展水平较低，长时间维持有意注意有一定的困难。游戏活动是维持和发展儿童有意注意的好方法。如果儿童主动接收信息，他的注意往往能在

操作活动中保持，这有利于有意注意的形成、发展和维持。反之，如果儿童被动地接收信息，他的注意就很容易分散。

第四节 注意规律在教学活动中的运用

一、注意品质与学前儿童的活动

(一)注意的选择性与学前儿童的活动

注意的选择性萌发于新生儿时期，在之后的婴儿期和幼儿期不断发展。注意选择性的发展一方面以生理成熟为基础，另一方面有赖于后天的学习、个人经验、兴趣及情绪等。

因为学前儿童的知识经验有限，认知水平较低，他们只能注意到事物表面的或突出的外部特征，而难以处理抽象复杂的事物。而当所提供的刺激物的内容和性质符合学前儿童的知识经验和认知水平时，学前儿童注意的选择性是最好的。此外，学前儿童的兴趣点、情绪状态都会对其注意的范围和对象产生影响。当刺激物不符合学前儿童的兴趣，或者学前儿童处于低落的情绪状态时，他们的注意就难以集中。因此，成人在对学前儿童进行教育教学时，教学内容应选择学前儿童感兴趣的、具体形象的；教学方法宜多样化，能调动学前儿童的情绪状态；教学语言宜简洁、儿童化，符合学前儿童的认知水平。

(二)注意的范围与学前儿童的活动

注意的范围，也称注意的广度，指的是人在较短的时间内能注意到的刺激物的数量。学前儿童注意的范围比较小。研究发现，学前儿童在看电视节目的时候，往往专注于其中的视觉形象，如主人公的衣服、长相、动作表现等，而不能同时关注到他们的对话内容。

刺激物的特征以及学前儿童自身的知识经验和认知水平都会影响注意的范围。刺激物越有规律，学前儿童的经验越丰富，其注意的范围也就越大。随着年龄的增长，学前儿童注意的范围会逐渐扩大。

为了达到更好的教学效果，学前儿童教育工作者应以学前儿童注意的范围为依据，在指导学前儿童的过程中采取一些适当的策略。例如，教师应提出明确、具体的要求，引导学前儿童关注刺激物的重要方面；在呈现直观教具(如挂图、实物等)时，应有规律地排列，并且避免过多的刺激同时出现。

(三)注意的稳定性与学前儿童的活动

注意的稳定性指的是注意持续集中于同一活动或事物的时间。它是一种重要的注意品质。一般来说，注意持续的时间越长，稳定性就越好。学前儿童学习、游戏等活动的效果有赖于注意的稳定性。随着年龄的增长，学前儿童注意的稳定性逐渐加强。除了学前儿童自身的发展水平以外，注意的稳定性还与刺激物的性质有关。如果刺激物能激发学前儿童的兴趣，那么其注意的稳定性就比较好；如果刺激物单调乏味，不能引起学前儿童的兴趣，那么学前儿童注意的稳定性就比较差。3 岁儿童的注意稳定性为 3～5 分钟，4 岁儿童为 10 分钟，5～6 岁儿童为 15 分钟。游戏是最能吸引学前儿童兴趣的活动形式。在游戏中，学前儿童注意的稳定性明显好于其他条件。2～3 岁儿童在游戏中的注意持续时间可达 20 分钟，5～6 岁儿童的注意持续时间甚至可以接近 100 分钟。

总体来说，学前儿童注意的稳定性不好，易受其他无关刺激的干扰。为了提高学前儿童注意的稳定性，达到良好的教学效果，教师应注意以下几点：①教学内容应符合学前儿童的发展水平，难易适当，过难或过易的内容都不利于学前儿童集中注意；②教师应使用新颖、丰富的教学方式和方法，在数学、科学等较抽象的教学活动中尤其如此；③不同年龄阶段的学前儿童注意持续的时间不同，因此，从小班到大班的活动时间应有所区别，活动内容要丰富多样，集体活动时间不宜过长。

(四)注意的分配与学前儿童的活动

注意的分配指的是在同一时间内，人同时注意或进行两种以上的事物或活动。注意的分配也是一种重要的注意品质，善于分配注意的人能用相对少的精力从事较多的活动，达到事半功倍的效果。注意分配的基本条件是，在同时进行的活动中，至少有一种是个体非常熟练的。注意的分配与个体的知识经验、注意对象的强度、个体的控制力和意志力以及个体的兴趣等有关。学前儿童还缺乏一定的技能技巧，控制能力差，注意发展水平也不高，因此，学前儿童注意的分配较弱。例如，在户外活动中教给学前儿童一些舞蹈或体操动作时，不能要求学前儿童同时注意到手和脚上的动作，一定要在某一项动作熟悉的基础上再进行手脚配合。

随着年龄的增长，学前儿童分配注意的能力逐渐增强。这一点从学前儿童的游戏中可以看出，3 岁儿童只能自己玩儿，顾不得别人；4 岁儿童可以与其他小朋友进行联合游戏；五六岁儿童能参加复杂的集体活动，并与其他小朋友配合。

为了达到较好的活动效果，教师可以通过一定的方法培养学前儿童注意的分配能力。主要方法如下：①可以明确注意的目的性。例如，在学前儿童建构游戏过程中，教师可以引导学前儿童注意环境中与搭建相关的信息(如建筑连接体)而忽视那些无关的干扰信息(如积木的颜色)。②加强活动或动作的练习，使学前儿童至少能熟练掌握其中的一种基本活动，以减少其在这项活动上所花费的精力，而将更多的注意集中于不熟练的活动。③尽量使学前儿童将同时进行的几种活动联系起来。例如，在唱歌跳舞的时候，如果教师让学前儿童理解歌词所表达的意思以及动作与歌曲之间的联系，那么学前儿童在表演的时候就能很自然地带有感情，动作和表情也会协调很多。

二、学前儿童注意分散的原因与对策

受身心发展水平的限制，整个学前儿童的注意力发展水平相对较低。一般来说，学前儿童还不善于控制和调节自己的注意，在活动中很容易出现注意分散的现象。为了防止学前儿童的注意分散，应了解引起学前儿童分心的原因，采取相应的对策加以预防和解决。

（一）引起学前儿童分心的主要原因

1. 过多的无关刺激

尽管学前儿童的有意注意已经开始萌芽，但仍然以无意注意为主。他们很容易被新奇的、多变的或强烈的刺激物吸引，从而干扰他们正在进行的活动。例如，活动室的布置过于烦琐、杂乱，装饰物的更换过于频繁，教具过于新颖、有趣，甚至教师的打扮过于新潮，都可能会分散学前儿童的注意。

2. 疲劳

学前儿童的神经系统尚处于生长发育中，某些技能还未充分发展，如果长时间处于紧张状态或从事单调、枯燥的活动，大脑就会出现一种“保护性抑制”，刚开始学前儿童会表现出精神状态差，打哈欠，继而出现注意力不集中。

3. 缺乏兴趣

兴趣是最好的老师，学前儿童的注意力在一定程度上直接受其兴趣和情绪的控制。如果老师讲授的是自己已经熟知、缺少新颖性，或者是自己不感兴趣的东西，就不能引起学前儿童的注意，他们会不由自主地东张西望，做小动作。

4. 活动组织不合理

活动组织不合理，学前儿童过于被动，在活动过程中缺少操作的机会等，就容易导致学前儿童出现注意分散的现象。

信息栏

警惕电子产品的危害

（二）防止学前儿童注意分散的对策

1. 避免无关刺激的干扰

为学前儿童创设适宜的环境，减少不必要的刺激物。学前儿童的注意易被新鲜、强烈多变的刺激吸引，为防止多余的刺激引起学前儿童的注意分散，应尽量将活动室布置得醒目、整洁、美观，又不过于华丽、繁杂。另外，要制定学前儿童的作息时间，建立必要的常规，这就排除了引起学前儿童注意力分散的内外因素，有利于学前儿童的注意保持稳定。

2. 根据学前儿童的兴趣和需要组织活动

学前儿童活动的组织应符合学前儿童的兴趣和需要，尽可能选择贴近学前儿童的生活、学前儿童关注和感兴趣的主题。同时，要采用游戏的方式，合理地选择教材和使用教具，创设让学前儿童参与和操作的机会。这既能调动学前儿童的兴趣，又能减轻学前儿童的认知疲劳，有助于学前儿童注意的稳定。

3. 无意注意和有意注意的交替

学前儿童的无意注意缺乏目的性、计划性，不能持久。有意注意需要意志努力，容易引起疲劳，同样不能持久。因此，在活动中，要把握两种注意的特点，引导学前儿童实现两种注意的交替，从而维持注意的稳定性。例如，在组织学前儿童的活动时，首先用有趣的活动、生动的语言或形象直观的教具引起学前儿童的无意注意；其次随着活动的深入，教师要善于用语言提出预定的活动要求，以发挥学前儿童有意注意的作用。

4. 提高教师合理组织活动的能力

教师应善于研究学前儿童，根据学前儿童注意的特点科学设计和合理组织每一次活动。加强自身语言的艺术性和教学基本功，使自己的语言生动、形象、有趣，富有感染力，不断学习和提升自己的教育艺术。例如，当学前儿童的注意力不在教师身上，开始聊天时，教师可以利用学前儿童无意注意的规律，突然停止说话来调节学前儿童的注意，提醒学前儿童必须完成的动作、应注意的情况，并在活动中有意识地促进学前儿童有意注意的形成和发展。

本章小结

注意是心理活动对一定对象的指向和集中，是一种积极的、能动的心理状态。注意能帮助学前儿童选择和调节自己的行为，是儿童感知世界的先决条件，同时也是研究婴幼儿感知觉发展的重要指标。

学前儿童注意发展的趋势为定向性注意的发生先于选择性注意，无意注意的发生先于有意注意。不同年龄阶段的儿童注意发展的特点也不同。新生儿的注意基本都是定向性注意，选择性注意在此阶段开始萌芽；婴儿注意的选择性有规律性倾向，经验和言语开始在注意活动中发挥作用；3～6 岁儿童无意注意依然占据优势，有意注意开始初步发展。

学前儿童注意的选择性依赖学前儿童的知识经验、认知水平、情绪和兴趣等。总体来说，学前儿童注意的范围很小，稳定性较差，分配能力较弱。

复习与思考题

1. 注意在学前儿童发展中的作用有哪些？
2. 学前儿童注意发展的趋势是怎样的？
3. 婴儿注意的发生和发展有哪些特点？
4. 学前儿童的注意发展有哪些规律？如何将这些规律运用到实际教学中？

实践活动

1. 按要求找积木：提出两个以上的要求(如黄色的、圆形的)，要求小朋友从积木堆中找出合乎要求的积木，看看谁找得又快又准。比较一下 3 岁和 4 岁小朋友的表现，思考一下这个活动考察的是哪种注意品质。

2. 找不同：把两幅相似的图画发到小朋友手中(可以两人或三人一组)，让他们找出图中的不同。选择图画时要注意难度适宜，安排适当的休息，避免用眼过度。可以逐渐引导幼儿用顺序策略从图的一边到另一边慢慢对比。该活动能提高幼儿的注意稳定性和对细节的注意。

拓展阅读导航

第八章　学前儿童记忆的发展

学习目标▶

1. 认识记忆在学前儿童发展中的作用。
2. 了解学前儿童记忆发展的趋势。
3. 掌握学前儿童记忆发展的特点。
4. 能够运用促进学前儿童记忆发展的策略。

案例导读▶

贝贝已经4岁了，妈妈认为她上幼儿园了，该学习一些本领了，于是每天教她背诵唐诗宋词，日复一日帮她训练、复习。但是贝贝的兴趣不大，记的效果也不好。妈妈耐心教她，第二天她就忘了。妈妈非常着急，认为贝贝的记忆力不好。可是，最近她却发现贝贝对偶尔看到的一段广告词记得非常好，每天自己还不自觉地重复说，隔了一段时间不仅没忘记，还说得很完整、准确。

为何贝贝记忆不同的材料会表现出如此大的差异呢？在这一章中，我们首先对学前儿童发展中记忆的作用及其发展趋势进行简单概括，并以此为基础，重点分析学前儿童记忆发展的特点。最后，进一步讨论在实践中促进学前儿童记忆发展的策略。

第一节　记忆在学前儿童发展中的作用

记忆是人脑对过去经验的识记、保持和恢复，完整的记忆包括识记、保持、恢复三个环节。

识记是把感知或体验过的事物记录下来的过程，是获得和积累经验的过程；保持是将识记的材料、已经获得的经验在头脑中进一步加工处理，进行储存、巩固的过程；恢复是记忆环节的最后一步，是将头脑中的知识经验重新提取、呈现。恢复又可以分为再认和再现(回忆)两种形式。两者的最大区别在于记忆过的事物是否再次出现在眼前。另外，遗忘是一种特殊的恢复形式，表现为识记内容无法提取或提取错误。

记忆的三个环节缺一不可，它们相互联系、相互依存。识记为保持、恢复提供记忆加工的材料，是保持、恢复的前提和基础；再认和再现是识记、保持的结果，是对识记、保持的检验，同时，再认和再现也能进一步加强识记内容的保持。

儿童的发展离不开经验的支持，而个人经验的积累很大程度上依靠记忆。因此，记忆在儿童发展过程中发挥着重要作用，对知觉、思维、想象、言语、情绪情感等的发展都产生重要影响。

一、记忆影响学前儿童知觉的发展

知觉是记忆产生的基础，为记忆提供相关的经验材料；知觉的发展也离不开记忆的作用，因为知觉能力的发展离不开个体知识经验的积累，而个体经验的积累是一个需要记忆的过程。

当一个儿童熟悉的物体部分被遮挡时，他依然能将其知觉为完整的、自己熟悉的物体，而不是根据感觉信息将其知觉为一个新异的物体，这就说明知觉过程受到个体记忆的影响。

二、记忆影响学前儿童想象、思维的发展

记忆对学前儿童想象、思维发展的影响主要表现在两个方面。第一，记忆为想象、思维提供加工的对象。记忆对知觉到的经验材料通过想象和思维进行加工，失去了记忆，想象、思维就没有了工作的对象。第二，记忆与想象密切联系，儿童的延迟模仿就是记忆在新情境下的一种再现活动。例如，2 岁左右的儿童在看到妈妈洗衣服的画面后，过了几天在想象游戏中也出现了洗衣服的内容。儿童的这一行为是对过去观察到的行为的再现，这种延迟模仿体现了记忆与想象之间的密切联系。

三、记忆影响学前儿童言语能力的发展

儿童依靠记忆学习语言，体现在儿童学习语言时对音、词、句的模仿。首先，儿童要学会感知熟悉的语音，这就需要儿童记住每个词语的正确发音，及其对应的语义，然后加以模仿练习；其次，儿童要准确理解别人的话语，记住别人前后的语句；最后，儿童要想很好地表达自己的意思，就要先将自己准备表述的词语记下来，这样才能保持前后连贯。

四、记忆影响学前儿童情绪情感的发展

儿童通过记忆对经验过的事物产生一定的情绪情感体验，如儿童在打针以后害

怕再次打针，被开水烫伤以后害怕开水等。这些消极的情感体验是与一些具体的经验联系在一起的。一些积极美好的情绪体验也是如此，它们的形成都离不开记忆的作用。因而，记忆会影响学前儿童情绪情感的发展，进而影响个性特征的形成和发展。

第二节　学前儿童记忆发展的趋势

记忆是一个复杂的心理过程。研究者采用习惯化、条件反射、重学节省等不同的测量指标进行研究发现，新生儿期就已经出现了记忆。到入学前，随着儿童生理、心理等各方面的发展，记忆的内容、结构也发生了很大变化。

一、记忆的保持时间延长

保持时间是指从识记材料开始到能对材料正确提取之间的间隔时间，也称记忆的潜伏期。根据保持时间的长短，记忆分为短时记忆和长时记忆。短时记忆是指个体对信息进行加工、编码、短暂保持且容量有限的记忆。长时记忆是指信息经过充分的加工后，在头脑中保持很长时间的记忆。儿童记忆的保持时间会随着年龄的增长而延长。研究表明，3 岁以前，儿童的记忆一般不能永久保持，这种现象被称为“婴儿记忆缺失”；3～4 岁以后出现的记忆有一些则可以保持终生。

信息栏

婴儿记忆缺失

儿童记忆保持时间的长短受多种因素的影响，如认知水平、情绪状态、对识记材料的兴趣、有关识记材料的先前经验等。当儿童处于积极的情绪状态时，更容易识记材料，保持的时间也相对较长。儿童的年龄越小，记忆的保持时间就越容易受情绪的影响。增强儿童对材料本身的感知程度也能帮助儿童留下深刻印象，使记忆保持更长的时间。同时，与儿童先前经验相联系的识记内容，能够在大脑中保持更长的时间，更容易被提取。

二、记忆容量增加

随着儿童年龄的增长，他们记忆中所保持的信息容量会逐渐增加。记忆容量的增加主要体现为记忆广度的增加以及工作记忆的出现。

(一)记忆广度的增加

记忆广度是指在单位时间内能够记忆的材料的数量。衡量记忆广度的指标是信息单位，又称组块，是指彼此之间没有明确联系的独立信息。人类的记忆广度一般为 7±2 个信息单位。

儿童的记忆广度是随着年龄的增长不断增加的。儿童的记忆广度不可能一下子就达到成人的水平，原因在于生理发育的局限。儿童的大脑皮层不成熟，这使得他在极短的时间内难以对更多的信息进行加工。随着大脑的成熟，儿童在单位时间内记住的材料数量会不断增加。综合国内外的研究发现，2.5 岁左右的儿童记忆广度有 2 个信息单位，3 岁时增长到 3～4 个信息单位，4 岁时增长到 4～5 个信息单位，5～6 岁时增长到 6 个信息单位。

(二)工作记忆的出现

工作记忆是指人们在完成认知任务的过程中将新输入的信息和记忆中原有的知识经验联系起来的记忆。新旧知识相联系有助于个体对新信息的储存与加工。相关研究表明，儿童形成工作记忆以后，可以在 30 秒左右的时间内获得更多的信息。随着年龄的增长，儿童工作记忆的能力会不断提高。

需要注意的是，记忆广度对记忆容量会有一定的影响，但是记忆广度并不能决定记忆容量。记忆容量还取决于每个信息单位所包含的信息量。工作记忆的出现能帮助个体将识记材料与已有的知识经验联系并组织起来。经过工作记忆的系统化加工，每个信息单位内所包含的容量会有所增加，因而总的记忆容量就会增大。

三、记忆内容丰富化

儿童记忆的发展还表现为记忆内容随年龄的增长不断丰富化。根据记忆的内容对象不同，记忆可分为动作记忆、情绪记忆、形象记忆、语词记忆等。

动作记忆是指以过去做过的动作为内容的记忆。出生后 2 周左右，婴儿对母亲喂奶姿势的条件反射，学前儿童对做操或洗手时一个接一个动作的记忆都属于这种记忆。基于动作记忆，学前儿童才能学会各种动作技能。

情绪记忆是指以体验过的情绪情感为内容的记忆，表现为婴幼儿很早就能对一些事物表现出喜欢或者厌恶的情绪。6 个月左右，婴儿会出现情绪记忆。婴幼儿对于具有感情色彩的事物容易记忆和保持。

形象记忆是指以感知过的事物的具体形象为内容的记忆，6～12 个月时，婴儿的形象记忆逐渐发展，如可以从人群中辨认母亲、认识奶瓶等。认生是形象记忆的一种表现，说明婴儿能够区分熟悉的人和陌生人。形象记忆主要是通过表象进行的，在学前儿童的记忆发展中占据着重要地位。

语词记忆是以语言材料为主要识记内容的记忆。1 岁左右时，学前儿童的语词记忆出现并发展。这种以语言材料为主要内容的记忆是在儿童掌握语言的过程中逐渐发展起来的。由于语词与其他材料相比更具概括性、抽象性，它的发展需要大脑语言中枢的发展作为生理基础，因此，语词记忆出现得比较晚。虽然语词记忆出现得比较晚，但是发展却很迅速。

从这几种记忆的发展顺序看，最早出现的是动作记忆，然后是情绪记忆、形象记忆，最后是语词记忆。需要注意的是，这几种记忆的发展并不是简单机械式的替代，而是一个复杂的相互作用的过程，是记忆内容逐渐丰富化的过程。

信息栏

表象及其特点

四、记忆提取方式有所发展

记忆的提取方式有两种，分别是再认和再现。

给儿童看 10 张图片，然后把这些图片和一些他们没见过的图片混在一起，让他们指出哪些是他们见过的。这就是儿童的再认记忆。1.5～3.5 岁儿童的再认能力已经有了较好的表现，3～5 岁儿童的再认记忆已经发展得相当好，和成人没有显著的差异。①

再现比再认要困难一些，因为在再现的过程中没有原有刺激物的提示作用。再现又可以分为两类，一类是线索再现，另一类是自由再现。线索再现是指有较为具体的外在线索帮助的回忆过程，而自由再现是指个体在外在线索较为笼统和抽象的情况下进行回忆的过程。提示线索越抽象，再现越困难。先让儿童看一些图片，然后把图片收起来，让他们说出刚才看见的是什么，这就是儿童的再现能力。2 岁左右的儿童只能回忆出一两个项目，4 岁时达到三四个。

再认和再现的差别主要在于其活动机制的不同。再认依靠的是感知觉，再现依靠的是表象。感知觉是儿童自出生以后就已经具有或开始发展的，而表象的形成则开始于 1 岁左右。感知觉的刺激是在眼前的，可以立即引起记忆痕迹的恢复，而表象的活动还需要儿童在大脑中进行搜索，所以在儿童记忆提取方式的发展中，先出现再认，然后才出现再现能力的萌芽。在整个学前期，再现的发展都落后于再认，但两者之间的差距会随着年龄的增长而逐渐减小。

信息栏

孤独症画家
斯蒂芬·威尔夏

五、元记忆能力有所发展

美国心理学家弗拉维尔于 1971 年首次提出元记忆的概念，它是指个体自身对记忆过程的认知。研究者在一项对儿童的访谈研究中用到了以下测查元记忆的材料：

吉姆和比尔在____年级（访谈儿童所在的年级）。老师要他们学习在他们城市中可以见到的各种鸟的名字。吉姆去年已经学过，但是他忘记了。比尔之前没有学过。现在，你认为谁更容易记住这些鸟的名字？为什么？

访谈的结果发现，学前儿童已经在直觉上相信重新学习者比新的学习者在记忆

① 陈英和：《认知发展心理学》，147 页，杭州，浙江人民出版社，1996。

方面具有优势。有一些儿童已经能为自己的选择做出合理的解释，如“因为他一听到名字，或许他就能全部想起来(暗含线索再认的过程)”。

学前儿童的元记忆主要表现为元记忆知识和元记忆监控两个方面。

元记忆知识主要包括记忆主体的知识、记忆任务的知识、记忆策略的知识三个方面。首先，记忆主体的知识是指个体对自己记忆的认识与了解。在一项研究中，实验者为儿童短暂呈现一系列常见物品的图片，每次呈现的图片数量逐渐增加，直到儿童说系列太长不能按顺序记住这些物品为止。结果发现，儿童极大地高估了自己的记忆广度。实际上他们只能记住 4 个左右的项目，却有超过一半的儿童认为自己能准确记住 10 个项目。随着年龄的增长，儿童对自己记忆能力的认识越来越真实、准确。

其次，记忆任务的知识是指个体对于记忆材料的难度和不同记忆提取方式难度差异的认识。3～4 岁儿童已经能够初步判断识记材料的数量会影响识记的效果。

最后，记忆策略的知识是指个体对记忆策略的认识和提取。学前儿童只有初步的策略概念，在完成记忆任务时他们能够说出一种记忆策略，但策略的有效性不会很高，明显低于学龄儿童。

元记忆监控是指个体在记忆过程中，将自己的识记过程作为意识的对象，不断自觉地对其进行积极的监视、控制和调节。一个高效的记忆者，当他面对一个记忆任务时，会选择相应的记忆策略，并在记忆过程中监控自己的体验和记忆效果，不断调整自己的注意力，适时改变自己的记忆策略。学前儿童的元记忆监控能力还比较弱。

六、记忆策略形成并有所发展

记忆策略是指学习者为了有效记忆而采取的有助于记忆的手段和方法。学前儿童并不是刚开始拥有记忆时就使用记忆策略的，他们使用记忆策略要经历一个从无到有的过程。5 岁是一个转折期。5 岁以前，儿童在记忆过程中不会主动使用记忆策略，也不会在他人的指导下使用记忆策略。5 岁左右，儿童开始使用记忆策略，但这时还不是很完善，他们并不能自发有意地选择适宜的记忆策略。大概到 10 岁以后，他们才能主动自觉地使用记忆策略。

学前儿童正处于从不能有意识地使用记忆策略到掌握一些记忆策略的过渡发展阶段。在这一阶段，儿童常使用的记忆策略有视觉复述、特征定位、复述、组织四种。

(一)视觉复述

视觉复述是指个体将自己的注意力集中在记忆对象上，以增强记忆效果的方法。这是学前儿童在记忆过程中最常用，也是最简单的一种记忆策略。例如，在日常生活中，如果我们把玩具藏在某处，让儿童在自由活动几分钟之后再来寻找玩具，即使是2岁儿童也会使用视觉复述的策略，在自由活动的时间内不断去注意藏玩具的位置。

(二)特征定位

特征定位是指给记忆对象的某种突出特征贴上特定的标签，以便记忆的一种记忆策略。研究发现，3岁儿童已经知道多次把玩具藏在同一个位置会有助于以后寻找；5岁以上的儿童倾向于选择一些比较有特点的位置去藏玩具。

(三)复述

复述是指注意不断指向输入信息、不断重复记忆材料的过程，也是一个常用的、有效的记忆策略，其实质是通过不断重复，将短时记忆转化为长时记忆的过程。儿童复述的能力会随着年龄的增长而提高。例如，儿童在准备秋游行李的时候可能会不断地重复，以免忘记带什么。

(四)组织

组织是指把识记材料所包含的项目按照各自的意义联系归类成系统，使得记忆条理化，以提高记忆效果，这是一个对个体的认知能力要求较高的记忆策略。学前儿童使用的组织策略较少，质量不高。在简单的任务中，他们会无意识地使用一些组织策略，如把装糖果的盒子和没装糖果的盒子分类存放。

第三节　学前儿童记忆发展的特点

一、胎儿和新生儿的记忆

采用生理心理学的研究方法发现，胎儿在出生前3个月就已具备了听觉记忆。有研究者把母亲心脏跳动的声音记录下来，经过扩大，在出生不久的婴儿哭闹时播放，婴儿就会停止哭闹，变得安静了。对胎儿音乐听觉的研究也证实了胎儿有记忆，并在出生后表现出再认的能力。

新生儿记忆的主要表现是建立条件反射，即对条件刺激物形成某种稳定的行为反应。形成条件反射的一个重要前提就是个体能够记住这个特定的刺激，这样才能在再次遇到该刺激时做出特定反应。新生儿对自己习惯的哺乳姿势就形成了条件反射，一旦妈妈以他们熟悉的哺乳姿势抱起他们，他们就会出现寻找、张嘴、吮吸等动作。

新生儿记忆的另一个表现是对熟悉的事物产生习惯化，即随着刺激物出现频率的增加而对它的注意逐渐减少甚至消失的现象。习惯化表明新生儿已经记住了多次呈现的刺激物。胎儿和新生儿的记忆从恢复形式上看都属于再认。

二、婴幼儿记忆发展的特点

（一）记忆的保持时间增长

婴儿期记忆发展最为明显的特征就是记忆保持的时间延长。3 个月的婴儿记忆就可以保持 4 周之久。9～11 个月时，婴儿记忆的保持时间大大增长。13～14 个月时，记忆能保持 4～6 个月。20 个月时，记忆能保持 12 个月。

（二）有意记忆开始萌芽

2 岁前，幼儿的记忆主要是无意记忆，他们还不能为了特定的目的进行记忆，最容易记住的是那些印象强烈或带有情绪色彩的事情。到 3 岁左右，有意记忆萌芽，同时无意记忆进一步发展。在这一时期，幼儿不但可以记住成人的一些简单指令并付诸行动，而且可以记住一些歌谣、故事等。

（三）再现能力的形成与发展

如前所述，婴儿的记忆提取方式以再认为主，再现（回忆）的形式从 2 岁左右开始萌芽。

婴儿再现能力的一个重要表现就是出现了延迟模仿，它标志着婴儿表象记忆和再现能力的初步成熟。不同于即时模仿，延时模仿是指经过一段时间以后突然模仿曾经看到过的事物和行为动作。婴儿的这一行为是对过去观察到的行为的再现，这种延迟模仿同时也体现了记忆与想象之间的密切联系。

三、3～6 岁儿童记忆发展的特点

随着生理发育的不断成熟，儿童的记忆水平有了很大的提高。记忆的意识性、理解性有所提高，记忆结构发生变化，记忆策略也得到发展。总体而言，记忆的发展主要体现在以下四个方面：无意记忆占优势，有意记忆逐渐发展；记忆的理解和组织程度逐渐提高；形象记忆占优势，语词记忆逐渐发展；元记忆和记忆策略逐渐发展。

（一）无意记忆占优势，有意记忆逐渐发展

1. 无意记忆占优势

（1）无意记忆的效果优于有意记忆

3 岁以前儿童基本上只有无意记忆。到了幼儿期，虽然有意记忆有所发展，但是仍处于较低水平。无意记忆在儿童的记忆发展中占据优势地位，最集中地表现为儿童无意记忆的效果要优于有意记忆。在一项实验中①，研究者为儿童提供 15 张熟悉物体的图片（如水壶、苹果等），要求儿童把图片上画的东西放到实验桌上相应的地方。游戏结束后，要求儿童回忆图片的内容，即对其无意记忆进行检查。另外，在同样的实验条件下，要求儿童进行有意记忆，记住 15 张图片的内容。实验结果表

---

① 边玉芳等：《儿童心理学》，109～110 页，杭州，浙江教育出版社，2009。

明，幼儿期无意记忆的效果优于有意记忆。

无意记忆的效果随着年龄的增长而提高。例如，给小、中、大三个班的儿童讲同一个故事，事先不要求其记忆，一段时间后进行检查。结果发现，年龄越大的儿童，其无意记忆的效果越好。

(2)影响无意记忆的因素

儿童的无意记忆受多种因素的影响，具体包括识记材料的性质、儿童的情绪态度、感官的参与、活动动机等。

识记材料的性质。具有直观、形象、具体、鲜明等特点的事物更容易引起儿童的注意，也更容易被儿童在无意记忆中记住。例如，动画片比故事书更容易被儿童识记。

儿童的情绪态度。对儿童具有重要意义的、符合儿童兴趣的、能激起儿童强烈情绪体验的事物更容易成为儿童感知注意的对象，比较容易成为儿童无意记忆的内容。例如，儿童对打针的疼痛感久久不忘。

感官的参与。在儿童的识记过程中，参与识记的感官越多，儿童的无意记忆效果越好。研究者把同一年龄班的儿童分为两组进行试验①，学习同一首儿歌。第一次，甲组边看图片边听歌词，乙组不看图片，只听歌词；第二次，两组交换识记方法，学另一首儿歌。结果发现，通过视听两个通道识记的记忆效果优于仅通过听觉识记的记忆效果。这说明多种感官参与识记活动，有助于提高无意记忆的效果。

活动动机。活动动机不同，无意记忆的效果也不同。在学习性任务和竞争性游戏两种条件下，面对同样的识记材料，儿童在竞争性游戏中参与的积极性更高，无意记忆的效果也更好。

2. 有意记忆逐渐发展

有意记忆的出现使得儿童记忆的发展有了质的飞跃。无意记忆和有意记忆都会随着儿童年龄的增长而不断发展，但有意记忆的发展速度更快。这主要是由于儿童认知水平的提高以及教育的成果。

儿童的有意记忆主要是在成人的教育下逐渐产生的。在日常生活中，成人经常会对儿童提出一些识记任务，如在讲故事之前，向儿童提出复述故事的要求，这些都能促进儿童有意记忆的发展。随着认知水平的提高，儿童更能意识到具体的识记任务，其有意记忆的效果会增强，如儿童在角色扮演的游戏中担任收银员，收银员就必须记住商品的价格、名称。角色本身使儿童意识到识记任务，因而他们会用心识记，产生有意记忆，记忆效果也会有所提高。

---

① H. Broadbent, T. Osborne, D. Mareschal, & N. Kirkham, "Are two cues always better than one? The role of multiple intra-sensory cues compared to multi-cross-sensory cues in children's incidental category learning," *Cognition*, 2020, 199, pp. 104-202.

(二)记忆的理解和组织程度逐渐提高

根据对记忆材料是否理解，记忆分为机械记忆和意义记忆。机械记忆是指对所记材料的意义和逻辑关系不理解，采用简单、机械、重复的方法进行的识记。意义记忆是指根据所记材料的内容、意义及其逻辑关系的理解进行的识记，也称理解记忆或逻辑记忆。幼儿期是意义记忆迅速发展的时期，具有以下特点。

1. 机械记忆运用频繁，意义记忆效果好

与成人相比，儿童更多使用机械记忆。原因可能有两个：第一，儿童大脑皮质的反应性较强，感知一些不理解的事物也能够留下痕迹；第二，儿童对事物的理解能力有限，对许多识记材料不理解，不会进行加工，只能进行机械记忆。

儿童使用机械记忆频繁，并不意味着他们不使用意义记忆。儿童经常会把一些形状形容为自己熟悉的物品以增强记忆效果，如把圆形说成饼干或人脸。儿童对于理解了的材料，识记效果要更好。例如，儿童学习儿歌要比学习古诗词快，且保持的时间长。需要注意的是，儿童的意义记忆的发展还处于初级阶段，在复述材料时，很大程度上还是机械记忆，表现为逐字逐句地背诵。

对于意义记忆的效果比机械记忆好，有以下两种解释：第一，意义记忆是通过对材料的理解进行的，理解使得识记材料与个体过去的知识经验相联系，通过工作记忆，对识记材料进行深层次的加工，因而可以在大脑中留下更加深刻的印象，提高记忆的效果；第二，记忆的信息单元是以组块的形式出现的。机械记忆只能把事物作为孤立的小单位进行识记，而意义记忆则使得识记材料之间相互联系，把孤立的小单位联合成为一个较大的记忆单位，从而提高记忆容量。

2. 机械记忆和意义记忆都在不断发展

在整个幼儿期，无论是机械记忆还是意义记忆都会随着年龄的增长而有所提高。

年龄较小的儿童意义记忆的效果比机械记忆要好得多，而随着年龄的增长，两种记忆效果的差距逐渐缩小，意义记忆的优越性似乎降低了。因为随着儿童认知水平的提高，处理复杂信息的能力提升，机械记忆中加入了越来越多的理解成分，机械记忆的效果有所提高。两种记忆的区别越来越少，逐渐相互渗透。

(三)形象记忆占优势，语词记忆逐渐发展

1. 儿童形象记忆的效果优于语词记忆

从记忆的效果看，儿童的形象记忆要优于语词记忆。原因主要有两个：第一，形象记忆出现得较早，且在整个幼儿期中，形象记忆一直占据着主导地位。语词记忆出现得相对较晚，是随着儿童语言的发展而发展的。第二，儿童的经验较少，直观形象的物体更利于儿童记忆。

2. 形象记忆和语词记忆都随着年龄的增长而发展

在幼儿期，形象记忆和语词记忆都会随着年龄的增长而发展，且语词记忆的发展速度超过了形象记忆。表 8-1 列举了不同年龄阶段儿童在形象记忆、语词记忆方

面的表现。从表 8-1 中可以看出，3～4 岁时，儿童的两种记忆都处于较低水平，而到 6～7 岁时，两种记忆的水平都有提高。相比于形象记忆从 3.9 发展到 5.6 的幅度而言，语词记忆从 1.8 发展到 4.8，发展的幅度更大，速度更快。这主要是因为随着年龄的增长，儿童的言语能力提高，对语词材料的记忆发展迅速。

表 8-1　儿童形象记忆与语词记忆效果的比较

年龄/岁	熟悉的物体/个	熟悉的词/个
3～4	3.9	1.8
4～5	4.4	3.6
5～6	5.1	4.6
6～7	5.6	4.8

3. 形象记忆和语词记忆之间的差距逐渐减小

随着年龄的增长，由于形象记忆和语词记忆两者之间的联系越来越密切，儿童形象记忆与语词记忆之间的差距逐渐减小。一方面，儿童对熟悉的物体能够记住名称；另一方面，儿童所熟悉的词汇又是建立在具体的物体形象基础上的，这样语词记忆和形象记忆就紧密联系在一起了。

（四）元记忆和记忆策略逐渐发展

随着年龄的增长，儿童记忆的意识性逐渐增强。有意记忆的出现意味着记忆意识性的萌芽，而元记忆的发展则意味着记忆意识性发展到了一个新的阶段。3～6 岁儿童的元记忆知识和元记忆监控都有所发展，但总体来讲，他们监控自己的记忆过程、评价自己记忆水平的能力仍处于较低水平。

随着有意记忆和元记忆的发展，儿童开始能部分地使用记忆策略，具体表现为他们在简单、熟悉的情境下能有意识地使用记忆策略，而在复杂、陌生的情境下却不能有意识地使用记忆策略。这一阶段儿童常用的记忆策略有复述和组织。例如，在识记图片的任务中，儿童可能会一边把图片分类，一边自言自语："苹果是水果，香蕉是水果，萝卜不是水果。"随着年龄的增长，儿童会更多使用组织策略。

第四节　促进学前儿童记忆发展的策略

在日常生活中，人与人之间的记忆存在很大的差别，主要表现在记忆的容量和记忆保持的时间长短上。例如，有的人记得又快又多，过目不忘；有的人记得较慢，容易遗忘。

一、培养学前儿童的学习兴趣

在婴幼儿阶段，无意记忆占优势，因此，让需要识记的材料吸引婴幼儿的注意成为提高婴幼儿记忆效果的关键。对于感兴趣的事物，婴幼儿投入的热情高，主动性强，记忆的效果也好。如果是被迫的，缺乏兴趣的学习，其记忆效果就差。所以，在选择玩教具或设计教学活动时，应尽可能选择形象鲜明、生动有趣的材料。活动过程中也要尽可能让婴幼儿动手操作，增强记忆效果。

二、使学前儿童明确记忆的任务

在日常生活和活动中，经常向儿童提出具体、明确的识记任务，对记忆的结果给予正确的评价，能激发儿童有意识记的积极性。例如，在给儿童讲故事的时候，应提醒他们注意听什么，听完之后要回答哪些问题；带儿童外出的时候，让他们注意观察周围的一些事物，回来后说说都看到了什么。值得注意的是，在提出明确的、恰当的识记要求后，对儿童完成识记任务的情况要给予及时的肯定和表扬，提高儿童记忆的积极性和自信心。

三、教学前儿童学会运用记忆策略

为了提高记忆的效果，应教给儿童一些记忆的策略，帮助他们学习和掌握记忆的方法。对于比较复杂的学习内容，可以让儿童分段分部分记忆，这样的效果会好得多。例如，把老虎、熊、豹子等归类为野生动物，把公共汽车、火车、轮船、飞机等归类为公共交通工具，这样可以把记忆材料组织成有一定联系的系统的材料，可以在儿童头脑中建立有序的、系统的知识。这样不仅有利于减轻儿童的记忆负担，而且可以帮助儿童记得牢固。

四、帮助学前儿童进行合理的复习

学前儿童记忆的特点就是记得快、忘得快。因此，在引导儿童识记时，一定的重复和复习是非常必要的，这不仅是提高儿童记忆效果的重要措施，也是提高儿童记忆能力的最佳方法。一般来说，应在儿童情绪稳定时，采用有趣的方法进行。在轻松的情绪状态下，儿童很快就能巩固掌握的知识和技能，提高记忆兴趣和学习的积极性。

本章小结

记忆对于学前儿童发展具有重要意义，影响儿童知觉、思维、想象、言语、情绪情感等的发展。

学前儿童记忆发展的趋势是记忆的保持时间延长，记忆容量增加，记忆内容丰富化，记忆提取方式有所发展，元记忆能力有所发展，记忆策略形成并有所发展。

各年龄阶段的学前儿童，其记忆发展具有不同的特征。新生儿期短时记忆出现，提取方式主要是再认。到婴儿期，儿童的记忆保持时间进一步增长，有意记忆萌芽，同时记忆提取的方式更丰富，再现的能力得到发展。到幼儿期，记忆的意识性、理解性增强。在整个幼儿期，形象记忆一直在儿童记忆发展中占据着主导地位。随着语言的发展，儿童的语词记忆发展迅速，并且形象记忆与语词记忆之间的联系会日益密切。

复习与思考题

1. 记忆在学前儿童心理发展中具有怎样的作用？
2. 学前儿童的记忆呈现出怎样的发展趋势？
3. 结合具体案例，分析婴幼儿记忆发展的特点。
4. 试述如何促进学前儿童记忆的发展。

实践活动

1. 通过测验了解幼儿记忆的准确性：准备两套幼儿熟悉的相似物体形象的小卡片。例如，A 套：小鸡、毛巾、苹果、铅笔、书、凳子、碗、公共汽车、狗、稻穗；B 套：小鸭、纸巾、橘子、筷子、贺卡、椅子、盘子、卡车、狼、麦穗。取一套卡片逐一呈现给幼儿看(每张 3 秒钟)。指导语：现在我给你看一些小图片，你要看清上面画的是什么，记在脑中。混合两套卡片，让幼儿挑选出刚刚看过的图片，不计时，选 10 张为止。指导语：这些图片中哪些是你刚才看过的，请你把它们挑出来。比较一下不同年龄阶段幼儿挑选图片的正确率。

2. 观察幼儿的元记忆能力：要求幼儿在 2 分钟内记忆 10 张实物图片，询问他们是否都能记住，并告诉他们完成任务会得到奖励。你要做的是在前 1 分钟静静地在旁边观察，后 1 分钟在旁边一边玩玩具一边观察。记录你的观察结果，分析幼儿对自己记忆能力的认识、对记忆任务的认识、记忆策略的使用、在记忆过程中监控与调节能力的体现。选几个不同年龄阶段的幼儿，做做看，你会发现很多有意思的现象。

拓展阅读导航

第九章　学前儿童想象的发展

学习目标

1. 认识想象在学前儿童发展中的作用。
2. 掌握学前儿童想象发展的趋势。
3. 理解学前儿童想象发展的特点。

案例导读

案例 1：豆豆特别喜欢听古典音乐，也很崇拜音乐家。有一天，他跟妈妈说：“今天，肖邦叔叔到我们幼儿园来了，还给我们弹钢琴了！”妈妈听了吓了一跳，认为孩子在说谎。

案例 2：正在吃饭时，范老师说：“尹老师你看，昨天明明给她吃药了，结果她一放学见到妈妈却说‘老师没有给我吃药’，这孩子怎么撒谎?”我回头一看，文文一副要哭出来的样子，我笑着对范老师说：“没关系的，她也不是故意的，咱们下回不会这样了，是不是?”文文赶紧点头，事情就这么过去了。

在以上两则案例中，豆豆和文文到底是不是真的在说谎？为什么他们都会“撒谎”呢？学前儿童常常会把自己想象的事情当作真实发生的事情，混淆想象与真实的表现，常常被成人误认为他们在说谎。学前儿童想象的发展应该得到足够的重视。本章将从想象在学前儿童发展中的作用、学前儿童想象发展的趋势、学前儿童想象发展的特点来阐述学前儿童想象的发展。

第一节　想象在学前儿童发展中的作用

想象是对头脑中已有的表象进行加工，形成新形象的过程。按照是否具有目的性来划分，想象可分为无意想象和有意想象；按照形成方式和新颖程度的不同来划分，想象可分为再造想象和创造想象。想象是以直观的形式呈现在头脑中的表征，主要处理的是图形信息而不是符号或字词。因此，形象性和新颖性是想象的两大基本特点。幼儿期是学前儿童想象发展的高峰期，想象贯穿学前儿童的各种活动，对学前儿童的发展有着十分重要的影响。

一、想象与学前儿童的认知活动

想象是以感知和记忆为基础的，与其他认知活动的联系非常紧密。

(一)想象依靠原有表象

儿童的想象以头脑中已有的表象为基础，这些表象是儿童之前感知过的事物在其头脑中留下的具体形象。换言之，想象并不是凭空产生的，它需要客观事实作为加工原材料。例如，儿童之所以能将字母“O”想象为苹果，是因为他们将“O”的形状与头脑中已有的苹果的表象进行了联系。如果儿童之前没有见过苹果，不知道它是圆的，这种联系就不可能发生，将“O”想象为苹果也就不可能了。

(二)想象和记忆密不可分

首先，想象需要以记忆为基础。想象以表象为原材料，而这些原材料正是儿童之前感知过的事物通过记忆保存在其头脑中的。可以说，如果没有记忆，即使儿童看到过苹果，也不会记得它的样子，那么与苹果有关的想象便不可能发生。想象的发展对记忆活动也有积极的影响。想象有利于儿童对信息的理解和加工，从而促进儿童对信息的保持和回忆。换言之，在儿童的整个记忆过程中，无论是识记、保持还是回忆，都与想象密切相关。

(三)想象和思维关系密切

与想象类似，思维也是建立在感知和记忆基础上的认知活动。不同的是，思维是对信息进行加工和改造，从而间接概括地反映事物的本质和规律的活动；想象可能符合事物的本质和规律，也可能脱离实际，其中符合客观规律的想象被称为创造性思维。幼儿期是想象发展的初级阶段，加工的更多的是事物的表面而非本质特征，具有夸张、易混淆以及受情绪影响等特点。换言之，学前儿童的想象介于记忆和创造性思维之间。

二、想象与学前儿童的情绪活动

(一)想象引发情绪

儿童的情绪往往是通过想象引发的。例如，在听了《卖火柴的小女孩》的故事之后，虽然儿童没有经历过小女孩的遭遇，但是通过想象，他们能够体会到挨饿、受冻、孤独、想念祖母的感觉，因而会对小女孩产生同情，甚至会产生悲伤的情绪。

(二)情绪影响想象

想象能够引发情绪，而情绪也会影响想象。情绪不仅能引起想象的过程，而且能改变想象的方向。例如，儿童听了《卖火柴的小女孩》的故事之后，非常同情小女孩的遭遇，希望小女孩和祖母能幸福地生活，于是便想象“天神让小女孩和她的祖母复活，并赐给她们一生都用不完的财富”。

另外，由于情绪的作用，儿童可能会沉迷于想象之中，而不管其是否与现实相符，这点在游戏中表现得尤为明显。例如，儿童在“过家家”游戏中，用一个枕头代替“孩子”，如果有人打了“孩子”，即使知道它不过是一个枕头，他们也会想象成的确是自己的孩子受到了欺负，而做出相应的保护行为。

三、想象与学前儿童的游戏和学习活动

游戏，尤其是象征性游戏，是学前儿童的主要活动。想象在其中扮演着非常重要的角色，因为想象是象征性游戏的主要心理成分。在象征性游戏中，儿童会依靠想象将某个物体赋予特定的角色或功能。例如，枕头在这一刻还是“孩子”，下一刻可能就是“小马”，再下一刻可能就是“背包”。儿童所扮演的角色也随着想象而变化，“妈妈”能变成“医生”或“厨师”。总之，想象能丰富学前儿童游戏的内容和形式等，是游戏活动的关键。

学前儿童的学习与想象有着密切的关系。想象能够促进理解和记忆、引发情绪和兴趣、丰富游戏。可以说，想象是儿童的学习活动不可或缺的。有了想象，儿童更容易理解、学习和掌握新经验。例如，在听《警察叔叔》的故事时，儿童的想象会随着故事情节展开，好像自己被警察帮助过似的，对警察叔叔产生敬佩。儿童甚至会将自己想象成警察叔叔，主动帮助别人。

第二节　学前儿童想象发展的趋势

一、学前儿童想象的发生

想象是对头脑中已有的表象进行加工，形成新形象的过程。因此，想象的发生离不开儿童表象和语言的发展，也离不开大脑皮质的成熟。2 岁左右，儿童的大脑神经系统才逐渐发育成熟。在这之前，儿童的大脑发育水平较低，大量的神经联系都不能形成，因此表象的重新组合就会受到限制。换言之，2 岁左右，随着儿童脑部神经的成熟，更多的表象被存储于头脑中，表象之间也更容易建立联系。一般来说，1.5～2 岁是儿童想象的萌芽阶段。

儿童语言的发生和发展是想象发生的关键因素。这主要是由于词语和它所指代的事物之间有广泛的联系，同时词语还具有一定的概括性。儿童可以借助词语的概括性及其与事物之间的联系，对大脑中具体事物所留下的表象进行重新组合和加工，也就促进了想象的发生和发展。想象萌芽阶段的儿童(1.5～2 岁)一般都是通过语言

和动作表现其想象的。这个阶段的儿童经常进行的与日常生活有关的游戏就是最好的例子。例如，儿童把珠子喂到玩具小狗的嘴里，还说着："小狗吃药!"把自己吃过的圆形的药和圆形的珠子联系起来，并且将妈妈喂他药的表象与自己喂玩具小狗的情境结合起来。例子中的儿童还用语言表达了自己的想象，这就更直接、更客观地说明了其想象活动的发生。

二、学前儿童想象萌芽的特点

萌芽期的想象基本都是记忆的简单迁移，主要有三个特点。

记忆表象在新情境中重现。2 岁左右的儿童处于想象萌芽期，其想象基本都是在新的情境下重现感知过的情境。就像上面的例子一样，妈妈给儿童喂药，他就把这个表象迁移到了玩具小狗身上，给玩具小狗喂药。

简单的相似联想。也就是说，这个阶段的儿童只是以事物外表的相似性为依据将事物进行联系。例如，儿童知道自己吃过的药是圆形的，就把圆形的珠子想象成药。

没有或很少有情节的组合。这一阶段儿童的想象不过是一种简单的代替，只是重现简单的片段，还不能想象更多的情节，也不能将经历过的不同情境中的情节进行组合。

三、学前儿童想象发展的趋势

学前儿童想象发展的趋势主要体现在三个方面：①从无意想象到初步出现有意想象；②从再造想象到出现创造想象；③从极大的夸张性到初步具有逻辑性。

(一)从无意想象到初步出现有意想象

1. 无意想象

无意想象是一种不自觉的、没有预定目的的想象；人们在某种刺激下，不自主地想象某些事物的过程。其实质是一种自由联想，不需要意志的努力，意识水平也较低。梦就是比较极端的无意想象的例子。

无意想象是最简单、最初级的想象，在儿童的想象中占据着主要地位，是儿童想象活动的主要形式。无意想象具有以下特点。

(1)由外界刺激直接引起

无意想象往往是在儿童游戏的过程中随刺激的出现而发生的，没有预定的目的。儿童一般是在活动中看到某个玩具，或由于自己的动作引发了某种结果，才产生了想象。例如，儿童在游戏中看到了珠子，才将珠子想象成药，喂给玩具小狗。又如，儿童随手用蜡笔画了一个红圆圈，便把它想象成苹果。

(2)主题不稳定

外界刺激不仅能引发儿童的无意想象，而且能影响无意想象的过程。换言之，儿童的想象过程和方向时常会随着外界的变化而变化，其想象主题缺乏稳定性，易改变。在先前的例子中，儿童用珠子当药，当他忽然看见纽扣的时候，可能就会改用纽扣当药。

(3)内容不系统

由于儿童无意想象的发生和过程都容易受到外界刺激的影响，也没有预定的目的，因此，儿童无意想象的内容通常比较零散、不系统，想象内容或形象之间没有形成有机联系。例如，儿童经常会在一幅画中画出多种风马牛不相及的形象，一会儿画梳子，一会儿又画小鸟。

(4)带给儿童满足感

儿童在想象过程中能够获得满足感，不追求通过想象达成特定的目的，但很享受想象的过程。例如，儿童给小伙伴讲故事，故事内容其实十分杂乱，毫无系统性可言，然而无论是讲故事的人还是听故事的人都乐在其中，满足于这个过程。

(5)易受情绪和兴趣的影响

儿童的想象除了受外界刺激的影响以外，还受自身情绪和兴趣的影响。例如，在看自己喜欢的动画片时，如果主人公输掉了比赛，儿童可能会很失望，于是立即把自己想象成主人公去参加并赢得比赛。此外，儿童对自己感兴趣的想象主题可以多次重复。

2. 有意想象的萌芽

与无意想象相反，有意想象是一种自觉的、有预定目的的想象。虽然学前儿童有意想象的水平还比较低，但是在幼儿后期，有意想象已经出现萌芽。这种萌芽主要表现在：开始出现有目的、有主题的想象，想象的主题也趋于稳定。此外，为了达到一定的目的，儿童还能够克服一定的困难。

儿童的有意想象是需要培养的。成人可以通过组织主题鲜明的想象活动，准备相关的活动材料，引导儿童明确活动目的和主题，以此来促进儿童有意想象的发展。例如，成人可以提出一些简单的任务，让儿童为了完成这一任务去积极想象。成人及时的语言引导也对儿童有意想象的发展有很强的推动作用。例如，儿童在娃娃家抱着娃娃不知道怎样玩时，教师可以引导儿童想象自己的生活场景，如娃娃要吃饭了，娃娃要去幼儿园了，娃娃要睡觉了等，激发儿童的想象。

(二)从再造想象到出现创造想象

1. 再造想象

再造想象指的是根据图形或符号等非语言文字的描绘或语言文字的描述在头脑中形成新形象的过程。例如，儿童在读了《卖火柴的小女孩》的故事后，脑子里便呈现出小女孩的样子等。

再造想象是学前儿童想象的主要形式。在小、中、大班儿童的想象活动中，再造想象都占据着重要地位。儿童再造想象的内容主要分为四种：①经验性想象，指儿童以自身生活经验和个人经历为依据展开的想象活动；②情境性想象，指由情境或画面引发的想象活动；③愿望性想象，指表露出个人愿望的想象活动；④拟人化想象，指将客观事物想象成人，用人的思想、情感和语言等进行表述。

在这四类想象中，经验性想象的创造性水平较低，是整个学前阶段最占优势的想象活动。而其他三类想象活动基本都是到了中班以后才出现的。这也说明再造想象是与创造想象相比发展水平较低的想象活动，儿童的想象是由低创造性向高创造性逐步发展的。

再造想象是儿童生活中必不可少的。儿童获得知识和理解知识都有赖于再造想象，可以说，儿童主要通过再造想象来吸收知识。儿童无论是听故事、看图画、听音乐还是做游戏，都离不开再造想象，对于比较抽象的知识更是如此。例如，为了使儿童更好地理解音阶的概念，可以引导儿童展开“楼梯”的想象，如图 9-1 所示。

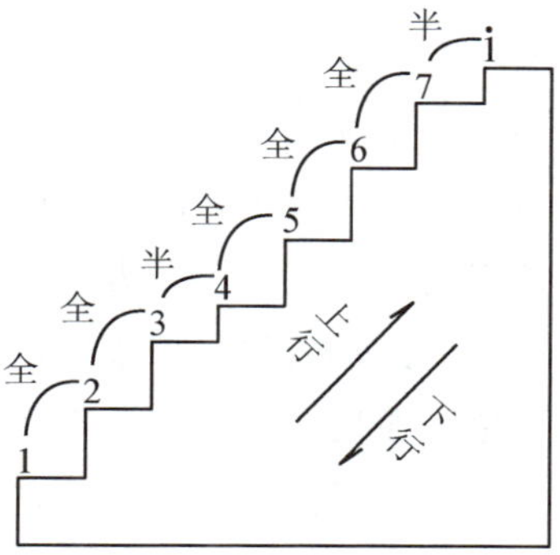

图 9-1　音阶阶梯图

再造想象具有以下特点。

(1)依赖语言描述

儿童的想象通常需要以成人的语言描述为基础。例如，儿童在听教师或父母讲故事时，想象便会随着情节展开。在此过程中辅以直观的图像更有利于儿童的想象；但如果只是纯粹的图片而没有伴随语言的描述，则不利于儿童再造想象的发展。在游戏活动中，成人适当的语言也能很好地引导儿童展开再造想象。例如，儿童在游戏中处于茫然状态时，教师提示儿童：“你看那只小猫怎么一动不动的？它怎么了？”便能够很好地激活儿童的想象。可以说，儿童再造想象的展开在很大程度上都依赖成人的语言描述。

(2)随情境变化

外界刺激会引发儿童的无意想象，同时影响儿童无意想象的方向。儿童的无意想象主要是再造性的，在儿童的再造想象中，外界情境的作用是相似的。

(3)以实际行动为必要条件

实际行动是儿童进行再造想象的必要条件，尤其是在幼儿初期。在实际行动的过程中，儿童通过摆弄材料或改变物体的状态在头脑中形成新表象，这些表象基本上都是再造性的。如果在游戏中为儿童提供丰富的可操作和可改变的材料，儿童就会更容易展开再造想象。例如，儿童可以用剪刀把彩纸剪成各种形状，这就能够使其得到更多的新形象，再造想象也由此展开。

儿童通过展开再造想象积累了大量的表象，这些表象将作为创造想象的原材料。再造想象有一定的创造性和新颖性，是创造性想象发展的基础。随着儿童经验的丰富、语言能力的提高和大脑的发展，他们逐渐开始不再依赖成人语言的引导，而是独立地展开想象。例如，儿童在画外星人的时候，会在外星人身上添加很多奇妙的“零件”。

2. 创造想象

创造想象是个体根据自身的想法，独立在头脑中构造新形象的过程。不同于再造想象，创造想象的形象是之前并不存在的，它比再造想象更有难度，也更复杂。建筑师的设计就是典型的创造想象的例子。

学前期是创造想象的萌芽阶段，创造想象的发展需要以再造想象为基础。创造想象主要具有独立性和新颖性两个特点。独立性指的是创造想象的过程受外界的影响和暗示很少，不是模仿，也不是在他人指导下进行的；新颖性指的是创造想象是对原有表象的加工和改造，摆脱了知觉的束缚，改变了头脑中原有的知觉形象。学前儿童的创造想象主要表现为，能够独立地从新的角度加工头脑中已有的表象。

学前儿童的创造想象还处于萌芽阶段，一般来说只是在原型基础上的简单改造，新形象与原型之间的差异不大。

为儿童提供一些未完成的图形，如只画了两只眼睛的圆圈、只有门的房子等，要求儿童根据自己的想象完成这些给定的图片。根据儿童完成的情况可以将创造想象分为 6 个水平。

水平 1：儿童不会利用给定的图片展开想象，只是在图片上任意画些无关的事物，根本不能完成任务。

水平 2：儿童虽然能对给定的图片进行加工，但只能做简单的处理，画出的形象只有轮廓，比较粗糙，欠缺细节。

水平 3：儿童能对给定的图片进行加工，并且能画出细节。例如，儿童能用画了两只眼睛的圆圈画一只完整的小猪。

水平 4：儿童不仅能对图片进行较细致的处理，还能画出想象的形象。例如，儿童不仅画了小猪，还画了小猪在吃西瓜。

水平 5：儿童不仅能完成一个想象的形象，还能画出与这个形象有联系的其他形象。例如，儿童可以画出小猪和小猫在玩皮球。

水平 6：儿童能从新颖的角度利用给定的图片。达到这种水平的儿童表现出很高的自由度，很少受知觉形象的束缚。例如，小猪不再是画的主体，而是变成了小男孩衣服上的图案。

除了完成图形的任务，生活中儿童的创造想象还表现在以下方面。

(1)提出“无稽”的问题

提问是儿童的天性。当他们能够提出不符合常理的问题时，说明他们的创造想象正处于发展之中。例如，儿童会问：“如果把小鸟的翅膀放在松鼠身上，那松鼠是不是就会飞了？”在提这个问题的时候，儿童头脑中很可能就形成了“长着翅膀的松鼠”的新形象，这是从新的角度所创造的形象，成人对此应给予正面的回应。

(2)自编故事

随着创造想象的发展，儿童逐渐开始能够将之前听过的故事、生活的经验以及其他事物进行加工和改造，重新整合为新的故事。另外，儿童在看图说话时也能表达出很多图画上没有呈现的情节。

(3)创造性游戏

创造性游戏，如角色扮演、建构游戏等，是最能表现儿童创造想象的活动形式。在创造性游戏中，儿童能重现生活中的场景和情节。随着儿童经验的增多，活动的内容更丰富，范围也更广。另外，年龄较大的学前儿童能够在游戏活动开始前想象游戏的过程、规则和情节。这说明此时的儿童已经开始通过想象来主导活动的进程，表现了其创造想象的发展。

(4)创造性绘画

绘画是艺术的创造性活动。研究儿童创造想象发展水平的实验，便是以绘画为研究媒介的。在绘画时，年龄稍大的儿童甚至能不按成人的示范进行创作。例如，在进行主题为“星球”的绘画活动时，创造想象发展水平较高的儿童能够充分展开想象，描述自己脑海中星球的样子。图 9-2 所示的是世界儿童画展览的获奖作品《水游星》，作者是 6 岁的日本儿童小仓麻田。在这幅作品中，作者通过丰富的想象，将水星描绘成一个飘荡在宇宙中的水杯，水杯里还有水洒出来。整个作品精致独特，充满了童趣和奇妙的想象。

图 9-2　水游星

(三)从极大的夸张性到初步具有逻辑性

1. 儿童想象夸张的表现

首先，儿童在想象中总是夸大事物的某种特征或某个部分，还经常沉浸在夸张的想象中，这也是儿童喜欢童话故事的原因之一。儿童在创造性活动，如绘画和语言表达中都会出现夸大事物某个部分的现象。例如，儿童在绘画作品中经常会画出不成比例的形象。

其次，儿童在想象中经常会混淆事实。他们会把自己想象的情节当作真实发生的，这种表现经常让成人误认为他们是在说谎。但实际上，这只不过是由于儿童对某个事物的渴望或沉迷而产生的，成人对此需要正确对待。例如，儿童跟妈妈说：“今天超市的阿姨给我吃了一块糖，可好吃了!”而实际上儿童并没有吃到糖，他只是太想吃糖了。

最后，儿童在游戏时往往有身临其境的感觉，这也是想象夸张的表现。例如，在组织儿童玩“小白兔和大灰狼”的游戏时，教师为了让小朋友跑得快一点就抓住了一只小白兔，扮演小白兔的儿童想象自己真的被大灰狼吃掉了，害怕得哭了起来。

2. 儿童想象夸张的原因

儿童夸大事物的某个部分或混淆事实都与其认知水平有紧密的关系。儿童的夸张与艺术的夸张有本质的区别，其根本原因就在于其认知水平的不足。儿童思维的概括性较差，思维有较强的片面性，因此，儿童一般认识不到事物的本质特征，只能抓住其中的突出特点，忽略其他部分。儿童头脑中的表象是不完整的、局部夸张的。正是因为这样，在想象的过程中，儿童只能加工和利用这些不完整的表象，最终的结果就是夸张的。例如，儿童认为小猪就是“一个大鼻子”，在绘画的时候，他们可能就会把小猪的鼻子画得异常大。

感知分化不足是儿童混淆想象和真实的原因之一。由于感知分化不足，儿童便不能认识到事物之间的差别，不能认清哪些是真实发生过的事情，哪些是想象出来的。

能唤起儿童情绪的事物往往会被夸大。例如，儿童会将自己喜欢的人物画在最显眼的位置，也画得更大些，不喜欢的则放在次要位置，画得也不那么认真。另外，儿童混淆真实与想象也不是凭空的，这往往是由于某些事物唤起了其非常强烈的渴望情绪。在吃糖的例子中，客观事物“糖”唤起了儿童想要吃的强烈渴望，所以才会想象自己真的吃到了。

信息栏

儿童目击证词的准确性

表现能力的局限也是造成儿童想象夸张的原因之一。这主要是因为想象需要通过某些手段表现出来，而表现能力的限制会使儿童不能完整恰当地表达自己的想象。随着年龄的增长，儿童的经验越来越丰富，认知水平不断提高，情绪趋于稳定，想象的夸张性和混淆性也会逐渐降低。这一点在快上小学的儿童身上表现得尤为明显。例如，大班儿童会经常问老师：“你说的是真的吗？”有些儿童喜欢真实的故事多过虚构的故事。

第三节　学前儿童想象发展的特点

一、2～3 岁儿童想象发展的特点

2～3 岁是想象发展的最初阶段，想象开始从记忆中分化出来。除了儿童已有的经验和表象以外，成人语言及游戏活动的引导也能促进儿童想象的发展。

(一)想象缺少目的性

在 2～3 岁这个阶段，无意想象占主要地位，而无意想象的主要特点就是无目的性。这个阶段的儿童不能在想象活动开展之前形成有关接下来要做什么的表象。例如，一个儿童拿着画笔画画，别人问他想画什么，他可能答不出来，也没有确切的想法。

(二)想象过程缓慢

这个阶段儿童的心理过程比较缓慢，想象活动作为一种心理活动也不例外。想象活动依赖儿童的记忆、表象以及经验等。然而，由于儿童往往需要较长的时间在头脑中搜寻表象，这就导致其将表象从头脑中提取出来的速度较慢，进而导致想象过程缓慢。在表象数量极少的时候，想象甚至都不能发生。例如，一个儿童画出一个图形，别人问他这是什么，他可能想很长时间都想不出来，或者过一段时间后说出一个可能并不太相似的事物。

(三)想象与记忆无明显的界限

对于这个阶段的儿童来说，想象和记忆非常相似，没有明显的区别。儿童此阶段的想象基本只是在新的形象中辨认出已有物体的表象。或者说，这个阶段的想象只不过是新情境下的事物特征与原有表象的特征间相似性的联系。

(四)想象内容贫乏

这个阶段儿童的想象内容比较单一，这主要是由于其经验较少、认知水平较低。例如，儿童在纸上画圆圈，问他是什么，他可能会回答是苹果，再画个半圆，还说是苹果。

(五)想象依赖感知

首先，此阶段儿童的想象需要依赖感知形象，尤其是视觉形象。儿童的无意想象主要是由外界刺激引起的，如玩具、活动材料等。一般来说，成形的游戏材料(如小勺、娃娃等)比不成形的游戏材料(如乐高玩具、积木等)更容易引起想象。

其次，动作有利于儿童想象的展开。这主要是因为动作可以使儿童所感知的视觉形象发生变化，让儿童从另外的角度观察物体，这种新的角度会使儿童在头脑中产生新形象，这种新形象可能突然与原有的表象产生联系，从而促使儿童展开想象。

(六)想象依赖成人语言的引导

成人语言引导的作用主要有三点。

首先，成人的语言引导能够激活相关的表象。想象具有一定的概括性，语言也具有概括性，当儿童不能独立形成表象时，成人可以通过语言引导帮助儿童对表象进行概括的加工。

其次，成人的语言引导可以使儿童产生问题，进而激发儿童运用想象的动机和需要，从而促使其加工已有表象或将已有表象组成新形象。例如，成人可以先提问儿童："你看这个像什么?"如果儿童回答不出来，成人可以继续引导："像不像苹果?"儿童思索一阵以后，可能会突然明白："对，像一个大红苹果。"

最后，成人的语言引导能够丰富儿童想象的内容。成人通过语言引导，可以扩展儿童想象的情节和内容，将简单的命名想象发展到初具情节。例如，儿童说出画的物体像苹果以后，成人可以继续引导："苹果好吃吗?"儿童很高兴地回答："好吃!甜甜的!"

二、3～4 岁儿童想象发展的特点

3～4 岁是儿童想象迅速发展的阶段，但这个阶段的想象还是以无意想象为主。

(一)想象活动没有稳定的主题

这个阶段儿童的想象活动不是以特定目的或主题为依据展开的。他们往往先进行活动，在活动过程中引发想象。例如，儿童在拼乐高玩具之前并不知道自己想拼什么，而拼了一阵之后，他才恍然大悟地告诉成人："我拼了一个小汽车！"

值得注意的是，这个阶段的儿童在成人的引导下，偶尔也可以在活动之前说出目的或主题。但是，由于其想象的不稳定性，主题在活动过程中往往会发生变化。例如，儿童拼乐高玩具之前说："我要拼一个小汽车。"可是拼着拼着他又说："我在拼房子！"

(二)想象内容单一、不系统

此阶段儿童的想象内容零散、贫乏、数量少而单一，内容之间也没有实质的联系。儿童想象的内容基本都是生活中常见的事物，这些事物的特征也不够完整。例如，儿童画了鸭梨、大门、电话等事物，但是没有表示这些事物的关系。

产生这种现象的原因主要是这个阶段儿童的想象还是受到感知形象的影响。由于表达水平有限，儿童真正展示的与其想要表现的可能并不相似，而这新的表象又会引起后续的想象。当然，这个阶段的儿童并不追求想象的成果，只是满足于想象的过程。因此，儿童并不在乎想象主题的变化，往往还乐于持续进行这个过程。例如，儿童本来想画一只小猪，在画的时候，他看见一支铅笔，就又画了一支铅笔。

三、4～5岁儿童想象发展的特点

(一)想象出现有意成分

4～5岁儿童依然以无意想象为主，但有意想象开始萌芽。有意想象的出现主要表现为，此阶段的儿童出现了有一定目的和范围的自由联想。儿童能够在展开想象之前说明其目的和计划，想象过程也基本能够按照预定的目的进行。即使偶尔偏离了主题，儿童也能自动调整。

(二)想象目的和计划简单

此阶段儿童的想象目的和计划都非常简单，他们通常是边想、边说、边做。也正因为这样，儿童所完成的想象活动往往比其原先描述的丰富。例如，儿童说要画红苹果，画着画着又说要画棵树，画完树接着又说要画小花。

(三)内容趋于丰富，缺乏体系

此阶段儿童想象的内容虽然比上一阶段丰富了，但是依然零散、缺乏体系和联系。虽然他们能够按照计划展开想象，但想象的内容只是几种形象的罗列。

四、5～6岁儿童想象发展的特点

(一)有意想象表现明显

这个阶段儿童的有意想象已有比较好的发展和表现，他们在想象活动展开前就能确定目的和主题，在整个想象过程中也能按照计划进行。例如，儿童说："我要画我的家。”那么他就会以“家”为主题展开想象，画爸爸、妈妈、家里的摆设、装饰等，整个过程基本都不会脱离主题。

(二)想象内容丰富且有情节

这个阶段儿童想象的内容更加丰富，范围更广，涉及很多方面。并且，这些想象不是彼此互不相关的，而是有情节的。例如，儿童用积木搭了一个形状，跟小伙伴说：“这是我家的车，有四个轱辘，车里面的座椅可舒服了！”

(三)开始出现创造想象

5～6 岁儿童想象内容的新颖程度较之前增加了，但还是离不开曾经感知过的事物或形象。通常儿童将想象与自己的生活实际相联系，或者以自己的愿望为基础展开想象。例如，儿童会想象自己能看到很远很远的地方，能看到月亮上的小朋友在干什么。

(四)力求符合客观逻辑

这个阶段儿童开始关注想象的形象与客观事物的一致性，意识到童话故事或想象的夸张性。此时的儿童经常会质疑自己的想象与事实是否相符。例如，儿童往往会问“是不是这样”“我画的人头是不是太大了”等问题。

五、学前儿童想象的培养

(一)尊重学前儿童的想象

学前儿童最初的想象没有目的，主题也不稳定，易于变化，让人感觉天马行空，摸不着头脑，但是他们却乐在其中。到了一定的年龄，儿童会问很多荒诞的问题，让人无言以对。这些都是儿童想象发展的正常表现，成人应尊重儿童的想象，为儿童创造宽松自由的氛围，让他们感到想象是快乐的，进一步产生想象的愿望，而不是进行打击或纠正。

(二)依赖成人的引导

学前儿童的想象在一定程度上依赖成人的引导，成人的引导可以激发儿童已有的表象，并激发儿童想象的需要。因此，在儿童进行想象活动的时候，成人应为儿童创设环境，并适时为其提供语言引导或动作引导。

(三)增加学前儿童经验的积累

想象需要以头脑中已有的表象为加工材料，如果没有足够的表象积累，儿童的想象会受到很大局限。在日常生活中，成人应多让儿童观察、接触新鲜事物，帮助儿童积累足够多的表象，从而促进学前儿童想象的发展。

(四)在活动中培养学前儿童的想象

儿童的想象表现在活动中，也能在活动中得到发展。其中比较常用的是绘画活动和游戏活动。这主要是由于儿童的想象常常需要由外界刺激激发，而绘画和游戏都能提供这种具体的刺激。此外，音乐、表演等多种形式的活动都能起到促进儿童想象发展的作用。

本章小结

想象是儿童对头脑中已有的表象进行加工，形成新形象的过程。想象以表象和记忆为基础，对认知、情绪和儿童的学习活动具有不可或缺的作用。

1.5～2 岁是儿童想象的萌芽阶段。儿童想象发展的趋势主要为：①从无意想象到初步出现有意想象；②从再造想象到出现创造想象；③从极大的夸张性到初步具有逻辑性。在学前阶段，无意想象和有意想象、再造想象和创造想象各有其发展特点。

各年龄阶段学前儿童的想象发展存在不同的特点。2～3 岁是想象发展的最初阶段，此时儿童的想象开始从记忆中分化出来，想象缺少目的性、过程缓慢、与记忆无明显的界限、内容贫乏并且依赖感知和成人语言的引导。3～4 岁是儿童想象迅速发展的阶段，但这个阶段的想象还是以无意想象为主，想象活动没有稳定的主题，想象内容单一、不系统。4～5 岁儿童的想象出现有意成分，想象目的和计划简单，内容趋于丰富、缺乏体系。5～6 岁儿童的有意想象表现明显，想象内容丰富且有情节，开始出现创造想象，力求符合客观逻辑。

复习与思考题

1. 学前儿童想象发展的趋势是怎样的？

2. 想象按照目的性可分为哪两类？请简述其发生和发展过程。

3. 不同年龄阶段学前儿童的想象有哪些特点？如何根据这些特点引导学前儿童展开想象？

实践活动

1. 选几幅不同年龄阶段学前儿童的绘画作品，分析各年龄阶段学前儿童想象的特点。

2. 观摩一次幼儿园的美术活动，访谈该教师在活动中是如何培养儿童的想象力的。

3. 测测儿童的想象：自制一张印染画(如将水彩滴在纸中央，将纸对折压成不规则图案)，请儿童看这幅画，说说像什么，说得越多越好。从丰富性、灵活性、新颖性几个方面评定一下儿童的想象力。

4. 文献查阅：查阅有关中国学前儿童想象力发展特点的研究文献，分析体会从小培养想象力的意义，思考应该如何根据学前儿童的发展特点培养和发展学前儿童的想象力和创造性。

拓展阅读导航

第十章　学前儿童思维的发展

学习目标▶

1. 了解思维在学前儿童心理发展中的作用。
2. 掌握学前儿童思维发展的趋势。
3. 理解学前儿童思维发展的阶段与特点。
4. 掌握学前儿童几种思维基本形式的发展特点。

案例导读▶

小龙今年 3 岁，他每次听到或自己讲到“大象用鼻子把狼卷起来”时，总是用手做出“卷”的动作。有一次，妈妈给小龙出了一道加法题，“爸爸打碎了 1 个杯子，小龙打碎了 2 个杯子，一共打碎了几个杯子?”小龙听后就哭了，他说自己没有打碎杯子。妈妈又出了一道题：“小龙第一次吃了 2 个苹果，第二次又吃了 2 个苹果，一共吃了几个苹果?”小龙却说自己没有吃苹果，因为妈妈没有买。

小龙的表现反映了学前儿童对事物的认识常常需要借助具体形象甚至是实际行动。教育者要依据和遵循学前儿童思维发展的客观规律和特点，让学前儿童在日常生活实践中取得丰富的知识经验，有效地促进学前儿童思维的发展。在这一章中，我们主要讨论思维在学前儿童发展中的作用、学前儿童思维的发生与发展趋势、学前儿童思维发展的阶段与特点、学前儿童思维基本形式的发展。

第一节　思维在学前儿童发展中的作用

思维是指人脑对客观事物的概括和间接的反映。概括性和间接性是它的两个突出特征。概括性是指思维所反映的是一类事物的共性和事物之间的普遍联系，间接性是指思维是通过已有的知识经验去理解和认识一些没有被直接感知的事物及其关系。思维离不开已有的知识经验，必须在感知觉和记忆的基础上进行。

思维的发生与发展标志着学前儿童心理发展的重大质变，对学前儿童的心理发展产生深刻影响。

一、标志着学前儿童的各种认识过程已经出现

儿童的各种认识活动是在日常生活中逐渐产生的，并随着年龄的增长不断发展。思维作为一种复杂的心理活动，在个体的心理发展过程中出现得较晚，而且思维过程是建立在感知觉、记忆、想象等心理活动的基础之上的。因此，当儿童出现思维活动时，说明其他认识活动已经出现。

二、标志着其他认识过程产生质变

思维一旦发生，就不是孤立地进行活动，不仅参与感知、记忆等较低级的认识过程，而且使这些认识过程发生质的变化。由于思维的参与，知觉已经不是单纯反映事物的表面特征的知觉，而是在思维指导下进行的理解性的知觉。以时间知觉为例，思维的参与使得儿童能够使用时间参照物，如根据太阳的位置判断上午、下午等。

三、使学前儿童的情绪、意志和社会性行为得到发展

由于思维的发生与发展，儿童开始理解人与人之间的关系，理解自己的行动会产生一定的社会性后果。由于思维的作用，儿童对周围事物的理解加深，恐惧、害怕、同情等情绪出现，道德感、责任感等高级情感开始形成。儿童能够明确自己的行动目的，理解行动的意义，从而按照一定的目的去实现行动。

四、标志着学前儿童自我意识的出现

在心理学中，意识是一种对客观现实的高级心理反映形式，其基本特征是抽象概括性和自觉能动性，它是人类所特有的活动。思维的发生使儿童具备了对事物进行概括和间接反映的能力，具有了区别于动物的心理活动，出现了意识的最初形态的萌芽。自我意识是意识的一方面，是个体对自己身心活动的觉察，即自己对自己的认识。它具体包括认识自己的生理状况、心理特征以及自己与他人的关系三个主要方面。儿童通过思维活动在理解自己与他人的关系过程中逐渐认识自己。

第二节　学前儿童思维的发生与发展趋势

一、学前儿童思维的发生

儿童的思维处于人类思维发展的初级阶段。之所以是初级阶段，一方面是因为

它已经具有了思维的本质特点，概括性和间接性有所发展；另一方面是因为它的抽象概括水平还很低，还不是典型的成人思维。

儿童概括地反映客观事物的能力是逐渐发展的，到 2 岁左右时，儿童出现了词语概括的能力，即儿童能够根据物体的某些比较稳定的本质特征进行概括，舍弃一些可变的次要特征。只有当儿童能够借助词语概括物体的稳定特征，即词语具有概括意义时，思维活动才会出现。

二、学前儿童思维发展的趋势

(一)学前儿童思维方式的发展

学前儿童思维的发展经历了直觉行动思维、具体形象思维、抽象逻辑思维三种方式。它们是随着年龄的增长逐渐发生与发展的。学前儿童思维发展的主要特点是具体形象性，它在直觉行动思维的基础上发展而来，到了幼儿晚期，抽象逻辑思维开始萌芽。

1. 直觉行动思维的发展

直觉行动思维是指借助动作实现的对客观事物概括性、间接性认识的思维。直觉行动思维需要儿童自身对事物进行直接感知，同时也离不开儿童自身的动作。儿童在进行这种思维时，只能反映自身动作所能触及的具体事物，依靠动作思考，而不能在动作之外思考。因为这种思维与感知和动作不可分离，所以直觉行动思维一开始就表现出范围的狭隘性和内容的表面性。

3 岁以前，儿童主要是直觉行动思维；3 岁以后，直觉行动思维继续发展，并出现质的变化。变化的趋势主要有：

①解决问题逐渐复杂化。2 岁左右时，思维解决的问题通常都很简单，如把玩具拆开再组合起来。这一阶段儿童通常用相同的行为对相似的环境做出反应。3 岁左右时，儿童开始学会用间接的手段去达到自己的目的。例如，在日常生活中，儿童为了让父母满足自己的某个要求，会先做一件父母期望的事情，让父母高兴后再提出自己的要求。

②解决问题的方式逐渐概括化。2 岁左右的儿童需要依靠直观的行动，并且在实际行动中通过尝试错误找到解决问题的办法。随着年龄的增长，到 3 岁时，儿童思维解决问题的方式逐渐概括化，表现在解决问题的过程中，某些具体行动可以被压缩或省略，儿童开始思考行动的计划，在完成第一步以后，开始思考下一步是什么。例如，在娃娃家中，儿童假装吃饭时，只会把碗端起来比画一下。

③思维中语言的作用逐渐增强。在儿童最初的思维中，语言的主要作用是在活动之后，对活动进行总结。儿童根据感知和联想说出活动的结果。随着年龄的增长，语言对思维的调节作用越来越大。

直觉行动思维使儿童对事物做出一定程度的概括，在刺激物和反应动作之间建立联系。就主体来讲，这种思维的发展使儿童的动作协调起来，为今后思维的发展打下基础。就客体来讲，这种思维的发展使客体之间的相互作用逐渐协调起来，便于把客体从时间和空间上组织起来，作为将来揭示事物之间复杂关系(如因果关系)的起点。

2. 具体形象思维的发展

随着年龄的增长，学前儿童的生活范围不断扩大，逐渐积累了一些知识经验，语言也进一步丰富和发展，为思维的发展创造了有利条件，思维方式也会发生一些变化。到了幼儿中期，具体形象思维逐渐从直觉行动思维中分化出来，并成为学前期思维的主要形式。

具体形象思维是指依靠事物在头脑中形成的表象进行的思维。具体形象思维是学前儿童典型的，也是占据主要地位的一种思维方式。具体形象思维的主要特点是具体性和形象性。

①具体性。具体性是指儿童思维的内容是具体的。他们能够掌握代表实际物品的概念，但不容易掌握抽象的概念。例如，儿童很容易知道“香蕉”“苹果”“橘子”，但很难理解“水果”这一概念。因为与每天可见的“香蕉”相比，看不见、摸不着的“水果”是一个抽象概括性的名词，儿童难以掌握。

②形象性。思维的形象性主要表现为儿童依靠事物在头脑中的表象来进行思维活动。由于表象的发展，儿童的思维逐渐从动作中解脱出来，从直接感知的客体中转移出来，因此直觉行动思维有更大的概括性和灵活性。但是，他们往往需要依靠具体事物，对于脱离形象的抽象概念较难理解，因而思维仍有很大的局限性。尤其是在处理复杂问题时，具体形象往往会产生干扰作用。例如，儿童在计算 3+4 时，并不是像成人那样在头脑中进行逻辑运算，而是依靠头脑中再现的实物表象，如 3 个苹果加上 4 个苹果，数一数是 7 个苹果，然后得出结果。

儿童的具体形象思维除了具体性和形象性以外，还有一些派生的特点。

①经验性。儿童的思维是根据自己的生活经验进行的。例如，一个 3 岁的小孩听到奶奶抱怨小鸡长得太慢，他就把小鸡埋在沙里，只把鸡头留在外面，还用水去浇。又如，老师在开展安全教育时，问儿童当家里只有他一个人时有人敲门怎么办，儿童回答：“我从来不会一个人在家，奶奶会陪着我。”儿童只会从自己的具体生活经验出发进行思维活动，无法进行逻辑推理。

②拟人性。儿童常常把一些动物或玩具当作人，他们把自己的行动经验和思想感情加到动物或玩具身上，和它们交谈，把它们当作好朋友。例如，许多儿童都有抱着玩具睡觉的习惯。儿童常常爱问一些拟人化的问题，“月亮船上有什么人呢？星星为什么总是眨眼睛?”这些也是思维拟人性特点的体现。儿童大多喜欢动画片和童

话故事，是因为动画片和童话故事都运用了拟人化的表现手法，符合儿童的思维特点。

③表面性。儿童的思维往往只是反映事物的表面联系，而不能反映事物的本质联系。最明显的一种现象就是处于这一思维阶段的儿童听不懂反话。例如，儿童在家里吵闹，妈妈说："你就闹吧，待会儿看我给你好果子吃。"儿童由于听不懂反话，果真会继续闹，还缠着妈妈要果子吃。因此，针对儿童的这一思维特点，在回答儿童的问题时，要了解清楚他们想要什么，避免把简单的问题复杂化。

④片面性。儿童的思维具有片面性，他们不善于全面地看问题。例如，在儿童的世界里，不是好人就是坏人。在解决问题的过程中，儿童常常只能照顾到事物的一个维度，而不能同时兼顾两个维度。在皮亚杰的守恒实验中，当把一个杯子里面的水分别倒入形状不同的两个杯子时，其中一个杯子比另一个杯子高而窄，儿童就认为两个杯子里面的水不一样多。他们不能把高度和宽度两个维度联系起来，只能看到其中的一个纬度。

⑤固定性。思维的具体性使儿童缺乏灵活性，较难掌握相对性的概念，如儿童认为儿子总是小孩，奶奶总是白头发。在日常生活中，"认死理"的现象突出表现了他们思维的固定性。两个小朋友在抢玩具，成人拿出一个相同的玩具，让他们各玩一个，他们往往无法理解，谁都要原来的那一个。

应该强调，我们说具体形象性是儿童思维的主要特点，并不表示儿童在各种场合下的思维都具有这种特点，儿童思维的水平会因条件的不同而存在差异。在他们的经验范围之内，对于熟悉的事物，他们能够进行逻辑思维。

3. 抽象逻辑思维的萌芽

抽象逻辑思维是使用概念、判断、推理的思维形式进行的思维。通过抽象逻辑思维可以认识事物的本质特征以及事物内部的必然联系，是一种高级的思维方式。5 岁左右学前儿童的思维由具体形象思维发展到抽象逻辑思维的萌芽，是思维发展的质变。此时儿童的抽象逻辑思维具有以下两个特点。

①抽象逻辑思维开始发展，但仍带有很大的具体性。儿童虽然已经能够掌握一些概念，但大部分都是具体的，与直接可以感知的对象相联系的。儿童需要通过具体形象来理解抽象的、超经验的概念。例如，儿童在学习数概念的时候常常借助手指的帮助，在遇到难题的时候，要依靠直观的实物或图像进行思考。

②抽象逻辑思维带有不自觉性。因为儿童的内部言语还不够成熟，他们还不能自觉地调节、检验和论证自己的思维过程，也不能说出自己是如何进行思考和解决问题的。

（二）学前儿童思维工具的变化

儿童思维方式的变化是与思维工具的变化相联系的，二者关系密切。直觉行动思维的工具主要是感知和动作，具体形象思维则依赖表象，抽象逻辑思维的工具则是词语所代表的概念。

思维的工具在思维发展的整个过程中所发挥的作用是不断变化的，变化规律是动作的作用随年龄的增长而逐渐减弱，而语言的作用逐渐增强。思维工具的变化有以下趋势。

在学前初期，思维主要依靠感知和动作进行，语言是对行动的总结，动作并不受语言的支配，而是受视觉形象的支配。

在学前中期，在思维过程中，语言和动作不分离。儿童在开始行动之前，通常只能笼统地说出要做什么；在活动过程中，会用语言去概括每一个解决问题的动作，同时计划下一步的行动，并时不时地将活动结果与面临的任务做比较；活动结束以后的语言要比动作开始的时候更丰富一些。

在实际生活中，儿童对自己的活动结果会做出分析和评价。在这种分析和评价的基础上，一种短暂的行动计划逐渐出现，初级的探索性行动逐渐替代之前混乱的试误行为。

在学前晚期，语言先于动作出现，并起着计划行动的作用。儿童在行动之前已经基本能够用语言表达行动的目的和计划。

在以上三个阶段，动作的性质会发生相应的变化。第一阶段的动作是不带任何解决问题意向的，是单纯的、无思考的；第二阶段的动作是有目的的、探索性的、问题性的；第三阶段的动作又失去了解决问题的性质，成为单纯执行性质的动作。

第三节　学前儿童思维发展的阶段与特点

皮亚杰是20世纪重要的儿童发展理论学者。他揭示了儿童的智慧和成人的不同之处，指出新生儿到成人的认识发展不是一个简单数量的增加，而是一个有着质的差异的发展过程。他把儿童的思维发展分为四个阶段：感知运动阶段(0～2岁)、前运算阶段(2～7岁)、具体运算阶段(7～11岁)和形式运算阶段(11或12岁开始)。每一个阶段都代表儿童适应环境的一种新的水平。

一、感知运动阶段(0～2岁)

在感知运动阶段，儿童主要靠感知和动作来接触外界环境。儿童通过不断和外界交往，动作慢慢地协调起来，并逐渐知道自己的动作及其对外物所引起的效果之间的关系，开始有意识地做某个动作。

根据儿童所表现出来的行为模式，这一阶段又可以划分为六个小阶段。

（一）反射动作阶段（0～1个月）

新生儿一出生就具有一些基本的无条件反射动作，如吸吮、眨眼、抓握等。为了适应外界环境，新生儿的反射动作会不断重复出现。这种重复出现并不是机械的简单重复，而是逐渐带有练习的因素。反复的练习使原有的反射动作变得协调起来，这种协调表现为新生儿不仅吸吮乳头，也吸吮其他物体。

（二）习惯动作阶段（1～4个月）

在这一阶段，婴儿形成了条件反射，即最初的习惯性动作。婴儿偶然发现自己能发起和控制反应，如吸吮手指或发出咕咕的声音，这些反应让他们感到很满足，因此不断重复这一动作。习惯的获得是通过器官活动的整合，把不同动作连接起来实现的，如用眼睛寻找声源，就是视觉与听觉的结合。这种反应比最初遗传的反射要更灵活，但仍不算是智慧，因为这时婴儿的行动与效果之间没有分化，行动还没有目的。

（三）有目的的动作形成阶段（4～10个月）

在婴儿视觉和抓握动作开始协调以后，有目的的动作开始形成发展。在这一阶段，婴儿最明显的行为特征是能重复他们之前偶然做出的动作，如反复挤压一只会叫的塑料鸭子，或对挂在摇篮床上方会发出声响的铃铛玩具不断地重复做拉绳动作。动作与兴趣相互影响，这表明主体活动与客体之间有了一定的联系。需要注意的是，此时这种兴趣与动作的联系具有很大的偶然性，是偶然的发生引起了需要，而不是需要引起了新的发现。而且，这里的需要也只是单纯的重复动作的需要，不是对结果的需要，这说明动作和目的之间还没有分化。

（四）手段和目的的分化与协调阶段（10～12个月）

在这一阶段，动作的目的和手段开始分化，动作从一开始就明确地表现出它是用来达到目的的手段。婴儿开始协调两个或两个以上的动作来实现简单的目标，用已知的方法来应付新的情境，行动开始合乎智慧的要求。例如，在遇到自己无法解决的难题时，他们会寻求成人的帮助。当无法够到高处的玩具时，他们会指引成人帮助自己。这时的婴儿开始预料行为的后果，有意识地运用已有的行为模式去达到一定的目的，出现了比较完备的实际智慧。

这一阶段的婴儿获得了客体永久性的概念，即脱离了对物体的感知后，仍然相信该物体持续存在。皮亚杰认为，婴儿在出生后的头几个月里不具有客体永久性的概念，具体表现为在一个原先存在于视野中的物体从他们的视野中消失后，婴儿就不会再去寻找，表明他们以为物体消失了就不存在了。如图10-1所示，把婴儿前面的大象用白纸板遮挡住以后，婴儿就望向别处，不再寻找了。“捉迷藏”是婴儿获得客体永久性概念的游戏见证（见图10-2）。皮亚杰说：“在第四个子阶段，我们看到了比较完备的实际智慧动作。”当然，有必要指出的是，这一阶段毕竟是智慧的开端，智慧水平还是比较低的，因为它没有新手段的发现和创造，婴儿所使用的手段仅仅是从已知的动作中产生的，只是运用已有的手段去应对那些未曾遇到过的新情境。

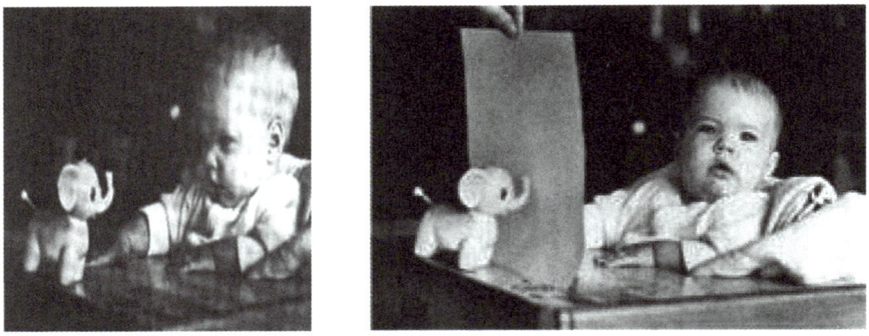

图 10-1 还没有获得客体永久性概念的婴儿不会继续寻找眼前消失的物体

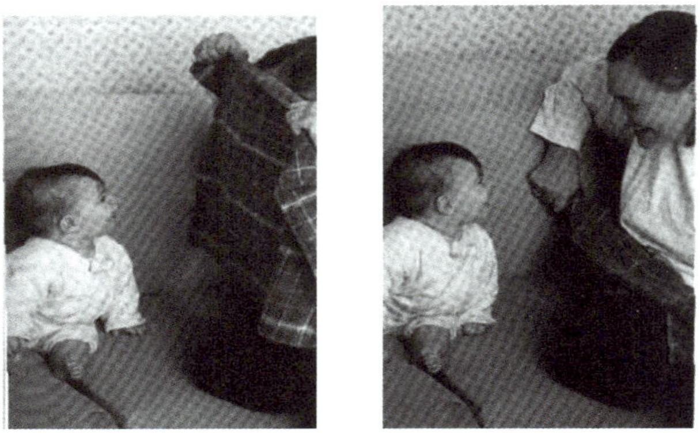

图 10-2 “捉迷藏”是婴儿获得客体永久性概念的游戏见证

(五)感知运动智慧阶段(12～18 个月)

这一阶段的主要特点是儿童能够用偶然发现的新方法去应对新的情境，开始探索达到目的的新手段。例如，对于那只一压就响的塑料鸭子，儿童会用肚子去压压，用其他方法挤挤，以此比较效果如何；对于床上面的玩具，在偶然发现床的晃动和床顶铃铛之间存在一定的关系后，他们开始使劲晃动，以便晃响铃铛。儿童对不同的物体会略有变化地做不同的动作，以观察会出现什么结果。例如，台布上放着玩具，儿童用手抓不到玩具时，便先抓台布，然后通过拉近台布够到玩具。这里抓、拉是原有的行为，但拉近台布以得到玩具是新的行为。皮亚杰把这种现象看成利用新手段达到目的的一种表现。这种表现不是顿悟，一方面它以过去的若干动作为基础，另一方面尝试错误也起着一定的作用。在这一阶段，儿童对新动作的发现是偶然的，他们还没有形成按照一定目的的方向去创造新方法的能力。由于对这种偶然得到的动作结果产生兴趣，儿童从此开始对这种情境进行反复试验，不断变换方法(见图 10-3)，从而带有一定的系统性，是智慧动作发展的一大步。

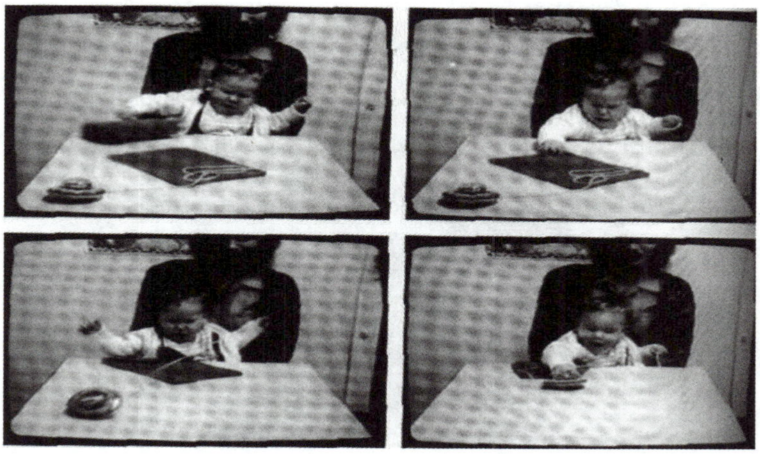

图 10-3　婴儿在感知运动中探索达到目的的新手段，以此应对新的情境

(六)感知运动智慧的综合阶段(18～24 个月)

这是一个过渡阶段，儿童的思维从感知运动阶段的终结向前运算阶段过渡。在这一阶段，儿童可以通过使用许多外部动作的联系创造新的手段，解决新的问题。儿童开始有象征性的行为，即在实际行动之前，能在头脑中思考动作，寻求解决问题的方法。例如，皮亚杰以他的儿子为被试在桌边放了一些面包，在他的左侧放有一根 25 厘米长的小棍。起先皮亚杰的儿子试图用手够面包，但试了几次都够不着。他再次看了一眼面包，很快又看了一眼小棍，突然抓起小棍，把面包拨到自己面前，最终拿到了它。

二、前运算阶段(2～7 岁)

前运算阶段又称前逻辑阶段，指的是儿童处于运算阶段之前并为运算做准备的阶段。皮亚杰所说的运算并不是我们日常生活中所说的加减乘除四则运算，而是一个特定的概念，指的是个体将外部动作内化在头脑中，并进行心理操作的现象。皮亚杰把前运算阶段儿童的思维叫作自我中心思维。这时的动作虽然内化了，但是由于尚未形成逻辑思维所必需的心理结构，因此还不能进行运算。这一阶段的儿童只能进行表象思维。在这一阶段，儿童已经能使用语言及符号等表征外在事物，进行以自我为中心的表征。它可以划分为前概念阶段和直觉思维阶段。

(一)前概念阶段(2～4 岁)

这一阶段的主要特点是出现表征功能、象征功能，因而这一阶段又称象征性思维阶段。儿童出现以物代物的行为。例如，这一阶段的儿童喜欢把椅子当汽车开，这实际上就是一种象征化。这时的儿童喜欢沉浸在自己假想的游戏中（见图 10-4），也能运用言语并形成心理意象，能使用符号在头脑中再现外部世界。思维已经能够表征事物的一般性、概括性特征。但是，这个阶段思维中的类概念仅仅是相同个体的简单复制，没有真正普遍化，不能用概念反映事物的联系或代替一类事物。

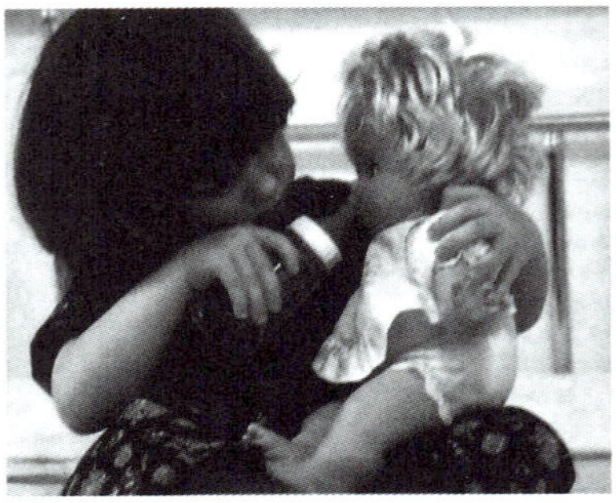

图 10-4　儿童经常沉浸在假想游戏中

（二）直觉思维阶段（4～7 岁）

直觉思维承担着由前概念阶段向具体运算阶段过渡的重要责任，因而它既能反映事物的一些客观逻辑，也受到直接感知形象的影响，是“半逻辑”思维。

“自我中心”是这一阶段的核心特征。皮亚杰所说的自我中心指的是儿童把注意力集中在自己的观点和自己的动作上的现象。在这个阶段，儿童的表象和言语与具体事物的联系太直接，因而它们被紧紧地束缚在他们自己关于世界的观点中，不能从更加客观的角度认识事物。因此，皮亚杰认为年幼的儿童对事物的认识存在很多错觉。而且，这种错觉不仅表现在儿童的观点中（见图 10-5），还表现在儿童的情感、言语和价值观中，典型地表现在守恒实验中（见图 10-6）。

这是皮亚杰为了解儿童是如何理解他人头脑里的认识而设计的实验。让儿童坐在三山模型前，问他对面的女孩所看见的山是什么样的，请儿童从不同角度拍摄的照片中选出一张对方眼中的三山模样。处于不守恒阶段的儿童总认为对方看到的山就是自己所看到的那样。

图 10-5　三山实验

在直觉思维阶段，儿童的象征性活动、象征性游戏已经从发展的顶峰开始下降，真正意义上的概念会逐渐取代象征性的前概念，儿童逐渐觉察到事物内部相对性的关系。

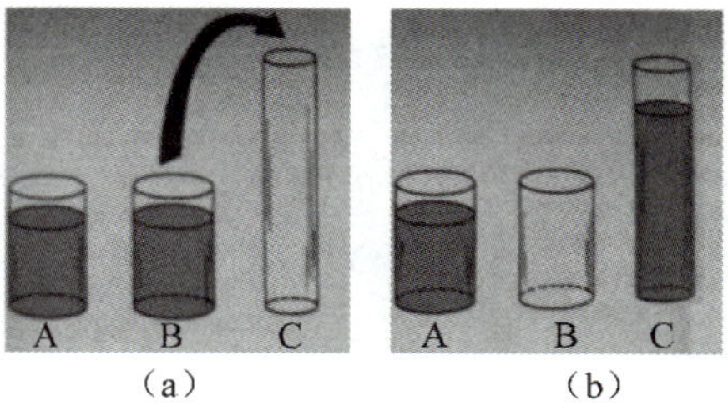

将两个相同容积的杯子盛满水，然后当着儿童的面将其中一杯倒入一个细高的量筒内，问儿童哪个里面的水多。一部分儿童认为量筒里的水多，因为它的水面高；另一部分儿童认为原来杯子里的水多，因为杯子比量筒粗，表现为容积不守恒。

图 10-6 容积守恒实验

三、具体运算阶段(7～11 岁)

这一阶段儿童形成了初步的运算结构，运算获得了可逆性。可逆性并不是现实世界的实际现象，而是大脑智力活动的结果。更确切地说，可逆性是从人的思维活动的逻辑经验中产生的。运算的可逆性有两种：一种是反演可逆性，它是形成概念体系(如基本概念与它的上位概念、下位概念)的内部机制；另一种是互反可逆性，它是形成关系认识(如 $A=B$，$B=C$，则 $A=C$；或 $A>B$，$B>C$，则 $A>C$)的内部机制。但是，这个阶段的运算离不开具体事物的支持。有些问题在具体事物的帮助下可以顺利得到解决，但在口头叙述的情况下做逻辑推理还很困难。另外，这一阶段所获得的两种可逆性仍是相互独立的，儿童还不能把这种具体运算之间的复杂关系在一个系统内整合起来。

这一阶段儿童思维的自我中心现象逐渐消失。在同一时间内，儿童已不再限于集中注意情境或问题的一个方面，而是能注意到几个方面，并且不仅能注意事物的静止状态，还能注意到动态的转变。正是由于可逆性的出现和自我中心现象的消失，儿童出现了守恒概念。守恒概念是运算结构形成的重要指标。一般来说，6～7 岁的儿童能掌握量守恒和物质守恒。9～10 岁的儿童能掌握重量守恒、长度守恒和面积守恒等。随着自我中心现象的消失，儿童开始能站在别人的视角上看问题，能利用别人的观点来校正自己的观点，并检查自己解决问题的方法是否正确。

四、形式运算阶段(11 或 12 岁开始)

这一阶段的儿童开始从具体事物中解放出来，能在头脑中将形式与内容区分开，不需要考虑特定的事物，甚至不需要真实物体的名称，而能运用词语或其他符号进行抽象逻辑思维，能根据假设或命题进行逻辑演绎推理。这标志着儿童头脑中的认知结构已经完整地建立起来，智慧发展趋于成熟。

这一阶段儿童的思维较具体运算阶段具有更强的灵活性、可逆性。两种可逆性联合成一个系统，儿童不仅能自由地支配整个系统进行复杂而完备的推理，而且能根据某些或所有可能的组合去推论一个问题。儿童能对一个问题提出各种可能的假设，并详尽而系统地交换有关因素，逐个论证所提出的假设，从而得出一个恰当的结论。这样他们开始能评价自己和别人的运算，而且能将不同的运算整合成更高一级的运算。

形式运算阶段是智慧发展的最高阶段，由于个别差异和教育的限制，许多人还达不到这一阶段，或只能在特定的（如熟悉的或经过良好训练的）范围内达到这一阶段。

第四节　学前儿童思维基本形式的发展

概念、判断、推理是思维的三种基本形式。概念是人类对客观事物本质属性的反映。每个概念都有一定的内涵和外延。内涵是指概念所反映的事物本质的含义；外延是指概念所反映的具体事物，即概念使用的范围。判断是概念和概念之间的联系，是事物之间或事物与它们的特征之间的联系和反映。推理是判断和判断之间的联系，是在已有的判断基础上推出新的判断。

实际上，思维的这三种基本形式是相互联系的，儿童在概念的基础上进行判断，在判断的基础上进行推理。概念、判断和推理是抽象逻辑思维发展的表现。

一、学前儿童概念的发展

（一）学前儿童掌握概念的方式

概念是在社会历史发展的过程中逐渐形成的。儿童掌握概念的方式主要有两种，一是通过观察成人学习社会上已存在的概念；二是在活动实践中掌握概念。

儿童通过观察成人学习社会上已存在的概念。在这个过程中，儿童并不是简单机械地接受成人所灌输的概念，他们具有选择所学概念的自由和能力。儿童依据自身的经验，对成人给予的概念加以选择并纳入自己的经验体系中，经过进一步加工形成自己的概念。

儿童在活动实践中掌握概念的过程，是一个发现概念的过程。例如，要求儿童摆弄一套卡片，卡片有各种形状的，如圆形、三角形等，同时也有各种颜色的，如红、黄、蓝等，形状和颜色两个维度是相互交叉的。当儿童按形状分组时，如果总得到一定的奖励来加以强化，那么他们就会发展出以形状进行概括的概念。在日常生活中，儿童通过类似的强化经验，也会自发地形成一些概念，如哭就是伤心、不开心的表现。

儿童概念的掌握与概括能力的发展紧密相关。有时儿童能够说出代表一类概念的词，但实际上它只是指头脑中某一具体的人或事物，而没有达到一个概括化的高度。例如，儿童提到“树”的时候，可能只是指社区里的那棵柳树。

如前所述，概念有内涵和外延。由于受认知水平的限制，学前儿童掌握概念往往存在内涵不精确、外延不恰当的问题。

所谓内涵不精确，是指只反映了事物的表面特征，而不能反映事物的本质特征。例如，儿童关于性别概念的获得就存在这一问题。他们往往从头发的长短、穿不穿裙子等外部特征去判断，认为扎辫子的是女孩，短头发的是男孩。

所谓外延不恰当，主要表现为外延过宽或过窄，导致概念内容贫乏、不准确。例如，“家具”是“用的东西”，女儿只包括小孩等。

(二)学前儿童掌握概念的类型及特点

学前儿童掌握的概念主要有实物概念、数概念、空间概念、时间概念、科学概念五类。

1. 实物概念

在学前儿童掌握的概念中，大部分是实物概念。实物概念的一般特征是以低层次概念为主，以具体特征为主。

(1)以低层次概念为主

4 岁儿童不能按图片进行一级概念(如“桌子”)的独立分类，完全不能进行二类概念(如“家具”)的独立分类。5 岁儿童可以独立分类，但常常不是以类为标准的，而是依靠情境、功能或其他外部特征进行分类的。6 岁儿童已经能够独立分类，表明他们已形成类概念，但对二级概念掌握的正确性不高。可以说在整个幼儿期，儿童所掌握的实物概念主要是低层次的概念。

(2)以具体特征为主

下定义是掌握概念的一种表现，儿童对实物概念的下定义可分为以下几种类型。

①不会说。儿童不会说话或表示不会。

②同一反复。例如，要求儿童说出什么是灯时，他们说“灯灯”或“大灯”。

③举出事例。在解释灯时，会说出“红灯”“绿灯”等。

④说出一般性的非本质特征。例如，说出灯是长的，花是红的。

⑤说出重要特征。例如，说出灯是挂在墙上的。

⑥说出功用或习性。例如，说出灯是用来照明的，会发亮。

⑦说出初步的概念。例如，说出灯是给人照亮的东西。

这七种下定义的类型可进一步总结为四种水平：完全不会说、不会下定义、依据特征下定义、接近下定义的水平(初步概念水平)。

从儿童对实物概念掌握的趋势来看，下定义的水平随着年龄的增长有所提高。但儿童对概念的解释集中于具体特征水平，不会说或不会解释词的学前儿童人数在 4 岁这一阶段所占的比例较大，5 岁以后有所减小。具有初步概念水平的学前儿童人数在 5 岁以后明显增加。

2. 数概念

掌握数概念是逻辑思维发展的一个重要方面。数概念比实物概念更加抽象，因而掌握起来更困难。

3岁以前，儿童的数概念处于萌芽阶段，在3岁以后开始形成。儿童掌握数概念需要理解以下三个方面的内容。

(1)数的顺序

此时儿童知道1的后面是2，2的后面是3。一般3岁儿童已经学会口头数10以内的数，但他们只是记住了数的顺序，并不会真正去数物体。

(2)数的实际意义

例如，4是指4个物体。当儿童学会口头数数以后，逐渐学会口手一致地数物体，即按物点数，然后学会说出物体的总数。这时可以说儿童掌握了数的实际意义。此时儿童已经具备了初步的计数能力，但还没有形成数的概念。

(3)数的组成

数的组成，如3＝1＋1＋1，3＝1＋2。掌握数的组成是儿童形成数概念的关键。儿童在学会点数并说出物体总数以后，逐渐学会用实物进行10以内的加减。在加减的过程中，儿童会理解两个或两个以上的数群可以合并为一个新的更大的数群，这个过程是可逆的、可拆分的，由此形成数群可分可合的观念。儿童在掌握了数的组成以后，就形成了数的概念。

儿童数概念的形成要经历口头数数—给物说数—按数取物—掌握数概念四个阶段。数概念的形成是从感知和动作开始的。一开始，儿童计数要用眼睛看，动手去数；以后会逐渐减少用手点数的动作，主要靠视觉把握物体的数量，用眼看实物，默默地数。当儿童可以脱离感知而进行口头计算时，还需要依靠物体数量的表象。这些表象可以作为计算的支柱，帮助儿童从感知阶段向数概念过渡。在幼儿末期，他们才逐渐能够用数词进行计算，开始进入数概念阶段。

3. 空间概念

儿童的空间知觉发展得较早，但掌握空间概念则相对较晚。儿童空间概念的掌握与掌握相应的词密切相关。

(1)左右概念

左右概念是一种反映事物之间关系的、具有明显的相对性和灵活性的概念。与上下、前后概念相比，儿童更难区分左右概念。在整个学前期，儿童只掌握了最初的左右概念，不能真正掌握左右概念的相对性。儿童左右概念的掌握反映了思维的具体形象性。7岁以后，儿童思维的抽象逻辑性逐渐发展，对左右概念的掌握也会进一步概括化和灵活化。

(2)空间三维概念

空间包括三个维度。一维空间体现为长度，二维空间体现为面积，三维空间体现为体积。有关长度概念掌握的研究表明，5～6岁儿童基本还不具备稳定的长度概念，6～7岁则是长度概念发展的显著加速期；儿童在日常生活中能够掌握实物等分的概念。幼儿园大班孩子对实物等分概念已积累了一定的生活经验。等分任务涉及的内容不同，儿童完成任务的水平也不同；4 岁以前儿童完全没有出现体积守恒，6 岁以前儿童还不能很好地理解实物的三维概念。

4. 时间概念

时间有一定的延续性和顺序性。学前儿童掌握时间概念比较困难，主要表现为以下六个特点。

第一，儿童对时间顺序的概念掌握明显受到循环周期长短的影响。儿童对日、周、年的时序认知水平差异很大。总体而言，随着循环周期的延长，儿童对时序的认知水平下降。例如，5～6 岁儿童对一周之内时序的认知水平明显低于对一日之内时序的认知水平，而对一年之内时序的认知水平则更低。

第二，儿童对一日时间的延伸(昨晚和明早)的认知水平要低于对当日之内时序(上午、中午、下午、晚上)的认知水平，而对过去(昨晚)的认知水平又低于对未来(明早)的认知水平。

第三，儿童对时序的认知具有固定性。儿童把时间看成静止的、孤立的，把时间割裂开来。例如，儿童会认为上午、中午、下午、晚上都是固定的。诸如明早、昨晚等具有相对性质的时间概念，已经超出了学前儿童的认知范围，到 7 岁时他们才能掌握。

第四，儿童常以自身的生活经验为时间的参照物。儿童对时间的认知依靠直接经验。周期性发生的生活经验，如生活作息制度等，对儿童时序的认知有重要影响。

第五，儿童说出时间词语和时间概念的形成相互促进，但不同步。儿童的语言中可能会出现一些有关时间的词语，但并不意味着他们已经掌握了时间的概念。

第六，儿童对时序的认知经过了四个连续发展的阶段：首先，不能对有关时间的刺激物分类；其次，能在知觉水平上做出分类；再次，能把某一特定的时序与具体生活事件联系起来；最后，能摆脱具体直观的生活内容，把时间关系抽象地概括出来，真正形成时间概念。

儿童时间认知的发展过程和发展阶段体现了其思维发展由感性直观到抽象概括发展的规律及其思维发展的一般特点。

5. 科学概念

儿童所掌握的概念主要是日常概念，而不是科学概念。日常概念可以不经过专门教学而在日常生活中、在与别人的交往中、在幼儿经验的积累中形成。科学概念是需要专门的教学才能形成的。

日常概念和科学概念并不是绝对的，丰富的日常概念可以为儿童掌握科学概念提供基础。儿童可以学习一些浅显的科学知识，但没有必要掌握严格的科学概念，因为许多科学概念都超出了儿童的思维水平。儿童掌握科学概念的特征要求广大儿童教育工作者在编写、选择教材时，应该注意回避儿童难以理解的科学概念。

二、学前儿童判断的发展

判断是肯定或否定某种事物的存在，或指明它是否具有某种属性的思维过程。判断可以分为两大类，一是直接判断，二是间接判断。后者是真正利用概念所进行的抽象思维的判断。

学前儿童判断发展的特点主要有以下四个方面。

(一)判断形式的间接化

从判断形式上看，学前儿童以直接判断为主，开始向间接判断发展。

儿童大量依靠直接判断。他们在进行判断时，易受知觉线索的影响，把直接观察到的事物的表面现象或事物之间偶然的外部联系当作内在的本质特征。例如，有孩子认为"汽车比飞机快"。对于成人而言，飞机的速度快于汽车，这是通过间接判断形成的常识。即使没有坐过飞机，根据常识也能做出判断。儿童对"汽车比飞机快"的判断是他们从自己的直接经验中获得的：因为他们坐在汽车里时，看到天上的飞机飞得很慢。

随着年龄的增长，儿童间接判断的能力不断增长，6～7岁是判断快速发展的时期，是两种判断变化的转折点。学前儿童大部分进行直接判断，学龄儿童大部分进行间接判断。

(二)判断内容的深入化

判断内容的深入化，体现在儿童的判断由反映事物的表面联系开始向反映事物的内在本质联系发展，这与判断形式从直接向间接变化的趋势相同。最初他们常常把直接观察到的物体表面现象看成因果关系，只根据表面现象或偶然的联系进行判断。在发展过程中，儿童会逐渐找出比较准确而有意义的原因。以球从斜坡上滚下的现象为例，3～4岁儿童认为是"球站不稳，没有脚"。到5～6岁时儿童会认识到"球从斜面上滚下来，是因为这儿有小山，球是圆的，它就滚了。如果球不是圆的，就不滚了"。可见，此时他们已经能够根据事物之间隐蔽的、本质的联系做出判断。

(三)判断依据的客观化

儿童由以生活逻辑为依据开始向以客观逻辑为依据发展。幼儿初期最初常常不能按事物本身的客观逻辑进行判断和推理，而是按"游戏的逻辑""生活的逻辑"进行。这种判断没有一般性原则，不符合客观规律。例如，3～4岁儿童认为球会滚下来，是因为它不想待在上面；物体会浮在水面上，是因为它想洗澡等。5～6岁儿童在做判断时常常会以自己的生活经验为直接判断的依据。例如，他们认为"一大块地可以容纳很多小朋友玩，一小块地只可以容纳几个小朋友玩"。

随着年龄的增长，儿童的判断依据会逐渐从生活逻辑过渡到客观逻辑上。这个过渡的过程还要经过以事物的偶然性特征(如颜色、形状等)为依据和以孤立的、不确切的原则(如重的沉，轻的浮等)为依据两个阶段，最后，开始出现一些正确的或接近正确的客观逻辑判断(如木头做的东西可以浮在水面上)。

(四)逻辑判断的明确化

儿童由开始没有明确意识到判断的根据逐渐向明确意识到判断的根据过渡。在幼儿初期，儿童虽然能够做出判断，但是他们没有或不能说出判断的根据，3～4 岁儿童或者以别人的论据为根据，或者只能说出模糊的根据，前者如“我们老师是这样说的”，后者如“球会滚下来，因为它不能停在斜面上”。甚至在某些情况下，儿童还没意识到自己的判断需要有论据作为根据。

随着个体的发展，他们开始寻找论据，但最初出现的论据往往带有游戏性或猜测性。到幼儿末期，儿童会不断修改自己的论据，努力使自己的判断有合理的论据支持，对判断的论据逐渐明确，这说明儿童思维的自觉性、意识性、逻辑性开始发展。

三、学前儿童推理的发展

推理是指判断与判断之间的联系，是由一个判断或多个判断推出一个新的判断的思维过程。

推理可以分为直接推理和间接推理。直接推理是指由一个前提推出一个结论，如由“文明的小朋友要讲礼貌”这个前提推出“不讲礼貌的小朋友不文明”这个结论。间接推理是指由几个前提推出一个结论。间接推理比较复杂，可以进一步分为归纳推理、演绎推理、类比推理。

(一)归纳推理

归纳推理是一种从个别到一般的推理。通过考察个别事物或现象具有的属性，进而推出该类事物或现象所共同具有的属性。例如，由“正方形有四个角，长方形有四个角，平行四边形有四个角，梯形有四个角”推出“四边形有四个角”。由于归纳推理需要首先把个别事物或现象归属到某一类事物或现象中，因此归纳推理的发展离不开个体概括能力的发展。

学前儿童的概括尚处于具体形象水平，因此，他们常常只能对事物的一些外部的、非本质的特征进行归纳，难以抓住事物或现象之间本质的、必然的特征属性，进而难以实现从个别到一般的正确归纳，此时“传导推理”现象就会出现，即从特殊到特殊的推理。例如，儿童知道了“种瓜得瓜、种豆得豆”的道理后，把自己喜欢的巧克力也种到土里，希望长出更多的巧克力。这种现象在 3～4 岁儿童身上最容易出现。

“传导推理”这种无逻辑的推理现象说明儿童尚未形成类概念，因此不能把不同类的事物很好地区分开来。随着儿童年龄的增长、概括能力的发展，类概念逐渐形成，归纳推理的能力逐渐提高，“传导推理”现象逐渐减少。

(二)演绎推理

演绎推理是从一般到个别的推理，三段论是演绎推理的代表。例如，“大班的孩子暑假后要上小学了”(大前提)，“茜茜是大班的孩子”(小前提)，“茜茜暑假后要上小学了”(结论)。

学前儿童的三段论式逻辑推理的发展可以分为5个阶段。

①不会运用任何一般原理。

②运用一般原理，并试图引用一些根据偶然特征做出的概括来论证自己的答案。

③运用一般原理，这个原理已经能够在一定程度上反映事物的本质特征，但只是近似性的，并不准确，不能概括一切可能的个别情况，因而还不能得出正确的结论。

④不说一般原理，却能自信而正确地解决问题。

⑤会运用正确反映现实的一般原理，并做出恰当的结论。

(三)类比推理

类比推理比较特殊，在某种程度上属于归纳推理。它是对事物或数量关系的发现和运用。3～6岁儿童已经具有一定水平的类比推理能力。

儿童类比推理的发展大致可以分为5个阶段。

①不会类比推理，选择错误。

②低水平的类比推理。选择正确但不清楚选择的理由，不回答或随意回答，甚至回答错误。

③由低水平向高水平过渡的类比推理。只能大体上看到两个图形之间次要的不同，语言表达部分正确。

④较高水平的类比推理。基本理解两个图形、两个数或两个物体之间的关系，语言表达形象具体或不够确切。

⑤高水平的类比推理。正确理解两个图形、两个数或两个物体之间的关系，语言表达比较概括、确切。

类比推理能力会随着儿童年龄的增长而提高。一般认为3岁儿童还不会类比推理，4岁儿童的类比推理能力开始发展，但水平很低。也有研究者认为对于熟悉的事物来讲，3岁儿童已经有了一定的类比推理能力。在一项研究中，研究者用图画匹配的方式问儿童这样的问题：“一个完整的面团对应切开的面团，那么一个完整的苹果对应什么?”结果发现3岁已经能够从备选项中选出正确答案。

5～6岁儿童的类比推理能力得到了一定的发展，但主要处于阶段三和阶段四的水平。他们虽然能够理解所熟悉的事物之间的关系，但语言表达不够准确。大部分学前儿童没有达到阶段五。

本章小结

思维对学前儿童的心理发展具有重要意义，标志着学前儿童的各种认识过程已经出现；标志着其他认识过程产生质变；使学前儿童的情绪、意志和社会性行为得到发展；标志着学前儿童自我意识的出现。

2岁左右，学前儿童词语概括能力的出现标志着思维的发生，其发展的基本趋势集中体现在思维方式和思维工具两个方面。直觉行动思维最早发展，具体形象思维成为学前期思维的主要形式，学前后期出现抽象逻辑思维的萌芽。

学前儿童思维的发展主要经历两个阶段，分别是感知运动阶段和前运算阶段。在这两个阶段，学前儿童表现出了不同的发展特点。

学前儿童思维发展的基本形式是概念、判断和推理。

复习与思考题

1. 思维对学前儿童的发展有什么重要意义？

2. 学前儿童思维发展的趋势是怎样的？

3. 学前儿童思维发展的基本形式有哪些？选择一种，结合事例对其发展情况进行分析说明。

4. 观察与分析：观察幼儿园教师组织的一次教学活动，注意记录教师的提问和儿童的回答，从中分析儿童的思维特点，思考教师的提问和反馈是否适宜、是否有助于促进儿童思维的发展。

实践活动

1. 下定义法：说出熟悉的一个词，请幼儿加以解释。例如，请幼儿说说“花”这个词的意思，看看他们实物概念的发展处于哪个水平。

2. 数数多少卡片：让幼儿从小抽屉里取出卡片，引导他们数数共有多少张卡片。注意选择适量的卡片数目，在幼儿数数的过程中注意观察、记录他们的行为，分析他们数概念的发展特点。

3. 选择几款幼儿园常见的玩具，分析如何利用它们来促进幼儿思维的发展。

拓展阅读导航

第十一章　学前儿童言语的发展

学习目标

1. 理解言语在学前儿童发展中的作用。
2. 评析学前儿童的言语获得理论。
3. 了解学前儿童言语发生发展的趋势。
4. 掌握学前儿童不同言语内容的发展特点。
5. 掌握学前儿童不同言语形式的发展特点。

案例导读

真真从小发音就不清楚，她的父母工作忙，没有太多时间照顾她，因为她说话不清楚，父母怕别人笑话、嘲弄她，经常把她锁在家里，很少让她与别人接触，一直到 4 岁时才把她送到幼儿园。在班里，真真不爱说话，不与同伴交往，不爱玩玩具，几乎拒绝参加班里组织的任何活动，总是一个人默默地坐在小椅子上。老师同她讲话，她有时会露出很害怕的眼神，有时会把头扭到一边假装没听见。小朋友接近真真时，她要么不理会，要么推开小朋友。真真虽然不与人交往，但是她会注视老师和小朋友做活动，当小朋友做出滑稽的动作时，她也会哈哈大笑；当发现有人看她时，她会立即收起笑容，像什么也没发生一样。

在以上案例中，真真的问题属于言语障碍，最初表现为由生理缺陷引起的发音不清楚，之后其父母没有对此采取积极有效的干预等，而是进行消极的“保护”，导致真真的发展出现问题。可见，言语的发生发展对学前儿童发展的作用之大。学前儿童言语的发生发展离不开生理基础以及后天环境的刺激，其过程存在一定的规律。本章将从言语在学前儿童发展中的作用、学前儿童的言语获得理论、学前儿童言语发展的趋势及阶段等几个方面对学前儿童言语的发展进行阐述。

第一节　言语在学前儿童发展中的作用

很多人会混淆言语和语言这两个概念，它们实质上是不同的。语言是以词为基本单位、以语法为构造规则而组成的一种符号系统，是言语活动发生的前提。言语指的是个体使用语言的过程，是理解他人和运用语言的过程，具体包括言语感知、言语理解和言语表达三个方面。可以说，言语和语言是相互联系、不可分割的。

一、交际功能

言语是儿童与他人交往的主要途径。在言语发生的准备阶段，儿童主要依靠肢体动作、手势及表情等肢体语言与他人交流。从言语初步形成到 3 岁以前的阶段，儿童所使用的主要是对话言语、情景言语以及不连贯言语。此时，言语的功能主要表现为请求、回答。通过言语，儿童能够表达其需要并得到满足。

进入幼儿期，即 3～6 岁，儿童的连贯性言语、陈述性言语开始发展。言语的功能除了之前的请求、回答之外，还发展出了商量、命令和指示、陈述及评价等。4 岁以后，儿童开始能够进行讨论。5 岁以后，儿童的争吵中甚至出现了辩论。此时，儿童已经能够通过言语表达自己的观点，与他人进行深层次的交流。

二、概括功能

言语的概括功能对儿童的发展有着重要作用。由于言语的概括功能使知觉由以表面的、孤立的特征为主导发展到以意义的、复合的特征为主导，儿童对事物的感知也就越来越完整、精确和迅速。

言语的概括功能具体有以下 5 点。

①帮助儿童用词表达所感知的事物及其特性，如此一来，感知便成为可理解的事物，进而使儿童更容易认识事物的特性。

②帮助儿童概括同类事物的属性，从而使其了解、认识到事物的共同特征。

③便于儿童对事物之间的特征进行比较，从而帮助其认识事物之间的差别。

④有助于儿童区分事物的本质特征和从属特征。

⑤帮助儿童根据已知事物的特征了解和认识未知的同类事物。

言语除了上述几种主要的概括功能之外，还与注意、记忆、想象等有密切联系，具体内容在此不再赘述。

三、调节功能

言语对儿童的心理活动和行为有调节作用。首先，儿童言语调节功能的发展与其心理活动有意性的发展密切相关，而心理活动有意性的发展又受到言语调节功能的影响。心理活动的有意性主要包括有意注意、有意记忆、有意想象等方面。年龄较小的儿童，其行为主要受成人言语的调节，随着年龄的增长，他们逐渐学会使用言语来调节活动。例如，儿童往往会通过自言自语来帮助自己巩固活动的流程，从而保证活动不偏离原有目标。

第二节　学前儿童的言语获得理论

儿童言语早期的获得不仅是幼儿早期思维发展的一个重要标志，也是社会性适应能力及交往能力发展程度的重要体现，而且对人一生的心理发展有着深远而重大的影响。儿童在出生后短短的三四年中就掌握了本族语言的全部语音、大量词汇和语法的基本体系。这个进步是很大的，甚至是惊人的。儿童的言语究竟是怎样获得的，哪些因素影响儿童言语的成熟发展，儿童在言语获得过程中是主动的创造者还是被动的接受者(或模仿者)，对于这些问题，学者们各抒己见，其中环境论、先天论以及相互作用论最具影响力。

一、环境论

环境论强调后天的环境和学习对言语获得的决定作用。以模仿说和强化说最具代表性。

(一)模仿说

模仿说因其模仿程度的不同分为机械模仿和选择性模仿。机械模仿说由奥尔波特提出，强调儿童学习语言是对成人的简单翻版，儿童在这一过程中完全是机械被动的接受者。怀特赫斯特对传统的机械模仿概念加以改造，提出了选择性模仿说。这一学说认为儿童是通过对成人语言的选择性模仿来学习语言的。儿童能模仿成人话语的结构，并在新的情境中表达新的内容，或组合成新的结构。这种模仿不仅在形式上与范例相似，而且在功能上与范例相似，是在正常的自然情境中发生的言语获得模式。这样获得的言语既具有学习和模仿的基础，又具有新颖性。

选择性模仿在一定程度上说明了儿童言语获得的原因，虽然它不能解释儿童在没有模仿范式的情况下仍能创造性地产生许多新句子这一事实，但它能说明儿童的创造必须以一定的模仿范式为基础，新创造的句子是对已有范式的概括和新的组合。

(二)强化说

强化说的代表人物是斯金纳。他认为，学前儿童言语的学习依赖成人或社会的强化，以逐渐形成操作性条件反射。所谓操作性条件反射，是指对动物(包括人)的自发操作行为(反应)进行强化而形成的一种条件反射。一种行为发生后，接着呈现强化刺激，那么这种行为再发生的频率就会增加。例如，儿童在咿呀学语时，会自发地发出一定的声音，其中对于符合正确的发音，成人可以点头、微笑等，给予积极强化。反之，倘若成人的反应是皱眉、不理解，即给予负强化，那么儿童以后就会避免这样说。正是这样的强化，使儿童的操作性条件反射建立起来。

强化说强调提供正确的语言示范和强化对儿童言语获得的积极作用，如儿童总是在强化下不断地改正他们所使用的不规范语言。然而强化虽然在儿童习得语言时可以影响某些字、词、句出现的频率，却无法改变字、词、句出现的类型。它无法解释儿童言语获得中最深层的语法获得和创新性表达的问题。斯金纳的理论是对较低等的动物做实验后得出的类比，并非实际观察的结果，因而不能推广到人类言语行为的研究中。

环境论者认为，儿童会去模仿所听到的语言，如果他们使用正确便会得到强化，使用错误便会得到纠正。通过这一过程，儿童逐渐掌握某种语言。

二、先天论

先天论是因反对环境论强调环境和学习在言语获得中的决定地位而被提出的。先天论强调先天禀赋的作用。

与语言的先天论最有关联的理论家当数美国的心理语言学家乔姆斯基。他的先天语言能力说于20世纪60年代提出，尽管后来他致力于对其理论的不断修正，但是其关于语言习得的基本论点始终没有改变，即决定人类说话的因素不是经验和学习，而是先天遗传的语言能力。乔姆斯基在研究中发现，人类的各种语言尽管在时空上相差甚远，但是存在很大的相似性，即言语的共同性。不管哪个国家的儿童，学习语言都经过相同的阶段，如由单词句发展到双词句，再由简单句发展到复杂句。并且，正常的儿童学习语言都非常轻松。与成人相比，他们更容易在一定的时期内习得一种或多种语言，其习得的速度令人惊讶。因而，乔姆斯基认为，在人脑中有一种先天语言获得装置(language acquisition device，LAD，见图11-1)，这是人类头脑中固有的内在语法规则或普遍语法，儿童就是运用这种普遍语法，通过自己的亲身经验，习得周围人们语言的语法知识，并学会这种语言的。为了论证其理论，他进一步提出句子的双层结构论：在言语习得过程中，儿童能发现语言的深层结构(能显示基本的句法关系，并决定句子的含义)以及把深层结构转换为表层结构(表示用于交际中的句子的形式，决定句子的语音)的规则，因而儿童听到的虽然是极为有限的句子，但是可以产生无限多的句子，从而创造性地使用语言。这一观点恰好回答了模仿说和强化说不能回答的儿童为何能创造性地使用语言这一问题。

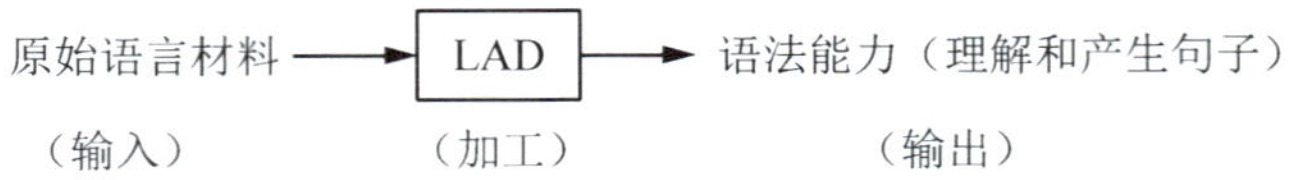

图 11-1　乔姆斯基的先天语言获得装置

乔姆斯基的先天语言能力说是影响较大的言语获得理论。这一理论似乎能帮助我们解释儿童语言学习的惊人潜能。它能够解释在不同语言环境下成长的儿童掌握本族语言如此快速，并有大致相同的发展顺序的原因。同时这个理论反对在语言教学中把机械模仿作为主要方法，强调思维的作用。但是，这个理论过分强调言语发展的先天因素，贬低了语言环境和教育的作用。事实上，儿童的词汇量、词类、句子长度、数量，甚至语法体系等无一不受到环境和教育的制约。这个先验、唯理论的学说因为无法得到检验和证明，多少带有神秘的色彩，让人无法信服。

三、相互作用论

以皮亚杰为代表的认知相互作用论和以维果茨基为代表的社会相互作用论认为，儿童不是语言训练的被动受益者，而是一个有着自己的意图和目的、积极主动的语言加工者。这两种相互作用论的主要观点如下。

①儿童是一个主动建构语言的交流者。在日常生活中，儿童经常需要将接收到的信息(如视觉、听觉、触觉信息)以及主观感受、愿望或要求转换成语言表达给别人，或者根据别人的意图做出言语的反应。这样一来，语言结构的调整和重新组织不断发生，语义、句法、语用和主体认知水平之间的矛盾和不平衡不断产生，促使儿童不断进行尝试和调整。这是一个主动的意义建构过程。

②语言学习是个体语言与社会规范语言辩证统一的过程。对交流的强烈需要使得语言生长和发展的方向朝向家庭和社会。他们在交流中根据对方的反应情况改变语言。父母、照看者、兄弟姐妹、同伴等在儿童的语言发展中起着重要作用。他们是儿童重要的交流伙伴、言语反应者和理解者。

③语言学习和通过语言进行学习有机统一。儿童语言的学习是一个从不会到会的过程，这个过程与儿童的生理发展、认知发展以及社会性发展都有密切联系。儿童在获得母语的同时也学会了用社会所公认的方式表达情感、意念和愿望。当儿童接触到语言的各种功能和形式时，他们也在运用语言来表征事物，所以他们通过语言进行学习的同时也在学习语言。这两种学习同时进行，认为语言形式的学习先于语言运用的观点是错误的。

④儿童在运用语言的过程中学习完整的语言。只有在自然交流中，儿童才能真正理解语音、语法、语义和语用等因素是怎样起作用的。家长在教孩子说话时，并没有限定孩子学习语言系统的某一方面，他们总是在有意义的情境中，伴随一定的社会性刺激来呈现完整的语言。

相互作用论反对言语获得的环境论、先天论，同时又不排斥遗传机制、社会环境以及儿童自身活动的作用，是相对比较全面的一种理论体系。但它过分强调认知或环境是言语发展的基础，不能充分说明遗传、认知、环境和言语发展之间的关系。我们赞同均衡论的观点，即不再追究"遗传与环境哪个更重要"这个问题，认识到先天与后天的因素在儿童言语获得中的作用并不矛盾。儿童的语言能力在某种程度上是一种遗传的潜能，其发展是按照某种生物发展的时间表趋向成熟的，但这只提供了语言发展的可能性。离开了一定的语言环境和教育条件，离开了儿童个体与社会环境的相互作用，这种可能性是无法转变为现实的。

从以上三种言语获得理论中，可以看出，面对儿童言语发展这一重要而复杂的问题，只依照某一种理论来指导实践是片面的、不完善的，甚至是有害的。我们应采纳各种理论的合理因素，用来指导儿童的语言教学，促进言语发展。例如，为儿童创设良好的言语环境，把儿童置于交际的场合；树立良好的语言示范，防止儿童模仿不正确的发音、语法和言语结构，以免儿童养成不良的言语习惯；根据儿童言语自身的发展顺序，有目的、有计划地组织好语言教学，不断提高各种言语技能；耐心对待儿童独创的言语形式，不要轻易制止或机械地一句句地纠正，而要积极引导，从而激发儿童言语活动的主动性和创造性。

第三节　学前儿童言语发展的趋势及阶段

一、学前儿童言语发展的趋势

(一)语音知觉的发展先于正确语音的发展

语音知觉指的是个体对语音的辨别。一般来说，儿童先能辨别语音的差别，之后才能发出正确的语音。有研究表明，婴儿对语音非常敏感，出生不到10天的婴儿就能区分语音和其他声音，1个月的婴儿便能辨别ba、pa等辅音，3个月左右的婴儿能辨别母亲和其他女性的声音。① 此时，他们还不能发出任何明确的语音。

(二)语言理解的发展先于语言表达的发展

儿童对语言的理解先于其语言的表达。换言之，儿童是先听懂再说话的。有研究表明，4个月的婴儿便能对愉快或冷淡的音调做出不同的反应，10个月的婴儿开始能够分辨一定的语音和语义内容。1～1.5岁是儿童词汇数量激增的时期。一般来说，儿童在1岁左右只能说出几个词。值得注意的是，有些儿童可能开口较晚，但这并不一定表示其存在生理缺陷。

---

① 尤晓慧、郁曦：《你说我听——婴幼儿早期语言发展》，载《教育家》，2021(29)。

二、学前儿童言语发展的阶段

(一)前言语阶段

前言语阶段指的是从出生到能够说出第一个具有真正意义的词之前的时期，通常为0～12个月。在这个阶段，婴儿的言语知觉、发音以及理解能力逐渐发展。他们能够发出语音，并说出最简单的词，为真正开口说话做准备。同时，他们还能对语音进行辨别，并开始理解词语的意思。

前言语阶段主要分为三个小阶段。

0～3个月：简单发音阶段。此时，婴儿表现出对语音的偏爱，并能够发出简单的音节，开始理解言语活动中的某些信息，能和成人进行相互模仿式的语音游戏。

4～8个月：连续音节阶段。此时，婴儿能够区分语音的节奏和音调，并根据外界的语音环境来修正自己的语音体系，开始发出较为连续的音节。

9～12个月：学话萌芽阶段。此时，婴儿能够辨别母语中的各种因素，并认识到所听到的语音的意义，进而较为系统地模仿、学习新的语音。

(二)言语发生阶段

言语发生阶段通常为1～3岁。言语发生的标志为说出最初的词并掌握其意义。另外，还有人提出一些具体的指标，如掌握词数为10个左右；持续、自发地使用一些成人语言中的词；词语带有一定的概括意义等。

言语发生阶段主要分为两个阶段。

1～1.5岁：理解语言迅速发展阶段。在这个阶段，虽然儿童能说出的词语较少，但是理解的语音数量却迅速增加。值得注意的是，此时往往会出现短暂的沉默期，如突然不开口说话了，只用手势来表示自己的意思。这其实是儿童在为之后的阶段做准备，是正常现象。

1.5～3岁：积极说话发展阶段。在这个阶段，儿童的词语数量大大增加，语句的掌握发展也较快，说话很积极。

(三)基本掌握口语阶段

3～7岁是儿童基本掌握口语的阶段。此时，儿童的词语、语法和口语等方面的能力发展都比较迅速，是后期书面言语发展的基础。

第四节　学前儿童言语内容的发展

一、语音的发展

(一)语音形成的阶段

儿童语音的形成是以生理因素为基础，以外界语音刺激为条件的。语音的形成共有四个阶段。

0～2 个月：出现嗓音。嗓音主要包括哭声、叫喊声以及婴儿在身体不适或安静状态下发出的嗓音。例如，婴儿生病时就会大哭。此时，婴儿的嗓音只是一般性的发音反射，是由身体状态所引发的，并不是为了适应外界的环境。之后，婴儿的嗓音开始分化，并逐渐带有反射性质，不同原因引起的嗓音也不同，这就是为什么母亲总能根据孩子的哭声判断孩子的需要。

3～4 个月：出现咕咕声。婴儿在舒适或满足的状态下会发出类似于“咕咕”的声音，虽然这种声音还是由于自身的需要引发的，但已不同于嗓音。有研究表明，即使是聋哑人，在这个时期也会发出“咕咕”的声音，这说明这种声音不是后天习得的。

5～8 个月：出现喃喃语声。此阶段又称连续发音阶段。这个时期，婴儿发出的声音出现了比较明显的原音和辅音以及比较清楚的音节。婴儿的听觉积极参与发音过程，在听的过程中，婴儿会重复听到的音节，因此，发音的重叠性是这个阶段的主要特点，如 ba-ba。

9～12 个月：开始发出语音。只有婴儿能将语音与其所指代的事物统一起来，才算掌握了语音。因此，婴儿能真正发出语音是有意的活动，需要经过后天的学习。1 岁以前，婴儿能够真正掌握的词语很少，还只是处于语音的形成和学话的萌芽阶段。

（二）语音模仿的阶段

语音模仿是婴儿最初掌握语音的主要途径，可以分为四个阶段。

2～4.5 个月：偶发性的单个模仿。这是模仿的第一个阶段，主要有发声传染、相互模仿和偶发性模仿等。发声传染指的是他人的声音引起了婴儿发声，相互模仿指的是成人模仿婴儿引起婴儿模仿成人，偶发性模仿指的是婴儿模仿过去曾听到过的声音。

4.5～8 个月：系统模仿。此时，婴儿能够模仿其自发发出的语音，并喜欢重复。但是，此时的婴儿还不能模仿新的声音，对于不能清楚发出的语音，也不会去模仿。

8～12 个月：模仿新的语音。在这个阶段，婴儿对发音很感兴趣，经常观察别人嘴唇的动作，然后自己慢慢尝试，并逐渐发出这种声音。随着尝试的成功，婴儿会较快地模仿别人的发音。

12 个月以后：系统模仿新的语音。此时，他们能够开始系统模仿新的语音，并通过模仿逐渐掌握语音。

（三）学前儿童掌握语音的特点

1. 语音发展的顺序

一般来说，婴儿先学会中等程度差别的音，然后向两端发展，新的音是原有发音的分化或分支。这也是儿童语音发展共同的规律。

在儿童学习语音的过程中，又表现出扩展趋势和收缩趋势。最初，婴儿从不能发出清楚的音节到掌握很多语音，这体现的就是扩展趋势。而随着儿童逐渐掌握特定语言(母语)的语音，其发音习惯也逐渐稳定，再学习新语言的语音就会比较困难，这便是收缩趋势。

儿童在习得语音的过程中，原音和辅音是同时出现的，成熟的时间也大致相同。

2. 学前儿童掌握语音的阶段

①1 岁以前，儿童处在语音的形成阶段，此时基本还没有出现对语音的掌握。

②1 岁到 1.5 岁，语音发展的速度较快。

③到了 1 岁 9 个月左右，儿童的语音发展基本成熟，但此时他们的发音不够准确，也不流利。

④3～4 岁是儿童语音发展的飞跃阶段，此时他们已经掌握了几乎全部的语音，当然，此时也存在发音不准的情况。

⑤4 岁以上的儿童一般能够掌握全部的语音。

3. 发音的难点

儿童发音的难点主要是发音部位和发音方法的掌握，这主要是由生理因素和语言环境造成的。幼儿初期的儿童在生理上发育还不成熟，无法恰当地控制发音器官，也就导致其对发音部位和发音方法的掌握不佳。儿童发音的困难主要表现在辅音发音错误上，如 zh、ch、sh、z、c、s 等。另外，儿童发音时还经常省略最前面的辅音，如把“牛”说成“由”等。

语言环境也是影响儿童准确发音的关键因素。这主要是受各地方言的影响。此外，方言会影响儿童语调的准确性。

(四)语音意识

语音意识指的是儿童对语音的自觉性。语言本身就是一种有意识的活动，随着年龄的增长，儿童开始能够有意识地掌握自己的发音活动。

1. 语音意识的形成和发展

儿童语音意识的快速发展是从 4 岁左右开始的。语音意识的形成表现在很多方面。例如，儿童对自己和他人的发音感兴趣；能够意识到自己发音的弱点；会努力练习自己发不准的音，并为自己的进步感到开心；能够对别人的发音做出评价，如指出错误；有意地改变正常的发音，如讲故事时会模仿主人公的声音等；开始意识到同音的字可能不同意；对发音的地方感兴趣；寻找发音的根据等。

2. 语音的自我调节

(1)听觉调节

随着语音意识的不断发展，儿童已经能够从听觉上辨认自己发音的准确与否，从而对发音进行调整。换言之，听觉调节是儿童正确发音的前提。

(2)运动觉调节

发音需要口、舌、唇、齿、上下颚等多个部位共同作用，是一种运动。通过运动觉的调节，儿童能够对发音的动作进行调整，进而正确发音。

(3)视觉调节

虽然发音本身是不可见的，但是通过观察口型和舌头的动作，能够训练儿童发音的技术，有助于儿童习得正确的发音。聋儿的发音训练就是典型的视觉调节的例子。

二、词汇的发展

(一)词汇量的增加

词语是语言的基本单位，词汇量的多少直接对儿童言语表达能力的发展产生影响。可以说，词汇量是儿童言语发展的标志之一。此外，词汇量也是儿童智力发展的标志之一。这主要是因为词与概念的关系紧密，智力水平高的儿童，其词汇量往往也比较多。

一般来说，随着年龄的增长，儿童的词汇量也随之增加。研究表明，我国 3～4 岁儿童的词汇量为 1730，4～5 岁为 2583，5～6 岁为 3562；4～5 岁是儿童词汇量的快速增长时期；5 岁以后，词汇量增长的速度则有所减慢。[①]

总的来说，儿童词汇量的增长有一定的普遍规律，但是，由于生理因素和语言环境的作用，儿童词汇量的增长也存在个体差异。造成儿童词汇量个体差异的环境因素主要有三点。其一，时代的差异。当今时代，大众媒体发展迅速，儿童的见闻比从前多得多，这就导致了现在的儿童词汇量更大。其二，语言和方言的差异。不同语言的词汇量不同，不同方言对同一事物的表述也不同，这些都能对儿童的词汇量产生影响。表 11-1 是德国、美国、中国三国儿童词汇量的比较。其三，生活和教育条件的差异。儿童对词汇的掌握与其生活环境分不开，丰富的环境中往往有丰富的语言刺激，儿童的词汇量也会比较大。

表 11-1 不同国家词汇量比较表

年龄/岁	德国		美国		中国	
	词量/个	年增长率/%	词量/个	年增长率/%	词量/个	年增长率/%
3～4	1600	52.0	1540	71.4	1730	73.0
4～5	2200	37.5	2070	34.0	2583	49.3
5～6	2500～3000	15.9	2562	23.0	3562	37.9

(二)词类的扩大

词类在一定程度上说明了儿童掌握的词汇的质量，不同词类的抽象概括程度不同，实词表示具体事物，虚词则比较抽象。一般来说，如果儿童掌握虚词的数量较多，则说明其智力发展的水平相对较高。

---

① 潘伟斌：《基于语料库下的 3—6 岁儿童词汇发展研究》，载《北京印刷学院学报》，2017(5)。

1. 学前儿童对不同词类词语的掌握顺序和数量变化

儿童对词语的掌握一般是实词先于虚词。儿童对实词掌握的具体顺序是：名词→动词→形容词。其他实词，如副词、代词和数词则掌握得较晚。

在儿童所掌握的词汇中，不同词类所占的比例不同。首先是名词，约为 1/2；其次是动词，占 1/5～1/4；最后是形容词，约占 1/10。其他词类所占的比例则非常小。

在幼儿期，儿童对各类词语掌握的增长速度也不同。实词增长较快的时期为 3～4 岁，虚词增长较快的时期为 4～5 岁。基本上，4～5 岁是儿童词汇丰富的加速期，而 5～6 岁是儿童言语表达能力的显著提高期。

具体来说，掌握的名词的数量在幼儿期有所增加，但其在总体中所占的比例呈下降趋势，这主要是由于其他词类比例的增大；动词在总体中的比例基本持平，只是略有增大，这是因为儿童 3 岁左右已经掌握了生活中的常用动词，之后的增加并不明显；而形容词的比例不断增大，这是因为 2 岁以前儿童只能使用少量的形容词，而在 2～3 岁，所能使用的形容词的数量大大增加。此外，由于其他词类的数量较少，因此其比例的变化并不明显。

2. 词类的运用

词类的运用主要体现在使用某类词汇的频率（或称词频）上。一般来说，在儿童的词汇中，代词的词频最高。这主要是因为儿童的思维往往是以自身为中心展开的。研究表明，儿童使用了“我”的句子占总体的 1/3。① 而且，儿童的会话基本上都是在具体情境下进行的，这就为其使用代词创造了条件。另外，儿童的词汇量比较少，通常说不出事物的具体名称，只能用代词代替。

除了代词以外，儿童使用动词的频率也很高。这是由于儿童所说的一般都是不完整的或较短的句子，只用动词就能表明状态或动作，名词或代词则通常被省略。除此之外，儿童还经常把动词当作名词使用。

儿童使用名词的频率仅次于动词。这主要是由于在儿童掌握的词汇中，名词的数量最多。一般情况下，儿童使用指代其熟悉事物的名词以及其感兴趣事物的名词较多，如日常生活用品、喜欢的小动物等，而对指代其不喜欢或不常接触的物体的名词使用较少。

（三）词义的深化

1. 词义深化的一般特点

儿童最初对词义的理解并不准确，表现出笼统和具体两个特点。

笼统指的是儿童往往用同一个词代表多种事物，对词义的理解是笼统的。这主要是由于儿童还不能抓住事物的本质特征。例如，在儿童会用“哞哞”来指代牛后，当他们看见鹿的时候，可能也会说“哞哞”，因为他们看见鹿也有角。

---

① 潘伟斌：《基于语料库下的 3—6 岁儿童词汇发展研究》，载《北京印刷学院学报》，2017(5)。

在幼儿初期，儿童对词义的理解非常具体。越具体的词语他们理解得越多，如名词和动词。儿童对词义的理解不确切，他们往往会将词义理解得过宽或过窄，如他们会认为带“不”的都是不好的词。由于词汇匮乏，当遇到不能用已有词汇表达的事物时，儿童还可能自编词汇。

随着年龄的增长，儿童对词义的理解愈加准确和深入，并逐渐能够掌握某个词汇的多种词义。但是，学前儿童对具体名词的理解依然不能达到确切的概念水平。

2. 不同词类词义的掌握

(1)形容词的掌握

2 岁儿童只能使用少量的形容词；4.5 岁以后，儿童形容词的使用量快速增长；到 6.5 岁左右已经能使用 200 个以上的形容词了。

儿童使用掌握形容词的过程主要有两种趋势。其一，从物体特征到事件、情景的描述。儿童最初能够使用的形容词是有关物体特征的，之后，他们能够使用描述动作和感觉的形容词，再到后面，开始使用有关人、情感和个性的形容词，有关事件和情景的形容词是最后才学会使用的。其二，在形式方面，从简单到复杂。例如，儿童一般最早使用绿，之后是绿绿，再是碧绿等。

(2)指示代词的掌握

指示代词的使用与儿童所处的具体情境有关，这是由于在使用指示代词时，必须参照具体的事物。情境不同，参照物也不同，这在一定程度上影响着儿童指示代词的使用。如果与参照物的方位一致，儿童对指示代词的理解就好；如果与参照物为镜像关系，儿童就难以正确理解指示代词的意义。一般来说，学前儿童对指示代词的理解程度随年龄的增长而提高。

(3)人称代词的掌握

儿童对人称代词的理解与其角色有关，并随着角色的变化而变化。如果儿童不能分清自己和他人之间的关系，便不能正确使用人称代词。

(4)量词的掌握

汉语中的量词比其他语言中多，因此，儿童掌握量词需要经过比较长的过程。三四岁的儿童只能使用少量的量词，并且不会注意搭配。5 岁左右，儿童开始注意量词与名词的搭配，但还不能掌握确切的搭配。

三、语法的掌握

(一)句型的发展

1. 从不完整句到完整句

不完整句指的是结构不完整的句子，儿童最初会说的句子都是这种类型。1～1.5 岁儿童常使用单词句。单词句指的是只有一个词的句子，具有很强的情境性。这种单词句的含义不明确，语音也不清楚，儿童往往要辅以动作和表情进行说明，成人需要结合情境来推断儿童的意思。

1.5～2 岁儿童常使用电报句。电报句是由 2 个或 3 个单词组成的不完整的句子，又称双词句。双词句主要使用名词、动词和形容词，极少使用虚词。虽然双词句的结构不完整、不连续，但是它已经具备了句子的雏形，表达的意思也比单词句明确。

2 岁以后，儿童开始逐渐使用比较完整的句子。随着年龄的增长，儿童使用完整句的数量逐渐增加。据统计，到 6 岁时，儿童使用完整句的比例占 98%。

2. 从简单句到复合句

简单句指的是结构简单的完整句。在儿童使用的句子中，简单句占的比例较大。2～3 岁儿童使用的主要是主谓句和谓宾句。另外，儿童使用的简单句类型还有由行动主体、动作和动作对象组成的句子，以及有双宾语的句子。

复合句指的是由两个或两个以上意思相关较大的单句所构成的句子。复合句的发展需要以足够的词汇量以及逻辑思维能力这两个要素为前提。复合句在学前儿童使用的句子中的比例较小。随着年龄的增长，使用的比例将逐渐增大，但仍不超过 50%。复句主要有联合复句和偏正复句两种类型，其中，较早出现的是联合复句，偏正复句出现得较晚。另外，儿童主要使用的复合句类型是联合复句中的并列复句。

3. 从无修饰句到修饰句

最初，儿童使用的句子是没有修饰语的，即无修饰句。2.5 岁左右，儿童使用的句子中开始出现简单的修饰语，此时，儿童运用的修饰语仅为 20%。3 岁左右，开始出现复杂的修饰语，儿童使用修饰语的比例为 50%。一般来说，3～3.5 岁是复杂修饰语增长最快的时期，到了 4 岁，修饰句开始占优势。

儿童使用的语句中主要的修饰语为状语，3 岁儿童使用较多的是行动状语，4 岁儿童则开始使用地点状语，而五六岁的儿童还能使用一定的时间状语。另外，补语直到儿童 6 岁的时候才比较普遍地出现在句子中。

4. 从陈述句到非陈述句

从句子功能的角度来看，学前儿童使用最多的就是简单的陈述句。除了陈述句以外，儿童也能使用疑问句、祈使句和感叹句等其他句型。由于生活的需要，2 岁左右的儿童甚至开始使用单词句式的疑问句了。因此可以说，在陈述句以外的几种句型中，最早产生的是疑问句。

（二）语句结构的变化趋势

1. 从混沌到分化

儿童掌握句子的过程呈现从混沌一体到分化的趋势。首先是表达内容的分化。儿童最初的句子是表达情感、表示意愿和指代事物三个方面的结合，之后会逐渐分化。其次是词性的分化。儿童最初的词语是不分词性的，一个词往往既能代表动词又能代表名词，随着年龄的增长，词性会逐渐分化。最后是结构层次的分化。儿童最初的句子只有几个词，是没有结构的，后期才逐渐分化出完整的句子结构和层次。

2. 从松散到严谨

3.5 岁以前，儿童的句子总体来说结构比较松散。之后，儿童能够说出结构比较清晰的复杂句。而到了五六岁，儿童已经能说出关联词丰富的复杂句了，虽然句子的用词依然不太准确，但已经是很大的进步了。

3. 从压缩呆板到扩展灵活

儿童最初的句子只是由几个单词组成的压缩句。随着言语能力的发展，儿童能够说出复杂句，并逐渐加上修饰语，最后达到灵活运用简单修饰语以及用多种方式组合句子成分的水平。

(三)句子的含词量增加

儿童句子的含词量是逐渐增加的。最初只能说单词句，之后便能说出电报句。到了 3 岁左右，儿童能使用 4 个词以下的句子。学前儿童语句的用词主要集中在 4～6 个，最多不超过 10 个。

(四)语法意识的出现

通过生活中的言语交流以及对成人语言的模仿，儿童能够逐渐掌握语法结构。实际上，儿童到 4 岁才会出现语法意识，主要表现为能够发现他人话语中的语法错误，并提出有关语法的问题。不过，儿童并不能从理论上判断语句是否合乎语法。对于儿童来说，语法更像是一种习惯，他们在生活和模仿中逐渐形成了这种习惯，当别人的表达不符合这种习惯时，他们便会有所察觉。

经典研究

伯克的儿童语法习得实验

第五节　学前儿童言语形式的发展

一、口头言语

在掌握语音、词汇和语法等言语内容的基础上，要想顺畅地与他人沟通、表达自己的观点，儿童还需要学会如何在各种情境下运用言语，这个过程便是儿童口语发展的过程。

(一)对话言语和独白言语

对话言语指的是两个人之间进行交谈，独白言语指的是个体单独向他人陈述。对话言语和独白言语是口语的两种基本形式。

最初，儿童的言语只有在与成人的交往中才能进行，是对话言语。对婴儿来说，对话言语仅限于对成人提出要求、打招呼或简单回应。在幼儿期，儿童的对话言语有了一定的发展，他们能在对话中加入讨论、商议或命令的成分。实际上，学前儿童对话言语的发展与其和成人关系的变化密切相关。婴儿的活动基本上都是为满足自身的需求，或在成人的带领下进行的，因此其对话也主要是问答、表达需求等。到了幼儿期，儿童在成人的引导下独立进行活动，在这些活动中逐渐产生了评价、指示、监督和协调的需要，因此对话形式逐渐多样化。

儿童的独白言语是在幼儿期发生的。在这个时期，由于生活经验的逐渐丰富以及认知能力的发展，儿童产生了向别人讲述自己经历、表达自己情感的需要，也具备了这样的能力，独白言语便由此产生。3～4 岁儿童能够主动讲述自己生活中发生的事情，4～5 岁儿童能够独立讲述各种事情或者故事，而 5～6 岁儿童已经能够生动、系统地讲述故事了。独白言语能够促进儿童逻辑思维能力和语言表达能力的发展，逻辑思维能力也是独白言语发展的前提。

(二)情境言语和连贯言语

情境言语指的是只有在特定的情境下才能使听者理解说者所表达的意思的言语形式。连贯言语指的是只依靠语言本身便能使听者理解说者所表达的意思的言语形式。情境言语和连贯言语的区别在于是否依赖具体的事物。此外，由于连贯言语的发展能促进儿童完整、独立的语言表达，因此，连贯言语是儿童独白言语发展的前提。连贯言语的发展能够促进儿童语言表达能力、逻辑思维能力和独立性的提高。逻辑思维能力的发展也是连贯言语发展的条件。

3 岁以前儿童的言语基本上都是情境言语。婴儿与成人的对话、单词句和电报句都不能离开具体的情境。3～4 岁儿童的言语中依然有很强的情境性。儿童的言语中经常用表情或肢体动作进行辅助，表达也不连贯。4～5 岁儿童的语言表达依然是不连贯的，还不能系统地表达自己的经验，仅能说出一些片段。到了 6 岁，儿童基本上能连贯、系统地讲述自己的经历和想法了，他们言语叙述的内容也逐渐开始从单纯的外部联系转向深层的内部联系。随着年龄的增长，连贯言语在儿童言语中所占的比例逐渐上升，情境言语所占的比例逐渐下降。

需要注意的是，儿童运用情境言语还是连贯言语与其所处的言语环境、言语任务、言语内容和条件有很大关系。如果儿童在口语表达的过程中有直观的参照，则较多使用情境言语；反之，则较多使用连贯言语。例如，儿童在讲述生活经历的时候，情境言语的使用较多；在复述故事的时候，连贯言语的使用较多。但是，不管具体情境如何，年长的儿童的连贯言语都比年幼的儿童多。

(三)口语逻辑性的发展

儿童口语表达的逻辑性是在独白言语中逐渐发展的，主要表现为主题逐渐明确、层次结构逐渐清晰。

3～4 岁儿童的口语表达往往主题不明确，层次结构也不清楚。他们的讲述一般只是事物或现象的罗列。3～4 岁是儿童口语表达完整性、顺序性和逻辑性快速发展的时期。口语表达的逻辑性不仅与词汇量的增加有关，还与儿童的语言环境、成人的引导等有关。

(四)言语表情技巧的掌握

言语表情指的是有表情的说话技巧，即使用语气、音调等方式更好地表达自己的观点，使口语表达更富有感染力和吸引力。

1. 语气的掌握

语气能够表示人说话时的情感、态度以及状态。其变化主要表现在语音的高低、长短、强弱等方面。

在语音的高低方面，由于儿童的声带比成人更短、更薄，因此，他们的声音也比较高。

在语音的长短方面，语音的长短影响语音的停顿和节奏等方面。说话拖长音，或者说得过快，容易导致儿童不良的语气，如撒娇、颐指气使等，成人需要及早发现，并加以正确引导。

在语音的强弱方面，儿童一般分不清大声说话与叫喊的区别，最初甚至不会小声说话。随着年龄的增长，一些儿童可能因为害羞而说话声音较小。通过成人的教育或引导，儿童能逐渐学会使用适当的音量与人交流。

2. 口吃

口吃指的是口语表达中出现不正确的停顿或重复的表现，是一种语言节律障碍。除了生理因素之外，心理因素也是造成口吃的主要原因。说话时过于紧张、激动或急躁容易导致口吃。这主要是由于儿童思考的速度快于说话的速度，或者开始说话后找不到能够表达自己意思的词语。此外，过于激动或紧张还可能导致发音器官的痉挛，引发发音的停止和重复，长此以往会使儿童形成条件反射，在相似的情境下或发出相似的语音时出现口吃。

此外，模仿也可能导致口吃。儿童往往会觉得口吃很有意思，因而就会去模仿。在不知不觉中便形成了口吃的习惯。这也就是为什么在幼儿园里口吃好像会传染一样。

一般来说，2～3 岁是口吃开始出现的年龄，3～4 岁是口吃的常见期。4 岁以后，儿童的语音意识已经产生，如果对其口吃进行批评或斥责，便会使其产生紧张情绪，反而可能会加剧口吃的现象，甚至会导致儿童不良性格的形成。因此，消除紧张是矫正口吃的主要方法。

(五)学前儿童口语的培养

儿童的言语需要在外界环境的刺激下，不断进行言语实践才能得以发展。受到言语刺激较多的儿童，其言语发展的速度较快，水平也较高。具体而言，促进学前儿童口语发展的方法有以下几种。

1. 激发学前儿童言语交往的需要

儿童言语交往的需要对其语言发展有着至关重要的作用。要促进儿童的口语发展，就需要为其创造丰富的言语交往条件，可以从三个方面来进行。

其一，亲子间的交往。家长在照顾和养育孩子的过程中，应该尽早地与孩子说话，对孩子的言语也应特别敏感，抓住其言语发展的时机。另外，家长应该善于倾听，并耐心地引导孩子。

其二，同伴间的交往。在与同伴进行游戏或完成任务的过程中，儿童之间自然会进行言语交流。儿童之间通过言语互动学习语言要比儿童与成人互动学习语言更容易，这主要是由于来自同伴的约束比来自成人的约束更容易让儿童接受。因此，如果儿童在游戏中的语言表达出现错误，就会被同伴指出，儿童必须改正才能使游戏继续进行。在这个过程中，儿童的言语能力自然就得到了发展。

其三，师生间的交往。儿童在幼儿园中生活的时间较长，因此，其言语发展受教师的影响非常大。教师应为儿童创造言语交往的条件，在一日生活中有意识地与儿童进行言语交流。在教学活动中，教师也应注意言语交往的双向性，多鼓励儿童进行语言表达。

2. 适当引导

模仿和强化是儿童学习语言的两种方法。在模仿方面，成人要为儿童提供正确的学习榜样，尤其是语音示范。在强化方面，当儿童进行正确的言语表达时，成人要及时让其得到积极的反馈。

在促进儿童言语发展的过程中，要结合以上两点，既要为儿童提供良好的示范，又要给予指导和反馈。当然，模仿和强化并不是机械、枯燥的，而是应该将直观材料与口语表达相结合，让儿童在理解的基础上学习。

3. 鼓励言语创造

在言语活动中，儿童是主动和积极的，这主要表现在儿童对成人言语的影响上。成人在和儿童说话时，往往语调夸张、句子较短、重复也较多，这些都是受儿童的影响。正因为儿童具有主动性和积极性，他们在言语学习中不只是简单的模仿。一般来说，对于之前完全没有体验过的事物，儿童并不会去模仿，而是根据自己的已有经验加以创造。虽然儿童学习言语的主要方式是模仿，但是模仿和创造往往是结合在一起的。这种创造不仅有利于儿童言语的发展，还有利于其想象的发展，因此，成人应该鼓励儿童的言语创造。

二、内部言语

（一）内部言语的出现

内部言语又称自我中心言语，是对自己的、不出声的言语。内部言语的主要功能不是与人交流，而是概括与调节。

4 岁左右，儿童开始出现内部言语，主要表现为出声的自言自语。这是内部言语发展的最初形态，既有内部言语对自己说话的特点，又有外部言语发出声音的特点。这主要是由于这个阶段的儿童还不能很好地控制自己的发音系统，还不能进行不出声的言语。因此，这个阶段被看成由外部言语到内部言语的过渡形态。

儿童的自言自语实质上是一种发出声音的思维过程，儿童通过自言自语指导自己的行动。最初，儿童的自言自语是伴随着活动出现的，往往反映活动的结果和转折点。之后，自言自语出现在活动的开始，是一种计划和指导。此外，儿童的自言自语也有对别人说话的性质。当儿童有与他人说话的需求，却没有说话对象时，就会自言自语。

儿童的自言自语是其言语发展过程中的一个阶段，是正常的发展现象。成人应加以正确引导，帮助儿童由外部言语转换为内部言语。

(二)自言自语的形式

1. 游戏言语

游戏言语是儿童自言自语的一种形式，指的是儿童在游戏中出现的自言自语。游戏言语比较完整，有较为丰富的情感。儿童通常会边进行游戏活动边自言自语来补充或丰富自己的活动，使整个游戏更加充实和精彩。

2. 问题言语

问题言语是儿童自言自语的又一种形式，指的是儿童在遇到问题时出现的自言自语。问题言语简单、零碎，常用来表示疑问、困惑、惊讶，而儿童在寻找问题的解决办法时，也会用自言自语来表达其方法。一般来说，四五岁儿童的问题言语最丰富。到了六七岁时，儿童便能使用较完全的内部言语，即不出声的内部言语进行思考；但当遇到问题时，他们依然会使用问题言语。

三、书面言语

书面言语指的是以文字作为工具的言语活动，是言语的另一种形式，主要包括认字、阅读、写字、写作等。其中，认字和阅读是接受性的，写字和写作是表达性的。

(一)儿童书面言语发展的趋势

书面言语发展的趋势与口语相似，都是从接受性言语活动发展到表达性言语活动。也就是说，儿童先会认字，再会写字；先会阅读，再会写作。一般来说，在书面言语产生初期，儿童只能识字和阅读。

(二)儿童识字的阶段

1. 泛化阶段

对于儿童来说，文字最初并不是抽象符号，而是和其他形象一样的图谱。也就是说，儿童是把文字当作图谱来认的。这主要是由于文字属于视觉形象，而儿童对视觉形象的感知是从笼统到分化的，因此，儿童最初倾向于将字形作为一个整体形象来感知。这也就是为什么教儿童认字的时候，通常要将字形与具体的形象结合起来。

2. 识字阶段

经过一定的指导和教育以及不断的练习，儿童接触某些文字的次数逐渐增多，对这些文字的感知也将逐渐由笼统转向分化，慢慢将字形、字音和字义结合起来，形成有关的条件反射，从而认识这些字。

儿童的识字与成人是有所区别的。首先，儿童会经常混淆相似的字形，也就是说，他们对字形的细节辨认还没有分化。其次，儿童对字义理解的概括水平不高，也就是说，字对于儿童来讲依然不是真正意义上的文字符号。

关于儿童不同识字阶段的具体年龄划分，现在依然没有定论。有学者认为，儿童识字的“泛化阶段”很早就开始了。一般来说，儿童更容易认识具有以下特点的字。①大且清楚的字。②与响亮的语音同时出现的字。因为这便于儿童建立字形、字音与字义的联系。③有形象作为支柱的字。这样的字能够使儿童产生联想，从而便于其记忆字形。④字形结构简单的字。⑤多次重复的字，也就是生活中常见的字。主要是由于这些字出现的次数多，儿童更容易建立相关的条件反射。⑥与情绪和兴趣相联系的字。

3. 再现阶段

再现阶段与前两个阶段有本质上的不同。泛化阶段和识字阶段主要是对字的再认，而再现阶段是对字的再现，也就是说进入了写字的阶段。一般来说，学前儿童的识字主要处于泛化阶段和识字阶段。

(三)学前儿童的早期阅读活动

阅读指的是看文字与图画材料并领会其内容。实际上，儿童在识字前就已经能够阅读了，这时他们能够阅读的并不是文字材料，而是图画材料。这主要是由于他们能够理解直观图像所表达的意思，并通过口头言语表达出来。但是，真正的阅读还需要以一定的识字水平为基础。学前期的阅读活动是对后期真正阅读的准备，也可以被称为前阅读活动。

1. 最初的阅读活动——看书

最初的阅读活动并不是严格意义上的阅读，而是看书。儿童从几个月开始就可以看书了。此时的阅读形式基本是亲子共读，即家长拿书边读边指着图画，儿童边听边看。

到了 1 岁左右，儿童有时也会自己拿书看，不过此时他们并不清楚书的真正意义。3 岁左右，随着口头言语和识字水平的发展，儿童可以慢慢培养看书的习惯。但是，这个阶段的儿童在看书时，并不一定认识书上的字，只是单纯地翻书看，这样的动作能持续 20 分钟左右。

学前期的阅读基本上是以看图为主要内容的。认字水平和思维水平较高的儿童能在图文结合的情况下看书，但他们还不认识全部的字，往往要靠上下文和图片来阅读。

2. 阅读准备

(1)词汇的准备

识字是对阅读的准备，但是阅读并不等于识字，因为认识与理解是不同的。儿童要阅读，必须理解字的真正含义，也就是掌握由字形、字音和字义构成的整体。因此，词汇量丰富的儿童往往更容易学会阅读。

(2)语法和表达的准备

阅读不仅要以理解字义为基础，还要以理解句义为基础，这就要求儿童具备一定的语法水平。只有掌握了语言的语法和惯用表达，他们才能理解并且流畅地进行阅读。

(3)基本阅读技能的掌握

阅读的基本技能主要涉及三点内容。第一，翻书的动作。这与儿童小肌肉的发展有密切关系，只有手部的小肌肉动作发展到一定水平，他们才能用手指翻书，进而才能阅读。第二，页码意识。书是以页为单位的，只有具有了页码意识，儿童才能做到真正意义上的阅读。第三，阅读顺序。阅读顺序指儿童了解基本的阅读规则，如从上到下、从左到右等。如果儿童没有掌握阅读顺序，所看到的就只能是零散的词，也就谈不上连贯地阅读了。

(4)阅读的兴趣

在兴趣的驱动下，儿童会积极、主动地阅读书籍，从书中获取信息。在反复的阅读中，儿童的语言和思维发展得到了提升，又反过来促进其阅读发展。如此往复，形成了一个良性循环。此外，良好的阅读兴趣有助于儿童知识经验的积累以及良好个性的形成。

(四)学前儿童的书写准备

早期书写准备是儿童语言发展与教育的重要内容。书写准备与识字的掌握有密切关系。如果儿童对字形辨认不清，就容易混淆笔画相似的文字。早期的书写准备还包括儿童的生理准备和认知准备。一方面，儿童手部小肌肉的协调性只有达到一定水平才能握笔书写；另一方面，汉字的字形结构不同于其他语言，儿童需要具有一定的空间知觉和方位知觉，掌握汉字各部分的方位关系和大小比例等，才能做好书写准备。此外，笔画的顺序也是书写的关键要素。创设宽松的书写环境，在日常活动中融入书写有助于促进学前儿童的早期书写。

本章小结

言语在儿童的发展中起着交际功能、概括功能和调节功能。关于言语是如何获得的，目前主要有环境论、先天论和相互作用论三个理论。

学前儿童言语发展的趋势主要有两个，即语音知觉的发展先于正确语音的发展、语言理解的发展先于语言表达的发展。学前儿童言语发展共有三个阶段：前言语阶段、言语发生阶段和基本掌握口语阶段。

学前儿童言语内容的发展包括语音的发展、词汇的发展以及语法的掌握三个部分。

学前儿童的言语形式主要有口头言语、内部言语和书面言语三种。口头言语具体可以分为对话言语和独白言语、情境言语和连贯言语，这两组言语的形成和发展有一定的规律。学前儿童的内部言语主要表现为出声的自言自语，这是由外部言语到内部言语的过渡形态。学前期为书面言语产生初期，学前儿童的识字一般停留在泛化阶段和识字阶段，学前期的阅读和书写为真正的阅读和书写做准备。

复习与思考题

1. 学前儿童言语有哪些功能？
2. 学前儿童言语是怎样获得的？试比较评析各理论的观点和主张。
3. 学前儿童言语发展的趋势是怎样的？
4. 学前儿童言语内容的发展包括哪些方面？
5. 学前儿童言语形式的发展包括哪些方面？这几个方面之间有什么联系？

实践活动

1. 亲子互动分析：亲子互动过程中母亲的语言状况对学前儿童的语言发展具有重要影响。用视频记录几对母子在特定游戏情境下的互动环节，每对母子记录 3 次，每次最少 5 分钟。试分析母亲在单位时间内的词汇数量、句子含词量、句子结构、对学前儿童反馈的类型和质量等，再分析学前儿童的语言、词汇量和句子结构等，看看母亲的语言状况和儿童的语言之间存在怎样的关系。

2. 根据本地区方言的特点，调查学前儿童发音的情况。分析本地区学前儿童易发错音和容易混淆的音，设计 1～2 个活动来纠正学前儿童的发音问题，试试看效果如何并分析原因。

3. 观察与分析：观察日常生活中幼儿的口语表达，分析幼儿语言表达的特点和个体差异，思考在生活中应如何有效帮助言语发展迟缓的幼儿。

4. 观察与访谈：观察幼儿阅读绘本的过程，记录他们的阅读表现，并在结束后询问他们阅读绘本的感受和收获，尝试分析幼儿早期阅读的特点，思考在教育中应如何培养幼儿的阅读兴趣和习惯。

拓展阅读导航

第三部分

学前儿童情绪与社会性发展

第十二章　学前儿童情绪的发展

学习目标▶

1. 理解情绪在学前儿童发展中的重要作用。
2. 了解婴儿情绪的发生发展。
3. 理解幼儿情绪发展的趋势。
4. 初步领会学前儿童高级情感的发生发展。
5. 掌握学前儿童情绪的培养策略。

案例导读▶

今天在幼儿园亮亮想参加小朋友们自发组织的游戏，但是被同伴拒绝了。回家后看到爸爸妈妈，他委屈的眼泪一下子就流出来了。他试图向爸爸妈妈诉说，可爸爸好像很忙的样子，只是跟亮亮说："都是小男子汉了，还哭啊。"他又转向妈妈那里寻求安慰，可是妈妈也没有耐心听他说，只是一味给他讲道理："碰到这点挫折没有什么，宝宝不用难过。"结果，亮亮更加难受了。

学前儿童的情绪发展对整个学前期的认知、行为、人际交往、个性形成等都具有重要的作用，且年龄越小，情绪的影响就越大。本章将就情绪在学前儿童心理发展中的作用、婴儿情绪的分化与发展、幼儿情绪的发展、学前儿童情绪的培养策略做简要介绍。

第一节　情绪在学前儿童发展中的作用

情绪是人对客观事物是否满足需要而产生的态度体验，是人的需要是否得到满足的反映。情绪主要由三部分构成，包括认知层面的主观体验、生理层面的生理唤醒以及表达层面的外部表情与行为。例如，当个体出现紧张情绪时，在认知层面表现为紧张、焦虑、担心等，在生理层面表现为心跳加快、血压增高、呼吸量增大、肾上腺素分泌增加、血糖增高等，在表达层面表现为皱眉、攥紧拳头、身体蜷缩等。情绪在学前儿童发展中起着非常重要的作用，对学前儿童的心理、行为有着重要影响。学前儿童的年龄越小，这种影响就越大、越明显。因此，学前儿童常被称为“情绪的俘虏”。近年来，鉴于情绪的重要作用，人们日益认识到要重视研究学前儿童情绪的发展。情绪对学前儿童心理发展的重要作用主要有以下四个方面。

一、情绪对心理发展的动机作用

情绪的动机作用是指情绪能够激发人的认知和行为的动机。情绪不仅是心理活动的伴随现象，也是心理活动的“副产品”，它在心理活动中的作用是其他心理过程不能替代的。

作为人的认知和行为的唤醒者和组织者，情绪的作用主要体现在两个方面：第一，情绪能够以一种与生理性动机或社会性动机相同的方式激发和引导行为；第二，情绪可能与动机引发的行为同时出现，情绪的表达能够直接反映个体内在动机的强度与方向。因此，情绪常被认为是动机潜力的指标。情绪的动机作用在学前儿童身上表现得尤为明显。

情绪直接指导、调控着儿童的行为，驱动、促使着儿童的行为。在愉快积极的情绪状态下，儿童游戏、活动的积极性高，学习效率高。在消极的情绪状态下，儿童常常表现出不愿意学习、不愿意参与游戏活动等。例如，让儿童学会入园时跟老师说“早上好”，离园时跟老师说“再见”的行为，一段时间后发现，大多数儿童先学会说“再见”，而“早上好”的学习时间则相对要长。这种现象背后的重要原因是他们早上不愿意到幼儿园上学，情绪低落，而下午离开幼儿园时会很开心，情绪高涨，所以能够很快学会说“再见”。

在幼儿期，儿童的有意注意、有意记忆、自觉性、自制力等还比较差，情绪对儿童的心理和行为的影响很大，直接支配、影响儿童的行为。在儿童的教育中要注意，强制会使儿童产生不良的情绪；采取适合儿童的措施，则易使他们产生良好的情绪从而表现出积极行为。

二、情绪对认知发展的作用

情绪和认知的关系密切，它们之间的相互作用在学前儿童心理发展中有明显的表现。情绪对儿童的认知活动及其发展起着激发、促进的作用或抑制、延迟的作用。情绪对认知发展的作用集中体现在以下五个方面。

第一，促成知觉选择。知觉具有选择性，情绪的偏好是影响知觉选择性的因素之一。例如，婴儿大多喜欢红色、黄色，他们选择玩具也是重点选择红色和黄色的，而对其他颜色的玩具则较少注意。

第二，监测信息的移动。对信息进行监测实际上是注意的过程，情绪对维持稳定的注意起着重要作用。儿童对自己感兴趣、好奇的信息监测往往比较准确，而常常忽视自己厌恶、不感兴趣的信息。

第三，影响记忆。情绪对记忆的影响表现在两个方面：一是影响记忆的效率，儿童容易记住喜欢的事物，对不喜欢的事物回忆起来十分吃力；二是使记忆的内容根据情绪进行归类，在相同的情绪状态下记住的材料更容易回忆起来。

第四，影响思维活动。情绪对思维活动的影响也是十分明显的。孟昭兰以婴幼儿为被试，研究快乐、痛苦、兴趣、愤怒和大怒等不同情绪状态对婴幼儿智力操作的影响，结果表明：①婴幼儿的不同情绪状态对其智力操作的影响是不同的，具有显著差别。②在外界新异刺激的作用下，婴幼儿的情绪可以在兴趣与惧怕之间浮动。兴趣能激发儿童的探究活动，惧怕能引起儿童的逃避反应。③愉快强度与操作结果之间呈倒 U 形关系，即适中的愉快情绪使智力操作达到最优。④痛苦、惧怕的程度与操作效果之间呈线性关系，即痛苦、惧怕程度越大，操作效果越差，操作效果随其强度的增加而减弱。⑤强烈的情绪状态或冷漠无情都不利于儿童进行智力探究活动，兴趣与愉快的交替是智力活动的最佳背景，惧怕和痛苦对儿童的智力发展不利。

第五，影响语言的发展。情绪对学前儿童的语言发展有重要作用，表现在：①儿童最初的话语大多是表达情感和愿望的。②用情绪激动法可以促进儿童掌握某些难以掌握的词。例如，为了让女孩掌握“你”字，妈妈问她：“这只手风琴是谁送给你的?”女孩回答：“朱老师送给你的。”妈妈立即说：“送给我的呀，那我拿走啦!”随即拿走手风琴，这时女孩激动起来，立刻喊：“送给我的，送给我的。”从此以后她便对“你”“我”二字十分注意。

三、情绪对社会交往发展的作用

儿童通过社会交往来适应环境，情绪在其中发挥着重要作用。儿童的情绪日益社会化。直到幼儿期，情绪仍然是适应环境的工具，即交往工具。

在掌握语言之前，表情是表达情绪和进行社会交往的主要工具。在新生儿期，成人几乎全靠婴儿的表情、动作来了解他们的需要，如通过打哈欠、用手揉眼睛了解到孩子有困意，需要睡觉；在幼儿期，表情仍然是重要的交往工具，其重要性不亚于语言。儿童常常用表情代替语言回答成人的问题或用表情来辅助自己的语言表述。

情绪之所以能够成为交往的工具，是因为情绪有信号的作用，能向别人提供交流信息。一方面，情绪的表达是有针对性的，有明确的对象；另一方面，在日常的生活中，具有积极情绪的孩子较容易获得和建立人际关系。例如，在幼儿园中，热情活泼的孩子，新入园以后较少出现入园焦虑，能很快适应幼儿园的环境。

情绪有着明显的外显形式——表情。表情和言语一样是人际交往的主要工具。它是传播情绪和情感信号的主要媒介。语言尚未发展起来的婴儿能通过周围成人的表情来调节自己的行为。婴儿看到陌生人会有些惧怕，这时如果大人以微笑、点头等表情鼓励他，他们就会与陌生人接近而逐渐消除畏惧感；如果大人持否定的表情，如摇头、瞪眼，婴儿就会大哭、避开陌生人。随着表达内容的增多，活动范围的扩大，婴儿与大人交流的情绪反应也逐渐增多并产生分化。笑对初生的婴儿而言只是一种生理上舒适的反应，后来在与成人的接触中，婴儿产生主动的微笑反应，产生社会性意义的微笑。情绪的社会性参照作用是婴儿以情绪为信号进行社会交往的典型例子。例如，在视觉悬崖前婴儿往往驻足不前，观察母亲的表情。如果母亲是支持和鼓励的表情，婴儿往往会奋力爬过视崖；如果母亲表现出担心和害怕，婴儿就会畏缩不前。

四、情绪对个性形成的作用

儿童情绪的发展日益趋于稳定。大概 5 岁以后，情绪的发展进入系统化阶段，儿童的情绪社会化程度比较高，且情绪调节能力也有所提高。环境和教育的影响经常以系统化的刺激作用于儿童，儿童逐渐形成了系统化的、稳定的情绪反应。譬如，在成人的长期关爱下，儿童的精神需要会得到满足，而成人的斥责则会引起儿童不愉快的情绪反应。经年累月的重复，儿童对于不同的成人会形成不同的态度，对于长期关爱自己的成人会表现出喜爱、尊敬，而对经常斥责自己的成人则会表现出害怕、厌恶。由于受到成人长期潜移默化的影响，儿童也会形成对事物比较稳定的情绪。

随着情绪的逐渐稳定，儿童会形成固定的情绪品质。例如，一时的焦虑可以被称为情绪的焦虑状态，而长期稳定的焦虑状态则可以被称为一种焦虑品质。情绪的品质特征是个性特征的组成部分。当情绪与认知相互作用而形成一定的倾向时，就形成了基本的个性结构，如内向与外向、主动与被动的个性。

1 岁以前，儿童的情绪发展会对早期的智力发展和个性特征的形成产生重要影响，严重的会影响成人期的行为。例如，早期的情绪损伤可能会导致怪僻的性格和异常的行为。

第二节　婴儿情绪的分化与发展

一、婴儿情绪的发生

（一）本能的情绪反应

婴儿一出生就具有情绪表现。新生儿的哭、笑，或安静、皱眉、四肢舞动等都是最初的情绪反应。

原始的、基本的情绪是婴儿与生俱来的本能，是人类进化的产物。例如，不同民族的婴儿有共同的基本面部表情模式，如啼哭时嘴角下弯，愤怒时鼻孔张大等。原始的情绪反应有两个特点：一是与生理需要是否得到满足密切相关。身体内部或外部的不适宜的刺激会引起婴儿哭闹等消极情绪，如饥饿时或尿布潮湿时，婴儿哭闹明显。当不适宜的刺激消失以后，这种消极情绪会被新的积极情绪替代，如婴儿吃奶以后或换尿布以后会停止哭泣，变得愉快或安静。二是原始的情绪是与生俱来的遗传本能，具有先天性，是通过进化来的，是不学而能的。

(二)华生关于原始情绪的研究

行为主义的创始人华生通过对500多名婴儿进行观察，提出了婴儿主要有三种情绪：怕、怒、爱。

1. 怕

华生认为婴儿产生怕的情绪，主要是因为大的声音和失去支持。当婴儿静静地躺在床上时，突然出现的高声会引起他们的惊跳，出现肌肉猛缩，立即大哭。当婴儿的身体突然失去支持或依托，或身体下面的毯子被人猛抖时，他们会发抖、大哭、呼吸急促、双手乱抓。

2. 怒

怒主要是婴儿的活动被限制引起的。例如，当实验者双手温和而坚定地按住婴儿或者用毯子将其紧紧裹住，不准其活动时，婴儿会发怒，会绷直身体、哭叫或双脚乱蹬。

3. 爱

爱的情绪体验主要来自成人对婴儿的温柔抚摸、拥抱及其他身体敏感区的触碰等。此时婴儿的表现是放松的，会产生一种广泛的松弛反应，如展开手指、脚趾。

随着行为主义的兴起，关于三种基本情绪的论断逐步流行。后来的研究者通过实验验证对这一推论提出了怀疑。谢尔曼曾用不同的刺激情境来引起新生儿的情绪反应，然后让医生、大学生观察新生儿的反应，要求他们指出婴儿的哭有何不同，分析这些哭是什么原因引起的。然而，这些观察者对新生儿表现出来的情绪以及造成这些反应的可能原因，都未能取得一致意见。据此，一些学者认为新生儿的情绪状态是笼统的、尚未分化的，远不如行为主义所说的那么具体，甚至有些人认为，很难将新生儿的原始情绪分为愉快和不愉快。

二、婴儿情绪分化的理论

原始情绪是否分化一直是一个有争议的课题，目前尚无定论。但是目前越来越多的研究者认为婴儿具有分化的、不同的情绪。

(一)布里奇斯的理论

心理学家布里奇斯于1932年提出了情绪分化理论。她通过对100多名婴儿的观察，提出了关于情绪分化的比较完整的理论和0～2岁儿童情绪分化的模式。她认为，初生儿的情绪表现为未分化的一般性的激动，只有皱眉和哭的反应，这是一种杂乱无章的未分化的反应，是由一些强烈的刺激引起的内脏和肌肉的不协调的反应。这种弥散性的情绪在以后的学习和成熟的作用下，会逐渐分化为不同的情绪。例如，3个月以后，婴儿的情绪分化为痛苦和快乐；6个月以后，痛苦的情绪又分化为愤怒、厌恶和恐惧；12个月以后，快乐的情绪又分化为高兴和喜爱；18个月以后，分化出喜悦和妒忌等。

(二)林传鼎的理论

我国心理学家林传鼎于1947—1948年通过观察500多个出生1～10天的新生儿的54种动作，提出了既不同于华生所提出的原始情绪高度分化的看法，也不同于布里奇斯关于出生时情绪完全未分化的理论。林传鼎认为幼儿情绪分化的过程可以分为三个阶段。第一阶段为泛化阶段(0～1岁)。在这一阶段，新生儿已经具有两种完全可以分辨的情绪反应，即愉快和不愉快。两者都与生理需要是否得到满足有关，愉快的情绪反应是婴儿的生理需要得到了满足(如温度适宜、吃饱)，不愉快的情绪反应则是生理需要没有得到满足。愉快是一种积极的情绪反应，表现为某些自然的动作，尤其是四肢动作的增多，且不僵硬。这种动作在婴儿洗完澡以后可以观察到。不愉快的情绪反应表现为自然动作的增多，如连续啼哭、手脚乱舞等。从出生后的0.5个月到3个月，婴儿出现了欲求、喜悦、厌恶、烦闷、惊骇等情绪，但是这些情绪都不是高度分化的，只是在愉快与不愉快的基础上增加了一些面部表情。4～6个月时，婴儿开始出现由社会性需要引起的喜欢，如对同伴、玩具的喜爱，情绪逐渐摆脱同生理需要的联系。第二阶段为分化阶段(1～5岁)。这一阶段幼儿的情绪开始多样化，从3岁到入学前，陆续产生亲爱、同情、尊敬、羡慕等20多种情绪，同时道德感、美感等一些高级情感开始萌芽。第三阶段为系统化阶段(5岁以后)。这一阶段的基本特征是情绪生活的高度社会化。这个时期道德感、美感、理智感等多种高级情感达到一定的水平，有关世界观形成的情绪初步建立。

(三)伊扎德的理论

20世纪六七十年代，美国心理学家伊扎德关于婴儿情绪发展的研究及据此提出的情绪分化理论在当代情绪研究中有很大的影响。伊扎德认为，婴儿出生时具有五大情绪：惊奇、痛苦、厌恶、最初的微笑和兴趣；4～6周时，出现社会性微笑；3～4个月时，出现愤怒、悲伤；5～7个月时，出现惧怕；0.5～1岁时，出现依恋、分离伤心、陌生人恐惧；1.5岁左右，出现羞愧、自豪、骄傲、焦虑、内疚和同情等。随着年龄的增长和大脑的发育，情绪逐渐增多和分化，形成了人类的9种基本情绪：愉快、惊奇、悲伤、愤怒、厌恶、惧怕、兴趣、轻蔑、痛苦。这些情绪大致出现在相同的时间，在不同的文化中有相同的表现和解释。

伊扎德认为婴儿对于愉快、愤怒、惊奇、惧怕、悲伤、厌恶等情绪有特定的面部肌肉运动的先天模式，而声调、身体姿态、动作等则是面部表情的辅助形式。他把面部分为三个区域：额眉—鼻根区、眼—鼻颊区、口唇—下巴区，这三个区域的肌肉运动构成了不同的面部表情，表达着相应的情绪。例如，人在愉快时，额眉—鼻根区放松，眉毛下降；眼—鼻颊区眼睛眯小，面颊上提，鼻面扩张；口唇—下巴区嘴角后收、上翘。这三个区域的肌肉运动组合起来就构成了笑的面部表情。在表现不同情绪的面部表情中，起主导作用的肌肉各有不同。例如，笑时嘴角上翘，惊奇时眼睁大和嘴张大，悲哀时双眉和嘴角下垂。他将面部运动记录单位编为号码，每一号码代表面孔某一区域的一种活动，提出了面部动作的编码手册。他进一步编制了最大限度辨别面部肌肉运动编码系统和表情辨别整体判断系统，给表情识别提供了客观依据。例如，No. 25 为额眉区——双眉下压、聚拢；No. 33 为眼鼻区——双眼变窄、微眯；No. 54 为口唇区——口张大呈矩形，三个组合起来就表示愤怒的表情(见图 12-1)。

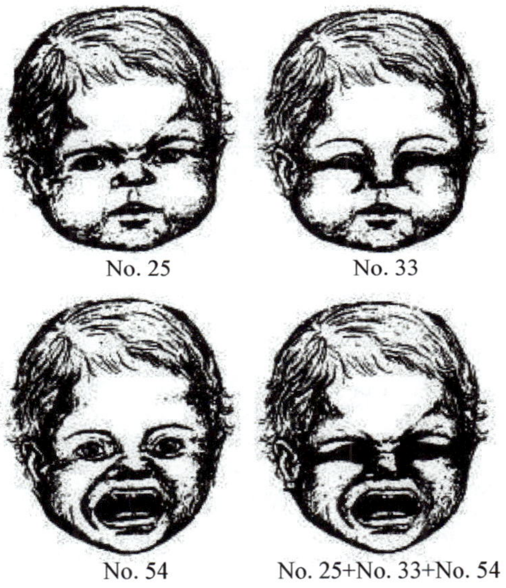

图 12-1　三个区域面部肌肉运动构成愤怒的表情

伊扎德的研究较前人的研究在科学性和可测性上都大大提高了一步，每一种新出现的情绪反应都有一定的具体而客观的指标，易于鉴别与判断。

(四)孟昭兰的理论

我国心理学家孟昭兰根据自己的大量研究，提出了新的婴儿情绪分化理论。孟昭兰认为，婴儿在种族进化过程中通过遗传获得 8～10 种基本情绪，如愉快、兴趣、惊奇、厌恶、痛苦、愤怒、惧怕、悲伤等。它们在个体发展进程中相继显现。情绪的诱因由开始的生理需要和防御本能向社会性诱因变化。此外，她还提出了个体情绪出现的次序、时间和诱因(见表 12-1)。

表 12-1 儿童情绪出现时间表

情绪类别	最早出现的时间	诱因
痛苦	出生后	身体痛刺激
厌恶	出生后	味刺激，如臭鸡蛋的异味
微笑	出生后	睡眠中，内部过程节律反应
兴趣	出生后	新异的光、声和运动的物体
社会性微笑	3～6 周	高频的人语声(女声)，人的面孔出现
愤怒	2 个月	药物注射痛刺激，如打针
悲伤	3～4 个月	痛刺激
惧怕	7 个月	从高处降落
惊奇	1 岁	新异物突然出现
害羞	1～1.5 岁	熟悉环境中陌生人出现
轻蔑	1～1.5 岁	欢乐状态下显示自己的成功
自罪感	1～1.5 岁	做错事，如抢夺别人的玩具

儿童各种情绪的发生既有一般规律，又有个别差异，如同动作发展的常模一样，情绪发展的常模只表现同龄儿童的平均水平，不能简单对照。

三、婴儿基本情绪的发展

婴儿的基本情绪有哭、笑、恐惧三种。

(一)哭

哭是与生俱来的。婴儿出生以后，最明显的情绪表现就是哭。哭是一种生理现象，也是一种心理现象，带有社会性。新生儿的哭声主要是生理性的，主要的原因是基本的生理需要得不到满足。另外，环境的改变也会导致婴儿啼哭，如从熟悉的家里到陌生的室外广场的时候，婴儿可能会大哭。

婴儿的啼哭有不同的模式，陈帼眉等人对此进行了总结。成人可以根据婴儿不同的啼哭来判断啼哭的原因，并采取适当的护理措施。

①饥饿的啼哭。饥饿的啼哭是有节奏的，其频率是 250～450 赫兹。这是婴儿的基本哭声，同时还会伴随着闭眼、双脚乱蹬等行为。

②发怒的啼哭。此种声音往往有点失真，因为婴儿发怒时用力吸气，迫使大量空气从声带通过，使声带振动引起啼哭。

③疼痛的啼哭。事先没有呜咽，也没有缓慢的哭泣，而是突然高声大哭，拉直了嗓门连哭数秒，接着平静地呼气、吸气，然后又呼气，由此引起一连串的叫声，如打针时候的啼哭。疼痛的啼哭可以分为偶发性和通常性两种。前者是因为创伤引起突然剧痛等偶发性疼痛，哭声突然，激烈洪亮，极度不安，脸上有痛苦的表情；

后者则是因为没有吃饱或者营养不良造成的疼痛，会经常反复发生相似的啼哭。

④恐惧和惊吓的啼哭。此种啼哭常常是突然发作的，强烈而刺耳，并且伴有间隔时间较短的号叫。

⑤招引别人的啼哭。婴儿大多从第三周开始出现这种啼哭，先是长时间地哼哼唧唧，低沉单调，断断续续。如果没有人理他，就会大哭起来。听到这种哭声时，父母要及时地去关注他。

2～3 岁儿童的啼哭多与自己的生活经验不足、生活能力低下或遇到力不从心的事情相关。例如，走路时摔倒了会哭，积木倒了会哭，拿不到自己喜欢的玩具会哭，这类哭是不可避免的。经常啼哭不利于儿童的身心健康发展。成人要尽量减少儿童哭的次数，缩短哭的时间，降低伤心的程度。家长努力做到哭前积极预防、哭时正确对待、哭后加强教育。

在良好的护理条件下，婴儿随着年龄的增长，哭的现象逐渐减少。这主要有两个原因。第一，婴儿对外界环境和成人的适应能力逐渐增强，周围的成人，特别是初为父母的成人，对婴儿的态度也会逐渐改善，从而减少婴儿不愉快的情绪体验。第二，婴儿表达情绪的方式日益多样化，学会用动作、语言来表达自己的不愉快情绪，哭的次数也会减少。

(二)笑

与哭不同，笑出现得稍晚，是人类的第一个社会性行为，是愉快情绪的表现。

笑不仅是一个面部肌肉动作，也是神经系统与精神的高度结合，它的发展离不开后天因素的促进和激发。与情绪本身相似，笑也有一个发展过程。笑可以划分为自发性的笑和诱发性的笑、有声的笑和无声的笑、无差别的笑和有差别的笑三类。

①自发性的笑和诱发性的笑。婴儿最初的笑都是自发性的，也称内源性的笑，主要出现在婴儿的睡眠中，困倦时也可能出现。此时，它只是一种面部表情，与中枢神经系统的不稳定性相关。笑的时候，眼睛周围的肌肉并没有收缩，脸的其余部分仍然保持松弛的状态。自发与诱发的主要区别在于刺激的来源。例如，同样在清醒的条件下，婴儿本能的微笑与由成人温柔抚摸所产生的微笑相比，前者属于自发性的笑，后者是诱发性的笑。这种早期的笑是由各种广泛的刺激引起的，不具有社会交往的功能，并且在婴儿 3 个月左右时会消失。

②有声的笑和无声的笑。3～4 个月的婴儿只会微笑，不会出声地笑，之后才逐渐发出咯咯的笑声。

③无差别的笑和有差别的笑。在 4 个月左右，婴儿的笑不分对象，对所有人都是一样的，是无差别的。在 4 个月以后，婴儿开始出现有差别的笑，具体表现是只对亲近的人笑，或者对熟悉的人比对不熟悉的人笑得多。有差别的笑的出现是社会性微笑出现的标志，婴儿开始对不同的个体做出不同的反应。

(三)恐惧

婴儿恐惧情绪的分化大致经历以下四个阶段。

第一阶段：本能的恐惧。婴儿一出生就具有恐惧的情绪反应，它不是由视觉刺激引起的，而是由听觉、肤觉、机体觉等刺激引起的，如尖锐刺耳的声音、皮肤受伤、失去平衡等都会引起婴儿的恐惧。

第二阶段：与知觉经验相联系的恐惧。这种恐惧在婴儿 4 个月左右的时候出现，具体解释为过去不愉快经验的刺激会引起恐惧情绪，同时视觉对恐惧的产生逐渐起主要作用。例如，我们前面提到过的视崖实验，对高度的恐惧是随着婴儿深度知觉的产生而产生的。

第三阶段：怕生。怕生是对陌生刺激物的恐惧反应。当一个陌生人逼近时，6 个月的婴儿通常往旁边看，并且开始不安，表现出对陌生人警惕的迹象。如果成人在抱起婴儿之前没有给他与之熟悉的机会，结果是可预料的，婴儿像被吓着一样，大哭、害怕地张望、胳膊往外伸向熟悉的人。婴儿的怕生与依恋几乎都在 6 个月左右出现。它体现了一种进步，说明婴儿的感知、记忆等认知能力已经能够将周围的人、事加以区分。如果没有怕生现象，婴儿也不会产生真正意义上的依恋。研究表明，婴儿在母亲膝盖上或怀抱中时，怕生情绪较弱；母亲离开时，怕生情绪强烈。这说明怕生与缺乏安全感相关。人际距离的远近影响婴儿的安全感。父母是否在场、对环境的熟悉程度、陌生人的特点、抚养者的多少、婴儿与母亲的亲密程度、婴儿接受的刺激特征等都会影响婴儿的怕生情绪。

信息栏

婴儿的怕生现象

第四阶段：压力感。压力感是指个体在面对具有威胁性刺激的情境中，一时无法消除其困境，由此产生的情绪体验。婴儿的压力感主要与恐惧和焦虑有关。

第三节　幼儿情绪的发展

一、幼儿情绪发展的趋势

幼儿情绪发展的趋势主要体现在三个方面：情绪的社会化、情绪的丰富化与深刻化、情绪的自我调节化。

（一）情绪的社会化

社会化是幼儿情绪发展的一个重要方面。最初，婴儿的情绪是与生理需要的满足程度密切相关的。随着幼儿的成长，情绪会逐渐分化和发展，与脑的成熟和肌肉运动的分化联系紧密。同时，情绪与社会性需要相联系。幼儿情绪社会化的趋势主要表现在以下三个方面。

1. 情绪中社会性交往的成分不断增多

许多研究表明，在情绪活动中，社会性交往的内容会随着年龄的增长而增加。以幼儿的微笑为例，美国心理学家埃姆斯曾用两年时间系统观察幼儿在交往中的微笑，并对其进行分类：第一类，非社会性微笑，即幼儿自己高兴时的微笑；第二类，社会性微笑，包括幼儿对老师的笑、对小朋友的笑。该项研究所得的 1.5 岁和 3 岁幼儿微笑的次数表现如表 12-2 所示。

表 12-2　1.5 岁和 3 岁幼儿三种微笑的次数比较

年龄/岁	自己笑		对老师笑		对小朋友笑		总数	
	次数	百分比/%	次数	百分比/%	次数	百分比/%	次数	百分比/%
1.5	67	55.37	47	38.84	7	5.79	121	100
3	117	15.62	334	44.59	298	39.79	749	100

从表 12-2 中可见，总体上，与 1.5 岁幼儿相比，3 岁幼儿在微笑的总次数和各类微笑的次数上都有所增加。随着年龄的增长，幼儿非社会性微笑的比例逐渐减小，而社会性微笑的比例不断增大。

2. 情绪动因不断增多

情绪动因是指引起幼儿情绪反应的原因。总体而言，在 3 岁以前，生理需要是否满足是婴儿主要的情绪动因，婴儿的情绪反应主要和基本的生活需要是否满足相联系。例如，良好的环境、吃饱喝足等常常会使他们产生愉快的情绪。

1～3 岁时，除了受到生理因素的影响外，幼儿的情绪反应开始与社会性需要是否满足相关。例如，这个阶段的幼儿有独立行走的需要，当父母更多地抱着幼儿，与幼儿的这一需要相矛盾时，幼儿就会出现不良的情绪反应。

3～4 岁幼儿的情绪动因处于从主要为满足生理需要向主要为满足社会需要的过渡阶段。例如，刚入小班的孩子喜欢身体接触，希望老师能够摸一摸、亲一亲，而中大班的孩子情绪动因更加明显，他们希望得到老师的关注、重视，希望与别的小朋友交往。小朋友不和他玩、老师对他不理睬都会让他感到不愉快，出现不良的情绪反应。

研究表明，社会性交往需要是否得到满足以及人际关系的状况，会直接影响幼儿情绪的产生。这种交往不仅包括与成人的交往，还包括同伴交往。成人对幼儿的关爱、表扬可以增强幼儿的自信心，让他们拥有愉快、积极的情绪体验。不良的同伴交往关系，如遭遇同伴排斥，受忽视、冷落等，会使幼儿产生不良的情绪。

信息栏

儿童产生愤怒的原因

可见，幼儿的情绪与社会性交往、社会性需要是否满足密切联系，逐渐摆脱了与生理需要的联系，逐渐社会化。随着年龄的增长，社会性交往、人际关系对幼儿情绪的影响持续增大，成为影响幼儿情绪发展的主要动因。

在整个幼儿期，社会性情绪不断发展。因此，在幼儿园一日活动中，教师要重视自己与幼儿的交往，注意自身对幼儿的态度、行为，并且注意观察幼儿的交往，以便发现问题，及时矫正。

3. 表情日渐社会化

表情是情绪的外部表现。随着年龄的增长，表情日益社会化，主要体现在两个方面：一是理解、辨别面部表情能力的发展；二是运用社会化表情能力的提高。

(1)理解、辨别面部表情能力的发展

假设你没钱了，打算等你的室友从自习室回来后向她借 50 元。很快她冲进你们宿舍，皱着眉头，猛地关上门，把背包扔到床上。你马上改变主意，知道现在不是向她借钱的时候。这个例子提醒我们，我们经常需要识别他人的情绪，并据此改变我们的行为。幼儿最早在什么时候能够理解、辨别他人的情绪呢?

在幼儿与成人的交往和幼儿的社会性行为中，表情所传递的信息能起很大的作用。研究发现，6 个月的婴儿经常表现自己的情绪来对应他人的情绪。当母亲微笑着用欢快的声音说话时，婴儿表现出欢快。当母亲生气或悲伤时，婴儿则表现出沮丧。

当婴儿处于陌生的、不确定的情境时，他们往往会从成人的面孔上搜寻表情信息，然后决定自己的行动。例如，在视崖实验中(见图 12-2)，当婴儿爬到视崖中间平地和深崖的交界处时，婴儿会犹豫不决、迟疑不定。这时，他们会抬起头来看母亲，试图从母亲的面孔上搜寻能够帮助确定当前情境的信息，然后采取相应的行动或做出相应的反应，这便是婴儿情绪社会性参照的表现。它是指在幼儿发展的特定时期发生的情绪的交流和对他人信息的利用，是在特定情境中发生的特定情绪交流模式，包括幼儿对他人情绪表情的分辨，以及如何利用这些情绪信息来调解和指导自己的行为。随着年龄的增长，这种社会性参照使用得越来越频繁，并且扩展到父母以外的人。婴儿看到一个成人往一个盒子里看时表现出高兴，往另一个盒子里看时表现出厌恶，婴儿更倾向于探索引起高兴的盒子。12 个月的婴儿甚至能够从电视片段中获得社会性参照，对那些在电视里让成人恐惧的物体表现出消极和回避反应。有学者认为，婴儿是在主动寻求这类情感信息，而非被动接受命令(如“别碰”)，如 18 个月的婴儿看到实验者在第三方把玩具扯成两半后，或者露出生气的表情，或者中立，婴儿会不倾向于模仿第三方的行为，好像把实验者的生气看成一种暗示：不应该撕扯玩具。

情绪的社会性参照是婴儿情绪社会化的一种表现和过程，是婴儿表情日渐社会化的重要表现，对婴儿的发展具有重要意义，在很大程度上决定着婴儿的生活质量和发展机会。婴儿与成人主动的情绪交流参照成人的情绪信息，能使婴儿避免、摆

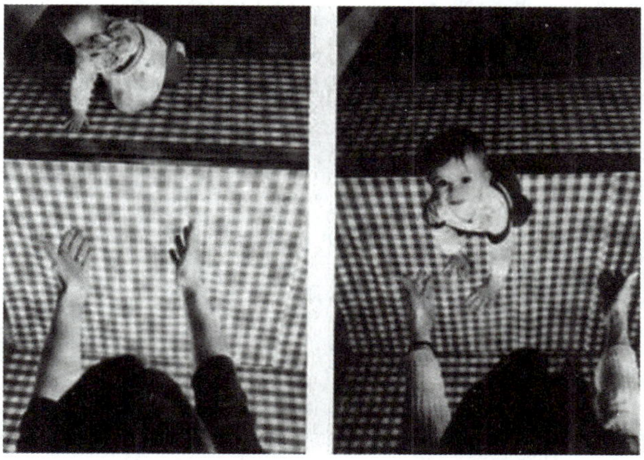

图 12-2　视崖实验中婴儿运用情绪的社会性参照爬过交界处

脱许多险境和危险物体，并有利于婴儿行为的调整与改变。积极的社会性参照更能成为婴儿认知发展的媒介，促进婴儿探索新异的情境和事物，进一步扩大活动范围，促进认知发展。需注意避免消极的社会性参照，因为不适宜的参照信息与条件同样会对婴儿起作用，导致婴儿不良的情绪、行为体验，形成消极、懦弱的性格，限制婴儿的探索和操作，阻碍其智力发展。

(2)运用社会化表情能力的提高

一项以盲童和正常儿童为被试的对比研究发现，个体具有先天的表情能力，但是它只能保持一定的水平，如果缺乏后天的学习，先天的表情能力会下降。在新生儿时期，两类儿童的表情没有差异，而随着年龄的增长，盲童的表情较正常儿童贫乏，这主要是由于盲童缺乏对表情的人际知觉条件，其表情的社会化受到了阻碍。

情绪的表达和经验相关。婴儿一般都毫无保留地表露自己的情绪，随着年龄的增长则会根据社会的需要调节自己的情绪表现方式。例如，幼儿被他们喜欢的同伴激怒时比被他们不喜欢的同伴激怒时，更能控制愤怒。幼儿从 2 岁开始，已经能够用表情去影响他人，且学会在不同的场合下用不同的方式来表达自己的情绪。例如，有的幼儿在家时稍有不如意就哭闹，但是在幼儿园遇到不如意的事情会默默忍耐。

总体而言，随着年龄的增长，幼儿理解、辨别面部表情的能力以及运用社会化表情的能力都会有所增长，但是理解、辨别面部表情的能力一般会高于运用社会化表情的能力。

(二)情绪的丰富化与深刻化

情绪的丰富化与深刻化主要是从情绪所指向的事物来看的。

1. 丰富化

情绪的丰富化包括两个层次的含义。其一是指情绪过程的日益分化。刚刚出生的婴儿只有少数几种情绪，随着年龄的增长，情绪不断分化、增多。在幼儿期，情绪还会分化出一些高级的情感，如尊敬、怜惜、道德感、美感等。其二是指情绪所指向的事物不断增加。一些原来不会引起情绪反应的事物，随着年龄的增长，会引起幼儿的情绪体验，如喜爱的情感范围从对父母的喜爱，在入园以后扩大到对老师、同伴的喜爱。3 岁以前幼儿不太在意小朋友是否和他一起玩，但是 3 岁以后幼儿面对小朋友的孤立以及成人的不理睬，特别是不公平的对待、批评等，就会感到非常伤心。

2. 深刻化

情绪的深刻化是指情绪指向事物的性质发生了变化，从指向事物的表面到指向事物内在的特点。例如，幼儿对父母依恋，主要是由于父母能够满足他们基本的生活需求。

情绪的深刻化还体现在它与周围环境之间的复杂关系上。同一种环境刺激可以引起不同的情绪，同一种情绪也可能由几种不同的环境引起。

情绪的深刻化与认知水平相关。根据与认知水平过程的关系，情绪的发展可以分为以下水平。

①与感知觉相联系的情绪。与生理刺激相联系的情绪多属于此类。例如，新生儿突然失持、听到大的声音时引起的痛苦和恐惧的情绪体验。再如，2～6 个月的孩子看见别人做鬼脸会微笑，产生愉快的情绪。1 岁左右的婴儿会对突然关灯产生恐惧的情绪。

②与记忆相联系的情绪。面对陌生人表示友好的面孔，3～4 个月的婴儿会显出微笑的表情，7～8 个月的婴儿却会显示出惊奇、恐惧的表情。这主要是因为前者的情绪尚未与记忆相联系，而后者的情绪与记忆相联系。7～8 个月的婴儿对陌生人的面孔没有记忆，因而会恐惧。幼儿的许多情绪都具有条件反射性质，和记忆相关联。

③与想象相联系的情绪。2～3 岁幼儿会产生一些与想象相联系的情绪体验。由于常被告知蛇会咬人、外面有坏人抱小孩，而产生怕蛇、怕一个人出门的恐惧情绪，孩子越想越害怕，这里面就有想象的作用。同情心的发展和记忆力、想象能力相关。因为只有当幼儿能够将自己记忆的情绪表象和别人联系在一起，想象到别人的情绪体验时，才会产生同情心。

④与思维相联系的情绪。许多幼儿怕黑，怕想象中的鬼怪。这些害怕的情绪通常在小学阶段程度降低，这是因为幼儿的思维得到发展，更好地理解了表面和现实的区别。5～6 岁幼儿理解到病菌能使人生病，从而害怕病菌，理解苍蝇能带来病菌，于是讨厌苍蝇。这些惧怕、厌恶是与思维相联系的情绪。再如，幽默感也是一种与思维发展相联系的情绪体验。3 岁幼儿看到鼻子长的人、眼睛在头后面的娃娃都报之以微笑，这是因为幼儿能够理解“滑稽”的状态，即不正常状态产生的情绪表现。幼儿幽默感的萌芽是以能够区分真假为标志的。幼儿的头脑中必定有真假两种表象，并且能够进行对比。例如，指着母亲的照片问一个 3 岁的孩子是谁，孩子回答“妈妈”，指着父亲的照片问是谁，孩子依然回答“妈妈”，然后哈哈大笑。幼儿

有时故意惹大人生气，是因为觉得好玩，这些都是高级情感中理智感的萌芽。

⑤与自我意识相联系的情绪。受到别人的嘲笑而感到不愉快，对活动的成败感到焦虑、害羞，以及对别人的怀疑和妒忌等，都属于与自我意识相联系的情绪。这一类情绪是典型的社会性情绪。例如，当幼儿做了他们认为不应该做的事时会感到愧疚或尴尬：当幼儿摔坏了一个玩具时，会想“妈妈告诉我要小心，但我没做到”；当幼儿把果汁洒在地板上时，会羞愧地耷拉着脑袋。当幼儿做了有挑战性的事时会感到骄傲：一个小女孩第一次接到球后会想：“接球很不容易，但我做到了，全靠自己!”另一个小女孩第一次自己系鞋带后会骄傲地微笑。幼儿晚期也会出现这种情绪。随着幼儿情绪的发展，情绪的发生更多地不取决于事物的客观性质，而主要取决于主观认知因素。

（三）情绪的自我调节化

从情绪的发展过程看，其发展趋势越来越受到自我意识的支配。随着年龄的增长，幼儿对情绪过程的自我调节能力越来越强。情绪的自我调节主要表现在冲动性逐渐减少、稳定性逐渐提高、内隐性逐渐增强三个方面。

1. 冲动性逐渐减少

由于内在抑制性较差，控制力弱，言语的调节功能还不完善，因此当受到外界事物和情境的刺激时，幼儿就会出现爆发性情绪，常常处于激动的情绪状态，情绪冲动强烈，情绪波动极大。当幼儿处于高度激动的情绪状态时，他们往往很难控制自己，大哭大闹或大喊大叫，短时间内难以平静下来。幼儿情绪的冲动性还表现在他们用过激的行动表达自己的情绪。例如，有的孩子稍有不如意就躺在地上打滚。在这种情况下，成人即便要求他们不要哭、不要闹也无济于事。生活中使孩子的情绪处于激动状态的事例很多，如和小朋友争抢东西，想要一个玩具而得不到，与母亲分离，看电视、吃零食等活动被限制，打针等。幼儿易情绪冲动主要与其自身的特点有关：第一，不懂得分享；第二，自控能力较差；第三，以自我为中心；第四，大脑皮质功能发育得不够成熟，神经活动过程中兴奋与抑制不平衡，易兴奋但难以抑制。

随着幼儿大脑发育的逐渐成熟以及语言能力的发展，情绪的冲动性会逐渐减弱。最初，幼儿对自己情绪的控制是被动的，即由于服从成人的指示而控制自己的情绪，如在某些场合下，大人要求孩子不能哭。通过成人的不断教育和要求，以及集体活动的要求，幼儿晚期自主调节情绪的能力才逐渐发展，冲动性逐渐减弱。例如，幼儿打针的时候会感到疼痛，但是认识到自己要勇敢，就能够含着泪露出笑容。

2. 稳定性逐渐提高

幼儿的情绪是非常不稳定、短暂和易变化的。例如，当一个幼儿由于得不到心爱的玩具而哭泣时，如果给他一块糖，他又会破涕为笑。“六月天，娃娃脸，说变就变”，说的就是这一点。随着年龄的增长，情绪的稳定性会逐渐提高。但总体上，在整个学前期，幼儿的情绪状态仍然是不稳定的。

幼儿的情绪不稳定，一方面与幼儿所处的情境密切相关。幼儿的情绪常常被外界情境支配，某种情绪会随着某种情境的出现而产生，又随着情境的改变而改变。例如，对看得见又拿不到手的玩具，幼儿会产生不愉快的情绪，但当玩具从眼前消失时，不愉快的情绪也很快消失。另一方面与幼儿的易受感染性有关。幼儿的情绪很多时候不是自身发出的，他们非常容易受到周围人情绪的影响。幼儿园里有一种常见的现象是，当一个孩子在哭时，周围的孩子受到影响，也会陆陆续续哭起来。当一个孩子因为某件事高兴地跳起来，周围的孩子也会跟着跳，而且也和第一个孩子一样兴高采烈。一个小朋友拉着老师的手，亲昵地表示要和老师一块玩，其他小朋友也会围上来，做出同样的表示。这种情况在小班尤其多见。

随着年龄的增长，在教育的影响下，幼儿情绪的自我调节能力逐渐增强，情绪的稳定性逐渐提高，情境性和受感染性逐渐减弱，到幼儿晚期情绪比较稳定，较少受其他人的影响，但仍然比较容易受亲近的人(如家长和教师)的影响。因此，家长和教师在幼儿面前要注意控制自己的不良情绪。

3. 内隐性逐渐增强

婴儿时期和幼儿初期的儿童常常不能意识到自己情绪的外部表现，往往会毫无保留地将情绪显露出来，不加以控制和掩饰，而且肢体动作是其情绪表达的重要手段。例如，不高兴就哭，高兴了就笑。幼儿情绪外显的特点有利于成人及时了解他们，并给予正确的引导和帮助。控制和调节自己的情绪是社会交往的需要。

随着言语和心理活动有意性的发展，幼儿逐渐能够调节自己的情绪及其外部表现。在幼儿晚期，调节自己情绪表现的能力已有一定的发展。他们开始学习一些简单的情绪表达规则，知道不同的场合下有不同的情绪期待和情绪表现。例如，在认识到大人喜欢勇敢的小孩后，他们即使在面对独木桥等有挑战性的游戏时，也会鼓励自己勇敢去面对，不退缩。再如，幼儿懂得在收到别人的礼物时应该表示高兴和感激，即便这些礼物并不合自己的心意，也要掩饰自己的情绪。在幼儿晚期，情绪的内隐性已经开始发展，幼儿逐渐学会控制和掩饰自己的情绪。刘易斯等人发现，那些因为偷玩了不让玩的玩具而撒谎的3岁幼儿，表现出了微妙的痛苦(在慢放的录像中可以观察到)，但是他们的掩饰足以让不知情的成人无法将他们与那些说真话的幼儿区分开来。随着年龄的增长，幼儿能更好地将自己的内心感受用不同的表情加以掩饰。情绪的内隐性要求成人细心观察，及时了解幼儿的情绪体验。

二、幼儿高级情感的发生发展

在人类发展过程中，情绪出现得较早，具有情境性和暂时性，多与个体的生理需要相联系；情感出现得较晚，具有稳定性和持久性，多与个体的社会性需要相联系。在因与社会性需要相联系而产生的一些情感中，有一些高级情感，如道德感、美感、理智感。这些高级情感的形成和发展对幼儿个性与社会性的形成与发展具有重要意义。

(一)道德感

道德感是指由自己与别人的举止行为是否符合社会道德标准而产生的情感。幼儿道德感的形成是一个复杂的过程。3 岁以前的幼儿只有某些道德感的萌发，3 岁以后，特别是在幼儿园的集体生活中，幼儿在掌握各种行为规范的过程中逐渐形成了道德感。

不同年龄层次的幼儿的道德感有所差异。小班幼儿的道德感通常由成人的评价引起，主要指向个别行为。例如，以下是一位妈妈与 3.5 岁儿子的对话。妈妈问："浩浩，这几天在幼儿园有什么进步?"儿子回答："王老师说了，我开始会自己穿衣服了。"妈妈继续问："还有哪些进步?"儿子回答："王老师说了，我越来越有礼貌了……王老师说了，我吃饭不挑食了。"中班幼儿已经掌握了比较概括化的道德标准，在关心自己的行为是否符合道德标准之外，也开始关心他人的行为是否符合道德标准，并产生相应的情绪。这一阶段幼儿的"告状"行为就是由道德感激发的，告状实际上反映了幼儿正在把其他幼儿的行为与老师经常教导他们的行为准则做比较，并且主动产生某种道德体验。大班幼儿的道德感进一步发展和复杂化。他们对好与坏、美与丑已经有了稳定的认识。在这个年龄，爱朋友、爱集体等情感已经具有了一定的稳定性。

在道德判断方面，小班幼儿的道德判断带有很强的具体性、情绪性、受暗示性。他们主要依据行为的后果进行判断，缺乏对行为动机的考察关注。而大班幼儿则开始注重行为的动机、意图，并据此进行道德判断。例如，花花在家里乱跑，打碎了桌上的一个杯子，皮皮帮妈妈洗杯子打碎了一打杯子，让幼儿对花花、皮皮的行为进行评价时发现：小班幼儿会认为花花好，因为他只打碎了一个杯子；大班幼儿会认为皮皮比较好，因为他是由于帮妈妈干活，而花花是由于自己贪玩。在了解了幼儿的道德发展和道德判断的发展过程后，成人对幼儿进行道德教育时，一定要依据幼儿的道德发展水平。

随着自我意识的发展，幼儿的自豪感、羞愧感、委屈感等也都有所发展。对幼儿的羞愧感进行研究发现，3 岁以前幼儿在面对陌生人时，会产生接近羞愧感的比较原始的情绪反应，这种情绪反应以窘迫和难为情为主，接近害怕。与 3 岁以前幼儿只是在成人指出自己的行为时才感到羞愧不同，3 岁以后幼儿开始能对自己的行为感到羞愧，此时它已经不包含恐惧的成分。随着年龄的增长，羞愧感的表现越来越依赖和别人的交往，幼儿可能表现出评价性的尴尬情绪。例如，他们在相应的时间内不能完成某些任务，无法达到某些标准时，会出现不自然的微笑、自我抚摸、目光回避等。评价性的尴尬源于对自己表现的消极评价，要比受他人注意引发的单纯的尴尬产生更大的压力。

(二)美感

美感是指人对事物的审美体验，是根据一定的美的评价而产生的。孩子一出生，就有了美感的萌芽。例如，有研究表明，新生儿已经倾向于注视端正的人脸，而不喜欢五官凌乱、颠倒的脸，喜欢有图案的纸板多于灰色的纸板。婴儿期喜欢鲜艳悦目的东西以及整齐清洁的环境。在幼儿初期，仍然对颜色鲜艳的东西容易产生美感。

幼儿对美的体验也是社会化的过程。在幼儿园中，漂亮的小朋友会更受到其他小朋友的喜欢；颜色鲜艳、外表美观的玩具会更受欢迎。在环境和教育的影响下，幼儿逐渐形成了审美的标准，对流着鼻涕的样子感到厌恶，对衣物、玩具的整齐摆放感到舒服。同时，他们能够从音乐、绘画等作品中对自己所从事的美术活动、音乐活动、艺术表演等产生美感，对美的评价标准也日益提高，从而促进了美感的发展。

(三)理智感

理智感是在认识客观事物的过程中所产生的情感体验。它与人的求知欲、认识兴趣、解决问题的需要是否得到满足相联系，是人类所特有的高级情感。

幼儿的理智感有一种特殊的表现形式，即好奇。好奇是与认识事物相联系的一种情绪反应，反映了幼儿的求知欲。有的心理学家把幼儿期称作疑问期，因为这一阶段的幼儿特别喜欢问“为什么”，并因提问和得到满意的回答而感到愉快。同时，幼儿喜欢进行各种智力游戏，或者动脑进行问题解决的活动，如猜谜语、下棋等。除此之外，一些破坏性行为的出现也表现了幼儿强烈的求知欲。例如，他由于好奇闹钟为什么会响，就把家里的闹钟拆了。幼儿的理智感在很大程度上取决于环境的影响和成人的教育。当遇到上述情况时，家长一定不能简单粗暴地惩罚幼儿，而是肯定幼儿的这种探究热情，并创造条件解放幼儿的双手，让他们从小就有动手的机会。

幼儿被好奇心驱使，对周围的一切事物都感兴趣，但是他们自己思索得并不多，多是相信成人的回答，提出的问题也都是一些极为表象的现象。随着年龄的增长、活动能力的提高，幼儿的认识活动会扩大，越来越多地感受到认识的喜悦。随着年龄的增长、知识面的扩大、学习兴趣和责任感的产生，幼儿的理智感也会发生相应的变化，从过去对游戏活动和事物表面的兴趣转为对思维活动的兴趣。

第四节　学前儿童情绪的培养策略

一、营造良好的情绪氛围

婴幼儿的情绪受周围环境潜移默化的影响。可以说，婴幼儿的情绪发展主要依靠周围情绪氛围的熏陶，这种作用比专门的、理性的说教要大得多。因此要想促进学前儿童情绪的健康发展，需要营造良好的情绪氛围。

(一)保持和谐的气氛

现代社会发展迅速，竞争日益激烈，很容易让人产生紧张、焦虑的情绪。学前儿童也容易受到成人不良情绪的影响。因此，在家庭的小环境中，家长要努力营造温馨和谐的家庭氛围，布置相对宽松舒适的环境，尊老爱幼，互敬互爱，避免脏乱、嘈杂，避免矛盾和冲突。

(二)建立良好的亲子关系和师幼关系

在人的一生中，亲子关系维系着人的终身发展。良好的亲子关系的建立，对于孩子未来的成长具有重要作用。依恋是健康的亲子关系的表现，对孩子的情绪发展有重要意义。有些母亲在给孩子喂奶时，觉得孩子还小，什么也不懂，所以把喂奶过程当成事务性劳动，一边喂奶一边看手机，不注意与孩子的情感交流，这不利于健康亲子关系的形成。分离焦虑是亲子依恋形成的体现。入园焦虑是分离焦虑的典型表现，主要是由于离开了熟悉的家庭环境以及长时间没有亲人的陪伴，幼儿会哭泣、焦虑。此时，老师的悉心关照以及家长的说明解释对于舒缓幼儿的情绪极为重要。

健康的亲子关系的建立离不开血缘纽带的联系，也离不开后天的抚养。例如，许多养父母对于子女关爱备至，亲子关系融洽；而有些亲生父母却会虐待孩子，家庭暴力不断，在这种情况下，亲子关系则会出现问题，造成孩子的情绪发展障碍。

师幼关系是幼儿在成长过程中第一次开始与亲人以外的重要他人建立的人际关系。积极的师幼关系能够促进幼儿情绪的健康发展，它的建立主要依靠教师有意识地培养，需要时常关注幼儿，理解和尊重幼儿。

二、提高成人的情绪自控能力

成人的情绪自控对于儿童情绪的培养有重要作用，主要体现在三个方面。

其一，成人的情绪对儿童有示范作用。成人积极的情绪会给孩子树立正面的示范。例如，母亲和婴儿玩耍时，总是表现得很愉快、很满足，这就为婴儿提供了积极情绪表达的榜样。其二，成人要善于控制自己的情绪，以免喜怒无常导致儿童无所适从，情绪不稳定。其三，成人要控制对儿童的情感表现，父母等抚养者要避免溺爱孩子，教师则需要情绪饱满地面对儿童，使课堂避免受教师个人情绪的影响，同时平等地关爱儿童，避免偏爱，要主动关心儿童，努力发现每个儿童的优点，促进其健康发展。

三、采取积极的教育态度

儿童情绪的发展很大程度上取决于成人的教育。为培养孩子积极健康的情绪体验，成人要采取积极的教育态度，主要是以肯定、鼓励为主；耐心倾听孩子的心声；正确运用暗示和强化。

(一)以肯定、鼓励为主

国外的相关研究表明母亲的积极反应对于儿童情绪发展有重要作用。研究者记录了母亲在其 4～5 岁子女解决各类难题成功或失败时的反应，发现孩子在成功时表现出骄傲和在失败时表现出羞愧，很大程度上取决于母亲对他们成绩的反应。那些更关注消极表现，在孩子失败时给予其严厉指责的母亲，其子女在失败后会表现出高水平的羞愧，很少在成功后感到骄傲。与此相对，那些更倾向于在孩子成功时做出积极反应的母亲，其子女在成功后会感到骄傲，在未能实现预期目标时表现出的羞愧很少。① 因此，在教育孩子时，要避免使用“你不行”“你怎么这么笨”“这点小事都做不好”等语句，而要多肯定、多鼓励他们。例如，小明不太会讲故事，有一次，他鼓起勇气在幼儿园给其他小朋友讲了一个短小的故事。此时，老师要抓住机会及时鼓励小明，肯定小明讲故事的能力。这样会增强小明的自信心，使他对讲故事越来越喜欢。

（二）耐心倾听孩子的心声

耐心倾听孩子的心声，对孩子的情绪培养十分重要。杜恩及其同事发现，在情绪体验上与父母有更多交流的 3 岁儿童，其在小学阶段能更好地理解他人的情绪，更好地解决与同伴的争执。一般情况下，孩子总是愿意把自己的见闻与家长、老师分享，但成人常常会因为忙，没有时间听孩子讲话，对孩子的兴趣缺乏关心。这些会使得孩子逐渐减少对成人的诉说，进而变得孤独、压抑、情绪低落。更有甚者，会出现逆反心理，故意做错事或搞破坏，以引起成人的注意。

（三）正确运用暗示和强化

婴幼儿的情绪在很大程度上受成人的暗示作用。例如，在孩子摔倒时，如果家长说“好孩子，摔跤以后要自己爬起来，不哭”，此时孩子是能够控制自己的情绪的。如果家长常常对别人说“我家的孩子特别胆小，让他干什么都不敢”，这种暗示容易让孩子越来越退缩。强化也会影响孩子情绪的发展。例如，妈妈要去上班，孩子因为分离焦虑而哭闹，此时妈妈为了能够尽快离开，可能会给孩子一块糖，以示安慰。但这只能暂时解决问题，孩子的哭闹行为相当于得到了一个正强化，以后再遇到类似情况，他可能会哭得更大声。

四、帮助学前儿童学会控制情绪

由于抑制力发展得不成熟，学前儿童还不会自主地控制自己的情绪，成人可以使用转移法、冷却法、消退法等方法帮助学前儿童控制情绪。

转移法是指将孩子的注意力从引起情绪的刺激物转移到其他物体上。例如，让一个正在接种疫苗的学前儿童观察墙上色彩鲜艳的画报。转移法也可以通过离开当时的情绪环境实现。例如，3 岁的孩子在超市哭着要买玩具，成人常常用转移注意的方法说“等一会儿，我给你找一个好玩儿的”，孩

信息栏

如何正确处理孩子的痛苦和恐惧情绪

① S. M. Alessandri & M. Lewis, “Differences in pride and shame in maltreated and nonmaltreated preschoolers,” *Child Development*, 1996(4), pp. 1857-1869.

子就跟着走了。但有时此法并不奏效，这往往是由于大人之前只是为了哄孩子，随后忘记了自己的承诺，以后孩子就不会再“受骗”了。对于 4 岁左右的孩子，当他们遇到情绪困扰时，宜采用精神的而非物质的转移方法。例如，爸爸对正在大哭的孩子说：“看你这么多泪水，咱家正缺水呢，快来接住吧。”爸爸真的拿来一个杯子，孩子就破涕为笑了。

冷却法是指当孩子的情绪激动时，可以采取暂时置之不理的方法。成人可以对孩子的情绪做出选择性回应，对孩子表现出的愉快、好奇等积极情绪给予更多注意，对其表现出的消极情绪不太关注。一般情况下，没有了关注的强化，孩子的消极情绪会随着时间而慢慢平复。此时，成人切忌激动，如果这时成人对孩子大声喊“你再哭，我就把你嘴巴缝上”或者“你哭什么，不准哭”，会使得孩子的情绪更加激动。需要注意的是，当孩子因为病痛而情绪激动时要及时给予关注。

消退法对于纠正孩子的不良情绪具有重要作用。例如，孩子因为睡前没有母亲长时间的陪伴而哭闹不止。采用消退法逐渐减少母亲的陪伴时间，且对孩子的哭闹不予理睬，经过一段时间，孩子的哭闹时间会逐渐减少，最后即使没有母亲的陪伴，孩子也不会哭闹，而是安然入睡。

案例讨论

我要奶奶来接我！

五、教会学前儿童调节情绪

学前儿童表现情绪的方式更多是在生活中学会的。因此，在生活中，有必要教给他们有意识地调节情绪及其表现方式的技巧。在成人的教育下，让学前儿童逐渐懂得乱发脾气、无理哭闹、就地打滚等是不正确的情绪表现方式，这样并不能达到满足自己需求的目的。

(一)反思法

让学前儿童想一想自己的情绪表现是否合适。例如，当自己的要求不能得到满足时，想想自己的要求是否合理；和小朋友发生争执时，想一想是否错怪了对方。

(二)自我说服法

初入园的幼儿由于要找妈妈而伤心地哭泣时，可以教他大声说：“好孩子不哭。”幼儿起先是边说边抽泣，以后渐渐地不哭了。在幼儿和小朋友发生冲突，很生气时，可以要求他讲述冲突发生的过程，他可能会越讲越平静。

(三)想象法

当学前儿童遇到困难或挫折而伤心时，让他想象自己是“大哥哥”“大姐姐”或某个英雄人物，也可以引导学前儿童通过想象美好的事物进行情绪调节。例如，当妈妈必须去上班时，让孩子想象“妈妈下午就下班了，她下班回来会给我带很多好吃的，晚上还会陪我一起看动画片”。

随着年龄的增长，在正确的引导和培养下，学前儿童能学会恰当地调节自己的情绪和情感的表达方式。

本章小结

学前儿童的情绪发展对于整个学前期的认知、行为、人际交往、个性形成等都具有重要的作用，且年龄越小，情绪的影响就越大。因此，在学前儿童教育中，既要重视发展学前儿童的认知能力，也要注重学前儿童情绪情感的培养。

婴儿情绪分化的理论有布里奇斯的理论、林传鼎的理论、伊扎德的理论和孟昭兰的理论。婴儿的基本情绪有哭、笑、恐惧等。学前儿童情绪发展的趋势主要表现为情绪的社会化、情绪的丰富化与深刻化、情绪的自我调节化。道德感、美感、理智感是其高级的社会性情感，是人类所特有的。

学前儿童情绪的培养策略是营造良好的情绪氛围、提高成人的情绪自控能力，采取积极的教育态度，帮助学前儿童学会控制情绪，教会学前儿童调节情绪。

复习与思考题

1. 学前儿童的情绪对其心理发展具有什么作用？请举例说明。
2. 婴儿的情绪有怎样的特点？
3. 幼儿情绪发展的趋势是怎样的？
4. 学前儿童的高级情感有哪些？

实践活动

1. 绘本阅读：小组合作，搜集有关幼儿情绪管理的绘本，列成书单，并根据《3—6岁儿童学习与发展指南》总结各年龄阶段幼儿可能出现的情绪问题。

2. 实地调查：在见习期间，组织学生在早晨接待幼儿入园，通过观察和交谈了解幼儿入园时的情绪状态，并分析幼儿产生这些情绪的原因。若条件允许，可为幼儿制作情绪日记本，观察并记录幼儿情绪变化的特征。

3. 观察与分析：观察记录日常生活中当孩子情绪激动时家长或教师的应对过程和采取的策略，分析其中的优点和不足，思考如何根据学前儿童情绪的特点进行有效应对。

拓展阅读导航

第十三章　学前儿童个性的发展

学习目标

1. 了解学前儿童个性形成和发展的基本特点。
2. 理解学前儿童自我意识的发展特点与规律。
3. 理解学前儿童气质的类型、特点及其意义。
4. 熟悉学前儿童性格的形成及其主要特点。

案例导读

案例 1：在上韵律活动课时，小 A 跳得最好，总是能很快学会老师所教的内容，经常得到老师的表扬。渐渐地，她便有些自负，常常说这个跳得不好，那个跳得不对，老师有时纠正她的动作，她就发脾气。

案例 2：娃娃家活动开始了，小 B 和小 C 这两个活动中的主角今天在老师的策划下成了配角。在活动中，他们向“爸爸”“妈妈”提议让他们当主角，可是一直都没有得到同意，最后以抢夺、大哭收场。

自我认识和自我评价是个体个性的重要内容。学前儿童还不具备独立的自我评价能力，还未学会正确评价自己。他们对于自己的认识和评价源于他们身边对他们有重要影响的成人的评价。家长和老师们都希望更多地表扬孩子，鼓励和肯定孩子，但这可能会使他们产生优越感，觉得别人都不如自己，大家都要以他们为中心。如果不及时纠正，将影响他们个性的健康发展。本章将从个性的形成及其在学前儿童发展中的作用、学前儿童自我意识的发展、学前儿童气质的发展、学前儿童性格的形成四个部分来介绍学前儿童个性的发展。

第一节　个性的形成及其在学前儿童发展中的作用

一、个性及其内容

（一）个性的概念

个性指的是一个人比较稳定的、具有一定倾向性的各种心理特点或品质的独特组合。它是在个体的各种心理过程、心理成分发生发展的基础上形成的。个性是一个复杂的、多侧面的、多层次的动力结构。个性结构的这些成分或要素又因人物、时间、地点、环境的不同而互相排列组合，结果就使得个性特征多种多样。个性系统包括个性调控系统和个性心理特征。个性调控系统包括两个方面，即个性调节系统和个性倾向性。个性心理特征包括气质、性格、能力等。

（二）个性的基本特征

1. 个性的独特性

个性的独特性指的是人与人之间没有完全相同的个性特点，人的个性千差万别，但个性的独特性并不排斥人与人之间的共同性，即没有个性完全相同的人，也没有在个性的任何方面都与他人不同的人。每个人的个性都是不同于他人的，而对于同一个民族、同一性别、同一个年龄阶段的人来说，个性中往往存在一定的共性。同一个国家、同一个民族、同一种文化背景下的人都有一些比较普遍的心理特点。因此，个性是独特性和共同性的统一。

2. 个性的整体性

个性的整体性表现为个性是一个统一的整体结构，是由各个密切联系的成分所构成的多层次、多水平的统一体。这个整体结构中的各个成分相互依存、相互影响、相互作用，使每个人行为的各方面都体现出统一的特征。

3. 个性的稳定性

个性具有稳定性的特点。“3 岁看大，7 岁看老”说的就是个性的稳定性。一个人偶然的行为不能代表他真正的个性，只有比较稳定的、在行为中经常表现出来的心理倾向和心理特征才能代表一个人的个性。个性是相对稳定的，但并不是一成不变的，因为现实生活比较复杂，现实生活的多样性和多变性带来了个性的可变性。例如，如果一个有一定抑郁倾向的孩子，一直生活在比较积极、和谐的环境中，就可能变得不那么抑郁。因此，个性是稳定性和可变性的统一。

4. 个性的社会性

个性的社会性指的是个性的本质是由人的社会关系决定的。个性特征的形成和一个人所处的社会生活环境及其所受的教育密切相关。个性具有社会性，但个性的形成离不开生物因素。生物因素给个性的发展提供了可能性，社会因素使这一可能变成现实。因此，个性是社会性和生物性的统一。

(三)个性的结构

1. 个性调控系统

(1)个性调节系统

个性调节系统是个性调控系统的组成部分，以自我意识为核心。自我意识是个性形成和发展的前提，是个性系统中重要的组成部分，制约着个性的发展。儿童自我意识的发展水平越高，其个性也就越成熟、越稳定。

(2)个性倾向性

个性倾向性是个性调控系统的又一组成部分，主要包括需要、动机、兴趣、理想、信念、志向、人生观和世界观等方面，是以个体需要为基础的动机系统，是个体行为的推动力。

2. 个性心理特征

个性心理特征指的是个体经常表现出的稳定的、独特的心理特点，是个体各种心理特点的系统结合，集中体现了个体个性以及心理面貌的独特性。个性心理特征主要包括性格、气质和能力等方面，这些方面是个体个性中比较稳定的成分。

二、个性的初步形成

一般把 3～6 岁作为个性形成的开始时期，其初步形成的标志包括以下四个方面。

(一)心理活动整体性的形成

3 岁以前，儿童逐渐出现思维、想象和记忆等心理现象，但是这个阶段儿童的心理活动是混乱而零散的，他们的各种心理还在发展之中。到了幼儿期，调控能力逐渐发展。到了幼儿晚期，儿童开始能够按照一定的计划和目的进行活动，调控能力逐渐提升。此时的儿童能够按照一定的目的控制自己的行为，心理过程具有整体性、系统性的特点。

(二)心理活动稳定性的增强

新生儿和婴儿的思维、记忆、注意等心理过程富于变化，其情绪情感也是如此。儿童的无意想象就很好地说明了这个时期他们的心理活动不稳定、受外界影响、无目的的特性。儿童心理活动的稳定性是随年龄的增长而增强的。在幼儿期，儿童的心理活动和行为受外界的影响逐渐减小，开始能够按照一定的目的学习、思维、观察。由于自身的调控能力逐渐增强，儿童能够对其行为和心理活动进行调控，保证其心理活动的稳定性。

(三)心理活动独特性的发展

新生儿存在气质类型的差异。到了幼儿期，儿童个性特征的差异更为明显，儿童的特殊能力和智力差异也开始表现出来。此外，性格作为个性特征的核心也开始形成。因为这个阶段儿童心理活动的稳定性逐渐增强，所以不同情境下由儿童个性特征所引发的行为表现趋于一致。儿童3～6岁阶段的个性特征及差异将成为其之后发展的基础。通过观察儿童的日常生活及行为，可以对其个性做出比较准确的评定。

（四）心理活动能动性的发展

能动性对儿童的自我意识、兴趣和爱好等方面会产生很大影响。儿童的学习、生活和发展直接受自我意识水平的影响。3～6岁儿童已经在自我评价及自信心方面表现出了差异。例如，一些儿童自信大胆，喜欢表现自己；一些儿童却自卑退缩，经常独自躲在角落。一些儿童充满好奇心，对新奇的事物很感兴趣，喜欢探索；一些儿童却比较淡漠，好像什么都无法激发他们了解未知事物的兴趣。

三、学前儿童个性形成与发展的意义

学前儿童个性的发展主要表现在自我意识、气质、性格、能力等方面。学前儿童个性的形成与发展对其心理和行为的发展有着十分重要的影响。个体成年以后的行为基本都可以从其学前期的个性形成中找到根据。研究表明，学前儿童个性发展的情况直接影响着其后期的发展。

学前儿童的一些个性特点对他们日后的发展有直接影响，成为个性进一步发展的基础。学前儿童个性发展的好坏直接影响其心理和行为的发展。因此，教育者要注意学前儿童良好个性的培养，为其健康成长奠定良好的基础。总的来说，学前儿童个性的形成对其成年后的自我认识、坚持性、调控能力、处事态度、行为方式、认知水平等方面有关键性的作用。可以说，个性的形成决定了儿童认知发展和社会性发展的方向及水平，对其日后的成长有至关重要的作用，是其发展的基础。因此，成人应特别注意培养学前儿童良好的个性，为其全面、和谐的发展打下坚实的根基。

第二节　学前儿童自我意识的发展

一、自我意识的概念

自我意识指的是个体对自己行为的看法和态度，主要包括个体对自身的存在以及与外部事物关系的意识，即自己对自己的认识，包括认识自己的生理状况（如身高、体重、体态等），心理特征（如兴趣、能力、气质、性格等）以及自己与他人的关系（如自己与他人相处的关系、自己在集体中的位置与作用等）。自我意识是在人类演变的历程中逐渐产生的，是人和动物的最后分界。人在两三岁时就初步具备了自我意识，而动物不具备自我意识。在自我意识的发展过程中，个体既是认识的主体，

也是认识的客体。

自我意识具有分离感和同一感两个特征。分离感指的是个体认识到自身是独立的、和他人在身体和心理等方面存在差异。同一感指的是个体了解到，无论外界怎样变化，自身都是持续而稳定的存在，即使自身出现了新的变化，也始终都是同一个个体。

二、学前儿童自我意识的形成与发展阶段

(一)0～1岁：自我感觉的发展

自我感觉是自我意识的最初级形式。1岁以前婴儿不能区分自身与外界事物，甚至连手、脚、四肢等身体部位是自己的一部分都不知道，常常因把自己咬疼而大哭。随着年龄的增长，他们渐渐意识到哪些是自己身体的一部分，表现出对自己作为活动主体的认识，以自己的动作引起镜像中的动作逐渐形成了自我感觉。

(二)1～2岁：自我认识的发展

学前儿童自我认识主要的方面是对自我形象的认识。这个阶段的婴儿能够意识到自己的独特特征，可以利用外表特征认识自己，能从客体(如照片、录像等)中认出自己，这表明婴儿已经具有明确的客体我的自我认识。我们如何知道婴儿是否能认出镜子中的自己呢？一个巧妙的方法是让母亲在擦婴儿的脸时，悄悄在婴儿鼻子上点个红点，然后让婴儿转向镜子(见图13-1)。如果婴儿具有某种关于自己的面部心理表象，并认识到镜子里面的人是自己，他们就能很快注意到红点，伸手摸或擦自己的鼻子，而不是擦镜子里面婴儿的鼻子。结果显示，9～14个月的儿童会摸镜子里的人，好像镜子里红鼻子的人与他们无关；15～17个月的部分儿童会摸自己的鼻子；18个月以上的绝大多数儿童会摸自己的鼻子；到了2岁，所有的儿童都会这么做。去摸自己鼻子的儿童已经知道自己的长相，能够将自己和其他儿童进行区分，逐渐形成对自我的认识。认识到镜子中的人是自己，对于婴儿自我意识的发展是一个关键的里程碑。另外，儿童自我认识的形成还表现为“母子同一性”的结束。当儿童没有认识到自己的独立性时，会认为自己和妈妈是一体的；当儿童认识到自己的独立性以后，才会了解到自己和妈妈不同。

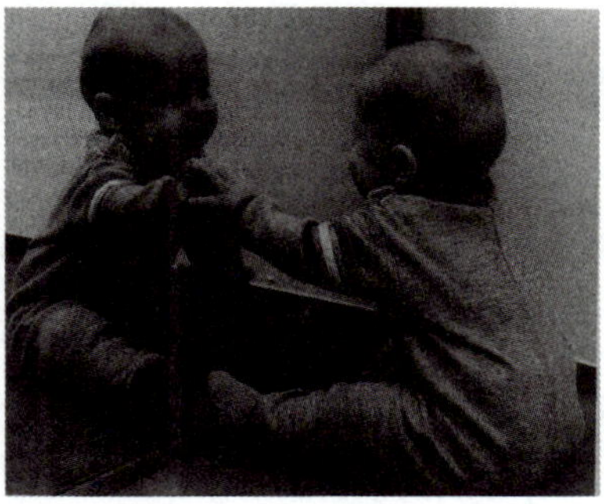

图13-1　点红实验

(三)2～3岁：自我意识的萌芽

儿童自我意识的萌芽与言语的发展有着密切的关系。随着言语的发展，儿童掌握了与自身相关的词汇，如自己的名字。但此时，儿童只是把名字当作自己的代号，如果别人也叫这个名字，他就会产生疑惑。实际上，儿童自我意识萌芽重要的标志

是词汇“我”的掌握。起初，儿童学会了说“我”，不喜欢别人碰自己的东西，但是并不能正确使用“我”这个词。慢慢地，儿童能够比较准确地使用这个词，自我意识才开始产生。值得注意的是，此时儿童对事物的占有欲实际上是一种划清自己和他人界限的努力，是其自我意识发展的标志，而不是自私的表现。例如，劳拉·莱文以20～28个月的儿童为研究对象，观察他们在满是玩具的房间里与陌生同伴玩耍的过程，发现具有自我意识的儿童与没有自我意识的儿童一起玩玩具时，更倾向于说“我的”，然而他们说“我的”不是为了否定玩具属于其他孩子，不是在表达“这个玩具是我的，别想拿走它”，他们只是表达和玩具一起玩是其自身的一部分。

（四）3岁以后：自我意识各方面的发展

在自我意识出现萌芽以后，儿童了解到自己是一个独立的个体，由此开始对自己进行简单的评价。然而，这时的评价内容还比较单一。他们在进行自我评价时通常会提到一些外在特征，如名字、外貌和日常的行为，很少提到自己的心理特征和内部特点，最多使用一些综合的（全面的）词语，如“漂亮”“一般”“好”或“坏”来描述自己和他人。他们关于行为方式和爱好的描述（如“在幼儿园我喜欢和同伴一起玩”）为他们今后对自身人格特点的描述提供了基础（如“我是开朗的”）。

三、儿童自我意识各方面的发展

3岁以后，儿童自我意识的各方面开始发展，主要包括自我评价、自我体验和自我控制三个方面。

（一）自我评价

自我评价是个体在自我认识的基础上对自身做出的评价，是自我意识的核心。在幼儿期，儿童自我评价的发展非常迅速。从幼儿期到青少年阶段，儿童的自我评价会继续发生变化。

1. 幼儿期自我评价的发展趋势

3～4岁是儿童自我评价的快速发展阶段。在整个幼儿期，儿童对自己的评价能力不高，基本处于学习自我评价的阶段。其自我评价的发展主要有以下几个趋势。

（1）从依从性评价到独立性评价

在幼儿早期，儿童对自身的评价主要依赖成人的评价，是成人评价的简单再现。儿童对成人的评价有一种不加考虑的轻信态度，自身还没有形成独立的自我评价。例如，他们评价自己是（不是）好孩子，是因为“老师说我是（或不是）好孩子”。到了4岁左右，一半以上的儿童已经能够独立进行自我评价了，他们开始对成人的评价持批判的态度。如果成人对儿童的评价不客观、不正确，儿童往往会提出疑问、申辩。

（2）从对个别方面的评价到对多方面的评价

学前初期的儿童大多都是从局部进行自我评价的，如“我会唱歌”“我会画画”。

随着年龄的增长，学前晚期儿童的自我评价会比较细致、全面。例如，他会说“我会唱歌，也会跳舞，可是画画不好”。再如，当问儿童“你为什么是好孩子”时，4 岁儿童往往回答“我很听话”，5 岁儿童可能会说“小朋友摔倒后我会扶他起来，我会把好吃的给小朋友吃”，6 岁儿童则会说“我能帮妈妈做家务，帮老师收拾教室，还会对帮助我的人说‘谢谢’”。

(3)从对外显行为的评价到对内心品质的评价

3～6 岁儿童对自己的评价基本都是对外显行为的评价，还没有表现出对内心品质的评价。到了 6 岁左右，才开始出现“由外向内”评价过渡的表现，但这只是一种倾向性，并不是严格意义上对内心品质的评价。例如，在评价自己是不是好孩子时，4 岁儿童回答“我不打架”或“我不抢玩具”，而 6 岁儿童则可以说一些比较抽象的、内在的品质特点，如“我听话，遵守纪律”或“我谦让，对小朋友友好”。

(4)从情绪化评价到理智评价

幼儿早期的自我评价往往具有很强的情绪色彩，而不是从客观事实出发。从 4 岁左右开始，儿童能够初步根据某些简单的行为规则来进行比较理智的评价。例如，当问儿童哪个小朋友跳舞跳得好时，他们可能会回答“××跳得好，因为她跳得好看”。

在整个学前期，甚至学前晚期，儿童对自己评价的能力还是比较弱的。成人的态度对儿童的自我评价有着重要的影响，成人一句不恰当的评价可能会对儿童造成很大的伤害。因此，成人对儿童的评价必须适当、客观、公正，任何过高、过低或其他不恰当的评价都是有害的。例如，如果成人对儿童说“你永远也学不会”“你总是不会安静下来”“你老是爱打人”等，儿童就会认为自己真的是这样的人，会变得丧失信心。

2. 从学前期到青少年期，儿童自我评价的发展

在进行自我评价时，儿童可能会提到身体特征(如“我有长长的头发”)、喜好(如“我喜欢吃牛肉面”)、能力(如“我能数到 50”)。这些描述的共同点是关注儿童能被观察到的、具体的特征。

6～8 岁儿童的自我评价发生了一些变化。儿童更倾向于提到情绪(如“有时我生气”)，也倾向于提到他们所属的社会群体(如“我在校学生会”)。最后，与学前儿童在能力方面的自我评价相比，小学儿童倾向于描述他们的技能水平与同伴的关联(如“我在全班朗读能力最强”)。

儿童进入青少年期后，自我评价又发生了变化。这时的自我评价包括态度(如“我喜欢数学”)、人格特征(如“我通常是一个开朗的人”)。青少年的自我评价经常随场合的不同而不同。一个十几岁的青少年可能会说：“我与陌生人在一起有点害羞，但当我和朋友及家人在一起时，我会很放松。”还有一个变化是，青少年的自我评价经常以未来为导向：青少年经常描述他们自己长大后将成为什么。这些描述可能包

括职业目标(如“我将成为一名英语教师”)、教育计划(如“我打算上北京的大学”)、社会目标(如“一上完高中,我就打算找工作”)。

总体而言,从学前期到青少年期,个体自我评价的发展呈现以下特点。第一,自我评价随着儿童的成长逐渐丰富起来。青少年比学前儿童对自己了解得更多。第二,儿童对自己的认识发生变化。学前儿童更多地理解具体的、真实的、现场的和现在的特征。青少年的理解则更抽象,更倾向于从心理的角度、时间发展的角度看待自我。儿童对自己认识的变化与皮亚杰描述的变化一致,即具体运算阶段的儿童关注真实和可触摸的东西,这种思维方式也扩展到对自身的认识上。

信息栏

儿童的自我评价

(二)自我体验

自我体验指的是个体通过自我评价和活动所产生的情感状态。儿童的自我体验在整个幼儿期的发展相对平稳,呈现渐变的趋势。

1. 从初步的内心体验到比较强烈的内心体验

儿童自我体验的表达与其言语发展的关系非常密切。在幼儿早期,儿童基本上还不能用语言来表达内心体验。4 岁以后,儿童开始用语言来表达自己的内心体验,如“我喜欢和小朋友玩”“我难过”等。五六岁时,儿童开始能用副词来表达比较强烈的内心体验,如“我太高兴了”“我很不喜欢”等。

2. 从暗示性体验到独立性体验

成人的暗示在儿童自我体验的形成中有着重要的影响,年龄越小,这种影响越明显。随着年龄的增长,暗示的影响逐渐减小,儿童趋于产生独立性体验。例如,给 3 岁儿童讲述一个行为,然后问他要是做了这样的事会怎样,可能有很少的儿童会产生自我体验;而当成人问他要是做了这样的事会难过吗,可能有更多的儿童会产生自我体验。

3. 自尊的出现

自尊是个体基于其对自身的价值评价所产生的自我体验,源于亲子互动。一般来说,儿童在 4 岁左右开始出现自尊。此时,儿童往往会过高估计自身的能力,对自己的评价和描述也比较零乱。这主要是由于此时的儿童还不能对自身做出整体的评价。随着年龄的增长,儿童的自尊也处于发展之中。有研究表明,6 岁左右的儿童已经形成了在学业、社会、身体这三个方面的自尊(见图 13-2)。另外,研究表明,家庭教养方式和同伴在儿童自尊形成的过程中扮演着重要角色。

学前期、小学阶段和青少年期三个年龄阶段相比,哪个年龄阶段的自尊水平最高?答案可能让你吃惊——学前期。大多数学前儿童对自己各方面的看法都很积极。在儿童向小学阶段迈进后,自尊通常在一定程度上会有所下降。因为在小学阶段,儿童开始拿自己和同伴比较。当他们这么做时,会发现自己不是语文最棒的,也不

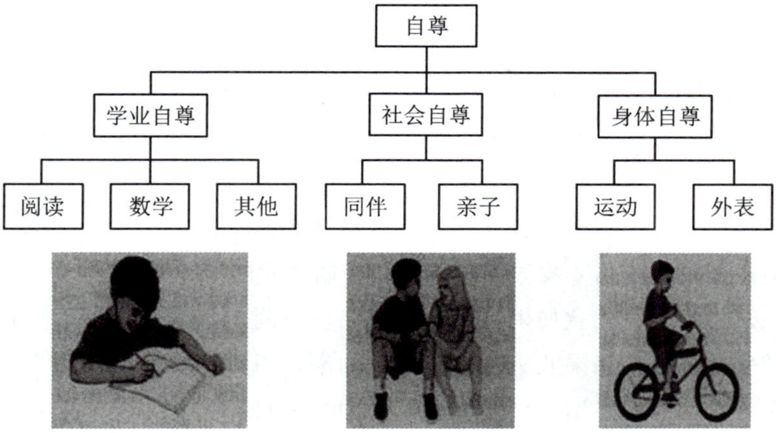

图 13-2　儿童自尊的结构

是跑得最快的。他们可能认识到，自己的阅读能力一般，自己是班上跑得最慢的。这种认识经常会造成儿童在不如同伴的领域上的自尊有一定程度的下降。

（三）自我控制

自我控制是个体通过自我调节，在没有外部限制的情况下，自觉地克服困难、排除干扰，采取适当的方式控制自己的行为，以保证目标的实现。自我控制反映了个体对自身行为的调控能力，主要包括独立性、自制力和坚持性等方面。18 个月左右，婴儿自我控制的能力开始出现，一直平稳地发展到儿童早期。4～5 岁是儿童自我控制迅速发展的阶段。

信息栏

儿童的自我控制

1. 从他人控制到自我控制

幼儿初期儿童的自我控制水平很低，往往需要成人的干预才能抵制外界诱惑。随着年龄的增长，逐渐由他人控制向自我控制转变。克莱尔·考普认为 1～3 岁儿童自我控制的发展可以分三个阶段。

在 1 岁左右，婴儿开始意识到人们可能会把需要强加给他们，而且他们必须做出相应的反应。他们了解到自己不能完全自由地随心而动，其他人给他们的行为设下了限制。这些限制反映了对婴儿安全的关心（“别碰！烫！”）和早期的社会化努力（“别抢妹妹的玩具”）。

在大约 2 岁时，儿童已经内化了一些他人强加的控制，在父母不在时能有一些自我控制。例如，有时一个儿童尽管看起来很想玩另一个儿童的玩具，但是他会控制着自己不去抢玩具，这可能是由于父母曾告诉他不要随便拿别人的东西。

在大约 3 岁时，儿童逐渐能够自我调节，通过适应性的控制来满足迅速变化的环境需求。儿童可以计划如何调节自己的行为。正如同伴玩具的例子，儿童可能会告诉自己他们其实不想玩同伴的玩具，或者做别的事情转移注意力来抵制玩具的诱惑。

儿童在学前期主要学习调节冲动行为，在小学期间才逐渐习得自我控制。例如，在罗腾伯格和梅耶尔的研究中，儿童完成一项任务后，他们可以选择立刻获得一个相对小的奖励或在一天后得到一个较大的奖励。结果发现，6～8 岁儿童只有约 1/3 选择等待较大的奖励，而 9～11 岁儿童约有一半，到了 12～15 岁，几乎所有人都选择等待较大的奖励。可见，尽管自我控制在幼儿期已经出现，但是在儿童期才逐渐被掌握。

更有意思的是，一项纵向研究发现了自我控制的长期稳定性。绍达、密斯切尔、匹克等人追踪了近 200 名 4 岁时参加过自我控制实验的 15～18 岁青少年。在早期的实验中，主试告诉 4 岁儿童如果他们可以单独在房间里等到主试回来，他们就可以得到一个较大的奖励。如果儿童按铃让主试回来，得到的奖励会小得多。随后研究者记录儿童等待的时间。结果显示，4 岁儿童的等待时间与 11～14 年后的许多个性特征相关。表 13-1 显示了 4 岁儿童的延迟满足能力与他们青少年时的应对技能、人格特征和 SAT 分数的显著相关。通常在召唤主试前等待时间最长的 4 岁儿童在 15～18 岁时也更能自我控制，更善于集中注意和计划，SAT 分数也更高。

表 13-1　学前儿童的延迟满足能力与他们青少年时的应对技能、人格特征和 SAT 分数的相关①

测量项目	*r*
应对技能	
倾向屈从于诱惑	−0.50
当试图全神贯注时总是分神	−0.41
人格特征	
计划性强，未雨绸缪	0.36
在压力下容易崩溃，变得慌乱和无章法	−0.34
SAT 分数	
语言水平	0.42
数量水平	0.57

信息栏

如何抵制诱惑

设想今天阳光明媚，你有两个重要的考试需要准备，但是你又非常想和朋友一起享受春光。你会如何抵制诱惑坚持学习？你也许会提醒自己这些考试非常重要，也许会找一个没有窗户的房间让自己不受外面好天气的干扰。通常来说，抵制诱惑的有效

① Y. Shoda, W. Mischel, & P. K. Peake, "Predicting adolescent cognitive and self-regulatory competencies from preschool delay of gratification: Identifying diagnostic conditions," *Developmental Psychology*, 1990(6), pp. 978-986.

策略包括：提醒自己长远目标相对于短期诱惑的重要性，排除诱惑事件的吸引力。

2. 控制策略的发展

控制策略是影响儿童自我控制的重要因素之一，能够有效提升儿童的自我控制水平。随着年龄的增长，儿童逐渐能够使用简单的策略进行自我控制。在密斯切尔和艾伯森的一项实验中，3～5 岁儿童被要求在房间里单独坐 15 分钟，如果他们能够做到，就可以得到所期望的奖励；儿童也可以通过事先设定好的信号把主试随时叫回房间，但这样他们得到的奖励就会比预期的差一些。结果显示，相对于其他儿童，一些儿童通过自我暗示来控制自己的行为，可以安静地等待 15 分钟；还有一些儿童通过唱歌、玩游戏等策略来转移注意力。

3. 儿童的自我控制与父母控制特征

虽然在整个学前期，儿童的自我控制能力有所发展，但是其控制自身行为的能力很弱，需要父母的不断监控和提醒。在儿童自我控制能力发展的同时，父母也要求他们遵循更多的规则，从安全、爱护财产、尊重他人到家庭常规、礼貌和日常琐事等。研究表明，儿童自我控制的发展往往受到其父母控制特征的影响。儿童在父母控制下所形成的自我控制特征在其后期的自我控制发展中比较稳定。

信息栏

父母的特征会影响儿童的自我控制吗

不同个体抵御诱惑的能力存在差异，这个特点随时间保持一定的稳定性。为什么有些儿童更善于控制自己？事实上，父母在儿童自我控制的发展中起着重要作用。班杜拉与密斯切尔的经典研究部分回答了上述问题。研究的第一阶段是四年级和五年级的小学生可以选择一个小的、立即的奖励或者一个大的、延迟的奖励(例如，立即给一个小棒棒糖和一周后给一个大棒棒糖)。偏爱立即奖励和偏爱延迟奖励的儿童进入研究的第二阶段。他们观看一个成人在立刻可得到的价值较小的东西和需要等待的价值较大的东西之间做选择。对于那些偏爱延迟奖励的儿童，成人总是选择立即的奖励。对于那些偏爱立即奖励的儿童，成人总是选择延迟的奖励。在这两种情况下，成人都会简单地解释自己的行为。例如，在选择是立刻拿到一副塑料象棋还是两周后拿到一副比较好的木质象棋时，成人说：“棋子都是一样的。马上拿到塑料象棋我就能多玩一会儿。”在观看完成人的选择之后，立刻让儿童选择小的、立即的奖励或者一个大的、延迟的奖励。大多数儿童模仿了成人的行为，多数偏爱延迟奖励的儿童很容易动摇、放弃自己原有的自我控制。根据上述结果得出结论，儿童基于自己观察到的类似情境中他人的行为表现出自我控制或冲动。

由于班杜拉和密斯切尔的研究生态效度较差，其研究结果可能会受到质疑。在实验室之外、在平常的家庭情境中，儿童的自我控制可能不会像实验中那么容易受影响。事实上，相关的研究表明，父母的行为的确与儿童的自我控制相关，但是可能与我们预期的情况有所不同。受父母严格监控的那些儿童的自我控制更低。为什么会出现这样的结果呢？一种解释是，严格的父母“过度控制”了孩子，他们经常指挥孩子，没有给孩子机会去内化控制。与这一结果相一致的是，研究发现当父母鼓励孩子独立，让孩子自己做决定时，孩子的自我控制会更好。可见，要让儿童获得并发展自我控制，父母必须放弃对儿童的严格控制，逐渐给儿童更多机会去调节自己的行为并看到自己决策的结果，儿童的自我控制才会逐渐发展起来。

信息栏

自我控制的重要作用以及如何培养儿童的自我控制能力

第三节 学前儿童气质的发展

一、气质的概念

从出生的第一天开始，每个孩子就展现着不同的特性。有的爱哭，有的爱笑；有的很爱动，有的很安静；有的生活规律，有的不按常理出牌……。这种与生俱来的特性，称作气质。气质不是指婴儿做什么事情，而是指婴儿在做事情的过程中如何表现。例如，所有的婴儿都会烦躁、哭闹，但有些婴儿恢复得很快，有些婴儿则很难抚慰。这些情绪和行为方式上的差异在婴儿出生后的几周内就很明显了，而且对个体的毕生发展非常重要。气质指的是个体特有的、主要由生物因素决定的、相对稳定的心理活动的动力特征，是个体在活动水平、情绪反应、情绪控制和注意等方面表现出来的稳定的个体差异。气质主要表现在心理活动的强度、平衡性、灵活性和指向性等方面。正是因为气质的差异，个体的活动和行为才带有其独特的个人风格。

气质主要有三个特点。第一，天赋性。因为气质是人出生时就具有的，在新生儿身上能够表现出气质的差异。第二，遗传性。与其他心理活动相比，气质与遗传的关系更紧密。第三，稳定性。虽然在外界环境的作用下，气质在某种程度上是可以发生变化的，但是与其他个性特征相比，气质的稳定性更强。

二、学前儿童的气质类型

传统的气质类型有四种——胆汁质、多血质、黏液质和抑郁质。

胆汁质：这种人精力旺盛、争强好斗，做事勇敢果断，为人热情直率、朴实真诚、表里如一。但是，这种人常常不求甚解，遇事常欠思量、鲁莽冒失，做事也经常感情用事。

多血质：活泼、好动、乐观、灵活是这种人的优点。他们的思维灵活，行动敏捷，对各种环境的适应力强，可塑性强。他们的弱点是缺乏耐心和毅力，稳定性差，容易见异思迁。

黏液质：这种人安静稳重，沉默寡言，喜欢沉思，表情平淡，情绪不外露，做事扎实，踏踏实实。但是他们的思维灵活性略差，学习较慢，主动性较差。

抑郁质：这种人的情绪体验深刻、细腻而又持久，消极抑郁、多愁善感，给人以温柔怯懦的感觉。他们富有想象力，自制力强，注重内心世界，不善于交际，孤僻胆小，优柔寡断，行为举止缓慢。

具体到学前阶段，比较公认的气质类型是托马斯和切斯等人通过追踪研究得出的三大气质类型。托马斯和切斯追踪了141个个体从童年到成人的生活，通过对儿童的父母进行访谈、对儿童进行家庭观察等方式搜集数据，总结出气质的九个维度，见表13-2。

表13-2　气质的九个维度

维度	描述
活动性水平	在日常情境中身体的活动量
节律	进食、睡觉、排便的规律性
进取/退缩	对新异物体的反应(接受与拒绝)
分心	正在进行的活动被竞争刺激干扰的难易程度
适应性	婴儿适应环境变化的难易程度
反应强度	婴儿反应的能量水平
情绪	欢快和不欢快行为之间的平衡
阈限	婴儿反应所需刺激的强度
注意广度和坚持性	专注于一个活动的时间，尤其当困难或分心物出现时

托马斯和切斯通过九个独立的三级量表对婴儿的行为进行调查研究，并运用统计方法对数据进行分析，从而将婴儿的气质划分为三种类型。

(一)容易型

大多数婴儿属于这一类型，约占托马斯、切斯全体研究对象的40%。这类婴儿的吃、喝、睡等生理机能有规律，节奏明显，容易适应新环境，也容易接受新事物和不熟悉的人。他们一般爱玩，对成人的交往行为反应积极。由于他们的生活规律，情绪愉快且对成人的抚养活动进行大量的积极反馈(强化)，因此容易受到成人的关怀和喜爱。

(二)困难型

这一类婴儿较少，约占10%。他们突出的特点是时常大声哭闹，烦躁易怒，爱发脾气，不易安抚。在饮食、睡眠等生理机能方面缺乏规律性，对新食物、新事物、新环境接受得很慢。他们的情绪总是不好，成人需要费很大的力气才能使他们接受抚爱，很难得到他们的正面反馈。

(三)迟缓型

约有15%的婴儿属于这一类型。他们的活动水平很低，行为反应强度很弱，情绪总是很消极，但也不像困难型婴儿那样总是大声哭闹，而是常常安静地退缩，情绪低落。逃避新事物、新刺激，对外界环境和事物的变化适应较慢。但在没有压力的情况下，他们也会对新刺激产生兴趣，在新情境中能逐渐活跃起来。这一类婴儿随着年龄的增长，随成人抚爱和教育情况的不同而发生分化。

以上三种类型只涵盖了约65%的婴儿，另有35%的婴儿不能简单地划归到上述任何一种气质类型中去。他们往往具有上述两种或三种气质类型的混合特点，属于上述类型中的中间型或过渡(交叉)型。

虽然纽约纵向研究开启了现代婴儿气质的研究，但并不是所有的研究者都同意托马斯和切斯关于婴儿气质的九个维度和三种类型的划分。例如，巴兹和普洛明认为气质包括三个基本维度——情绪性、活动性、社交性。情绪性指婴儿对一个情境的情绪反应强度、反应激发的难易程度和婴儿恢复到非情绪状态的难易程度。一种极端是情绪反应强、情绪易被激发、不易平静，另一种极端是情绪克制、情绪相对难被激发、容易平静。活动性指婴儿运动的节奏和活力。活动性强的婴儿往往很忙，好像在探索他们的环境，喜欢有活力的游戏；活动性弱的婴儿有着较为克制的行为节奏，喜欢安静的游戏。社交性指和他人在一起的喜好性。有些婴儿喜欢和他人接触，需要他人的注意，喜欢和别人一起玩；有些婴儿喜欢独自一人，愿意单独玩玩具。

如果你比较这三个维度和表13-2中列出的九个维度，你会发现两者之间有很多的重复。例如，巴兹和普洛明的情绪性维度囊括了纽约纵向研究中的反应强度、阈限这两个维度。实际上，气质的主要理论都包含大多数的相同成分。

每个孩子都有其独特的气质特征。气质无所谓好坏，每个特点都有其长处和短处。例如，活动性强的孩子，其积极特点是有朝气、有探索性，消极特点是易受伤，影响某些任务的完成，容易干扰别人；活动性弱的孩子，其积极特点是安静、踏实、仔细，消极特点是行动慢、效率低。另外，需要注意的是，有时候很难把一个孩子归到某种类型的气质中去，所以从气质在不同维度的具体表现来看待孩子会更为全面和客观。

三、学前儿童气质的稳定性和变化性

(一)儿童气质的稳定性

安静随和的婴儿会成长为安静随和的儿童吗？任性暴躁的婴儿注定会成长为任性暴躁的儿童吗？

很多研究证明，儿童的气质在一定程度上具有长期的稳定性。气质中的一些成分，如社交性、易怒性、敏感性和活动水平等，在整个学前期甚至成年早期，都有中等程度的稳定性。一个脾气暴躁、易怒的儿童，小时候可能会失去朋友，远离老师；成年后可能会失业或出现婚姻问题，并且会体验到其早期人格的不良影响。当然，这种稳定性不是百分之百的。例如，有些胆怯的婴儿到了学前期变得善于社交。

经典研究
关于儿童气质发展的追踪研究

虽然气质随着时间的流逝只呈现中等程度的稳定性，但是气质以重要的方式塑造着个体发展。例如，一个婴儿的气质可能决定了父母提供给他的抚养经历。父母可能会为安静的婴儿朗读较多的书，会与活泼好动的婴儿玩更多的游戏。尽管婴儿的气质随年龄的增长可能发生变化，但是这些由婴儿气质促成的不同经历会对每个婴儿的发展起潜移默化的作用。

(二)儿童气质的变化性

虽然气质是儿童人格发展的基础，指明了其人格发展的方向，但是它并不是一成不变的，人格特征的形成受其成长经历的影响。首先，气质会随儿童年龄的增长而发生变化。这主要是由于神经兴奋性随年龄波动。神经兴奋性强的时候，儿童的活动水平也比较高。随着儿童的发展，儿童早期的行为会被重新整合为一个更加复杂的系统。例如，儿童认识到自己的行为会影响老师对自己的评价时，会有更加积极的表现。其次，随着儿童的发展，某些行为的含义会逐渐发生变化。例如，不活跃的儿童在婴儿期表现为安静、警觉，在幼儿期表现为不敢尝试、退缩。最后，后天的生活环境、外界刺激以及教育等诸多因素也有可能改变儿童原有的气质类型。例如，一个情绪性水平比较高的孩子更有可能发展成为一个攻击性较强的成人，但是如果父母采用适宜的教养方式，也可能把他培养成一个善于合作的、攻击性较弱的人。

四、气质与父母教养方式

气质与父母教养方式的关系主要体现为不同气质类型的婴儿对早期教养的适应性和要求不尽相同。一般来说，容易型婴儿对各种教养方式都容易适应，但这种容易适应性也会导致一些行为问题的出现。例如，这些婴儿在早年容易接受并适应父母的期望和管教标准，并将它们内化为自己的期望和规则系统。这样当他们走进幼儿园或同龄人的世界时，就会发现新环境中的要求和规则与他们在家庭中习得的行为模式不同。如果这两种要求间的冲突十分严重，婴儿就会陷入进退两难、无所适从的境地，从而导致行为问题或发展障碍。

困难型婴儿的父母从一开始就面临着早期教养和亲子关系的问题。为了使婴儿抚养和家庭生活的正常秩序能够维持下去，家长必须处理一些棘手的问题。例如，怎样适应这类婴儿生活不规律、适应慢的特点，怎样对待婴儿的烦躁、易哭闹等。如果家长在教养孩子时不一致、没有耐心或经常斥责、惩罚孩子，那么这些婴儿与其他类型的婴儿相比容易表现得更加烦躁、抵触、易怒和消沉。只有特别热情、耐心、有爱心地对待这些孩子，全面考虑他们的气质特点，积极采取适合其特点的、有针对性的措施，才能使这些孩子健康、良好地适应与发展。

对迟缓型婴儿教养的关键在于顺其自然，让他们按照自己的速度和特点去适应环境。如果给他们施加压力以催促其尽快地适应环境，只会强化或诱导其本能的反应倾向——回避。他们需要鼓励去尝试新经验、适应新环境，需要在尝试过程中接受热情的帮助与具体指导，只有这样，他们才能更好地适应。

如前所述，婴儿的气质会随着年龄的增长而变化，这说明环境并非总是促进某种气质类型的形成。托马斯和切斯提出了拟合优度模式来描述气质和环境因素是怎样共同作用对婴儿发展产生良好结果的，即气质类型的形成关键在于父母的教养方式是否与婴儿的气质特点相符。拟合优度模式包括创造婴儿抚养的环境，在这种环境中识别每一个孩子的气质类型，同时鼓励孩子表现出更多的恰当行为。孩子与父母是相互影响的，如母亲是生活很有规律的人，但孩子属于困难型气质，母亲就会想方设法建立一种秩序，按时给婴儿喂奶，让孩子按时睡觉等，这势必会使母婴之间出现很多冲突。再如，对于生性好动、活动水平高的孩子，父母过多的干预可能抑制他们的探索行为，导致他们对新奇事物的不喜欢，慢慢转化为面对学习和社会挑战的强烈的焦虑不安。父母教养方式和孩子气质的不一致，被称为“拟合劣化”，它会助长孩子的抵抗性和充满冲突的人格。相反，尽管孩子有消极行为，但如果父母能积极正面地教养孩子，为孩子创造一个愉快、稳定的家庭环境，孩子的适应障碍就会随年龄的增长而降低。①

气质与父母教养方式的拟合优度模型提示我们：每一个孩子都是带着独一无二的气质来到这个世界上的，气质无好坏之分。父母所要做的就是提供适合孩子发展的成长环境，给他们以成长的力量，帮助他们迎接成长的挑战。拟合优度模式同样适用于解释人与环境的关系。人和环境的适合度有助于决定哪些气质特征会被保留到今后的生活中，哪些特征不会被保留。当气质特征和社会期望之间有良好的契合度时，它们便有可能稳定下来。那些与文化标准不适宜的特征，如在一个要求认同传统性别角色的社会里，女孩的好斗和男孩的消极被动是不适宜的，可能不会被保留。

名人故事

孔子的因材施教

① C. J. Kiff, L. J. Lengua, & M. Zalewski, “Nature and nurturing: Parenting in the context of child temperament,” *Clinical Child and Family Psychology Review*, 2011(3), pp. 251-301.

第四节　学前儿童性格的形成

一、性格的概念

性格是个体在对现实稳定的态度以及惯常的行为方式中表现出来的稳定的心理特征。

性格是由各种性格特征构成的有机整体，其结构比较复杂。性格的特征主要有四种。第一，性格的态度特征，主要表现在个体对现实的态度上，包括对他人、集体和社会的态度，对学习和工作的态度以及对自己的态度三个方面。第二，性格的意志特征，主要表现在个体对行为的调节上，包括对行为目的的明确程度、对行为的自觉控制水平、与长期工作相关的特征(如毅力、坚持等)，以及在紧要情况下所表现出来的特征(如冷静、果敢等)四个方面。第三，性格的情绪特征，主要表现在个体对情绪的控制能力以及受情绪影响的程度上，包括情绪的强度、情绪的稳定性、情绪的持久性和主动心境四个方面。第四，性格的理智特征，主要表现在个体的认识活动上，包括感知、想象、记忆和思维四个方面。

性格和气质有密切的联系，二者相互渗透，相互制约。不同的气质类型可以形成相同的性格特征，相同的气质类型也可以形成不同的性格特征。气质主要受神经系统基本特性的影响，这些特性是出生时已经具有的。性格主要受后天环境的影响，在出生头几年逐渐形成。因此，气质对性格的形成起着有力的促进作用。同时，气质给性格涂上了特有的个性色彩。性格对气质的制约作用表现为性格在形成过程中会在一定程度上掩盖或改造某些气质特点。

二、最初性格的萌芽

儿童的性格是在儿童与周围环境相互作用过程中形成的。在婴儿的环境中，最主要的客体是照顾他的成人。一般来说，母子关系在婴儿性格的萌芽过程中起着重要作用。母亲的良好照顾会使婴儿从小产生安全感，形成对母亲的信任和依恋，为以后良好性格的形成打下基础。

气质差异对婴儿性格的萌芽有影响。例如，性子急的孩子饿了，会立刻大哭大闹，这使成人不得不马上放下其他事情，急忙给他喂奶；而对那些饿了只是断断续续地细声哼唧的婴儿，成人则可以把手头的事情做完再去喂奶。日积月累，前一种婴儿可能形成不能等待别人、自己的要求必须立即得到满足的性格特点；而后一种婴儿则可能形成自控的性格特点。

成人的抚养方式和教育对儿童性格的最初形成有重要意义。例如，家里的东西总是放得整整齐齐，衣服扣子总是扣好，饭前便后洗手等，这种生活状况使婴儿在潜移默化中逐渐形成了稳固的态度和行为习惯，也就是好整洁、爱劳动的性格特征的萌芽。又如，婴儿看见糖就拿起来吃，甚至大把大把地抓到自己身边，这时如果不及时加以教育，反而给予赞赏的表情和语言，那么就会使“独占”的种子得以孕育；反之，如果经常引导孩子同其他人分享，则可以为良好的性格特征打下基础。

2 岁左右，随着心理过程、心理状态和自我意识的发展，儿童出现了最初性格的萌芽。

三、学前儿童性格的特点

个性的独特性和典型性是辩证统一的。每个儿童固然有独特的性格，而同年龄的儿童又有共同的性格特点。年龄越小，年龄的共同性越明显。因为性格是在生活实践过程中形成的。随着年龄的增长，人与人之间生活经验的差异越大，由此导致的性格差异也就越大。幼儿期的典型性格主要表现为以下几个方面。

（一）好动

学前儿童总是不停地做各种动作，不停地变换活动方式，并不会因为自己的不断活动感到疲劳，而往往会因为单调的活动而厌倦。健康的学前儿童如果在活动方面得到满足，那他们往往会很愉快。好动的特点和学前儿童身体发育的特点有关，活动方式多变是学前儿童生长发育的需要。

好动的性格特征在幼儿期逐渐和其他品质相结合。好动的特征本身使学前儿童较易形成勤快、爱劳动的良好性格特征。学前儿童喜欢蹦蹦跳跳、走来走去、搬东西、参加各种力所能及的劳动，会体验到一种自豪感，从而形成自信心。但是，如果成人对学前儿童自己做事的限制和干涉过多，或经常包办代替，则在幼儿期可能形成懒惰的性格倾向。

（二）好奇、好问

学前儿童的好奇心很强，什么都要看一看、摸一摸。许多事物对学前儿童来说都是新奇的。在好奇心的驱使下，学前儿童渴望试试自己的力量，试图去做大人所做的事情。对于一些被禁止的事情，学前儿童往往要去试试看。学前儿童的好奇心强和他们的知识经验贫乏有关。

好奇心导致思考和探索的倾向。学前儿童的好奇心往往表现在探索行为和提出问题上。学前儿童的探索行为比较外露，一般用眼睛来回观察，并且用手去摆弄。好问是学前儿童好奇心的一种突出表现。学前儿童天真幼稚，对于提问毫无顾虑，甚至连续追问。他们总在试探着去认识世界，弄清究竟。王瑜元记录了她的儿子从 4.5 岁到 5.5 岁一年中的问题，发现学前儿童的问题包括从动物、日用品、人的身体到工农业、军队等 24 个方面。伯莱恩的研究发现学前儿童的行为和提问行为两者包含许多共同的因素。

学前儿童的好奇心和成人的榜样和强化有密切的关系。研究发现，如果母亲本身有好奇心，并且鼓励孩子有好奇心，孩子的好奇心就较强。母亲的发现行为、好奇定向行为、回答问题数量等与孩子对新物体的发现行为和提问数量呈中等或较强的正相关。如果母亲的权威性强，较少引导孩子去发现，较少和孩子交往，孩子的好奇心也较差。学前儿童好奇、好问的特征，如果加以正确引导，很容易发展成为勤奋好学、进取心强的良好性格特征；反之，如果指责或约束过多，甚至对学前儿童的提问持冷漠或讥讽的态度，则会扼杀他们良好性格特征的萌芽。

(三)好模仿

模仿是学前儿童突出的性格特点。学前儿童喜欢模仿别人的行为。班杜拉做的攻击性行为的实验就验证了这一点。在幼儿园，如果一个幼儿说“我哥哥给我买了一支玩具枪”，立即就会有幼儿跟着说“我爸爸也给我买了一支玩具枪”“我爷爷给我买了一支玩具枪”等。

学前儿童好模仿的特点和他们的能力发展有密切的关系。模仿可分为动作的模仿和智力的模仿。动作的模仿在婴儿期已经发生，随着动作的发展，学前儿童的模仿动作也逐渐复杂化。幼儿期多种多样的模仿动作和其运动能力的发展有关。智力的模仿是较高级的模仿。

皮亚杰的研究发现，学前儿童在1～2岁开始出现心理表象时，也出现了延迟模仿。随着智力的发展，智力的或心理的模仿较以前增多。皮亚杰认为2～7岁儿童往往出现自我中心现象，这主要是一种认识上不分化的表现，即混淆了自己的看法和他人的看法，混淆了自己的活动和他人的活动，由此造成不自觉的模仿。

信息栏

儿童的模仿

学前儿童的模仿和他们的受暗示性有关。学前儿童往往没有主见，常常随外界环境的影响而改变自己的意见，受暗示性强。例如，当成人问小班幼儿“好不好”时，幼儿回答“好”，接着问“坏不坏”，他会回答“坏”。

(四)易冲动

学前儿童性格的情绪特征和意志特征主要表现为情绪易变化，自制力不强。和易冲动的特征相联系的是缺乏深思熟虑，如学前儿童喜爱做事，但做事时急于完成任务，常常比较马虎，粗心大意，不太计较成果的质量。又如，学前儿童常常从情绪出发提出问题，为提问而提问，并非经过认真思考。

学前儿童的思想比较外露，喜怒形于色。这种性格特征常常被认为是天真幼稚，它的优点是对人真诚、坦率、诚实、不虚伪。在此基础上，如果得到正确引导和培养，学前儿童将会形成既善于思考和处理问题，又胸怀坦荡的性格特征。

学前儿童虽然有许多共同的年龄特征，但是独特性是个性的基本要素。例如，同属活泼好动，有的学前儿童相对好静；同属受暗示性强，有的学前儿童又相对有主见。

随着年龄的增长，性格的典型性将发生变化。年长的学前儿童有许多已经不带有上述特点，如变得相对沉着稳重、能自制。但是，有些人直至成年，仍然具有易冲动、不善于自制的性格特征。这些已经构成了他们个人特有的稳固的性格特征。

许多事例反复证明，性格是随外界环境和教育的影响而产生和变化的。因此，我们需要重视对学前儿童性格的培养。

本章小结

个性指的是个体比较稳定的、具有一定倾向性的各种心理特点或品质的独特组合。学前儿童的个性形成与发展对其日后的成长有着至关重要的作用，是其发展的基础。个性具有独特性、整体性、稳定性和社会性的特征，是生物性与社会性的统一。3～6岁个性初步形成，形成的标志是：心理活动整体性的形成、心理活动稳定性的增强、心理活动独特性的发展以及心理活动能动性的发展。

自我意识指的是个体对自己行为的看法和态度，自我意识的发展主要表现在自我评价、自我体验和自我控制三个方面。

学前儿童的气质类型主要有容易型、困难型和迟缓型三种。气质在具有稳定性的同时也有一定的变化。气质是学前儿童个性形成和发展的基石。此外，学前儿童的气质类型也会通过父母的教养方式对自身的发展产生影响。

性格是个体在对现实稳定的态度以及惯常的行为方式中表现出来的稳定的心理特征。学前儿童的性格特点主要体现为好动，好奇、好问，好模仿，易冲动等。

复习与思考题

1. 个性初步形成的标志是什么？
2. 个性对学前儿童发展的意义是什么？
3. 学前儿童自我意识的发展包括哪些方面？有哪些特点与规律？
4. 学前儿童的气质有哪些类型？
5. A是一个初学走路的孩子，当她的日常生活发生改变、一个陌生人来到她家或者要求她去做一些以前她从来没有尝试过的事情时，她会变得非常紧张。假如让你帮助她的父母来了解她的气质，你会如何分析？
6. 如何理解学前儿童性格的形成及其主要特点？

实践活动

组织学生利用见习时间对某个学前儿童进行个案观察，根据所学的气质分类，对学前儿童的气质特点进行评估，提出相应的教育建议，并且将案例与师生分享。

拓展阅读导航

第十四章　学前儿童社会性的发展

学习目标

1. 理解学前儿童依恋的发展与类型。
2. 掌握学前儿童同伴交往的类型与特点。
3. 掌握学前儿童亲社会行为和攻击性行为的发展特点。
4. 了解学前儿童道德的发展阶段与特点。

案例导读

新学期伊始，在小一班教室门口，月月拉着妈妈的手不肯放开，还一遍又一遍地问："妈妈，你是去上班吗?"妈妈说："是的。妈妈下班后就马上来接你。"但是，当妈妈准备走时，她还是使劲拽着妈妈的衣服不松手，一个劲儿地问："妈妈会来接我吗?"妈妈也重复说："妈妈下班后就马上来接你。"这样的对话一直重复着。最后，老师只好将月月与妈妈分开。这时，月月撇着嘴，眼里噙着泪水。

每到新学期入园时，幼儿的分离焦虑问题就成为教师关注的重要问题。不同依恋类型的幼儿在与父母分离和与父母团聚时的表现是不同的。教师要通过不断观察、分析、研究，了解每个孩子的特点，采取有针对性的教育措施，帮助幼儿尽早消除入园焦虑。

所谓社会性，是作为社会成员的个体为适应社会生活所表现出来的心理特征和品行。社会性发展，是指儿童在与社会的相互作用中从一个生物人逐渐掌握社会的行为道德规范和社会行为技能，成长为一个社会人的过程。社会性发展以使人由自然人向社会人转变，培养独立合格的社会成员为目标，其内容涉及多方面，包括学习社会知识、掌握社会规范、形成社会行为、塑造个性、发现自我等。儿童自出生之日起，就被包围在各种社会物体和关系之中，与多方面的人们产生着联系。在与其他人的相互交往过程中，儿童逐渐形成其社会性和个性。幼儿期社会性的发生和发展具有重要的基础地位，对其未来的人格发展和健康成长具有重要影响。

第一节　学前儿童依恋的发展

依恋是儿童最早建立的人际情感联系，体现了儿童早期生活中重要的一种社会关系——亲子关系。它是个体社会性发展的开端和重要组成部分，对于儿童的社会性发展产生重要影响。

一、依恋的产生与特点

在发展心理学中，依恋是指婴儿与经常接触的抚养者之间形成的强烈、持久、亲密的情感联系。由于母亲通常是婴儿最初的看护者，依恋通常最早在婴儿和母亲之间产生。

（一）依恋的特征

婴儿的依恋具有一些重要特征，表现在：

①渴望和依恋对象在一起，和依恋对象在一起时，感到愉悦，寻求与依恋对象身体的亲近，看到依恋对象会比看到别人表现出较多的高兴、微笑、依偎、跟随、手舞足蹈、拥抱等。

②在婴儿痛苦不安时，依恋对象比其他任何人都更能抚慰婴儿。当依恋关系遭到破坏以后，依恋双方，尤其是依恋者（孩子）会体会到极大的痛苦、难受和不安。

③依恋对象让婴儿获得慰藉和安全感。这既是依恋行为的必然结果，也是巩固和加强这种依恋关系的情感基础和内在动力。

婴儿的依恋行为有两种行为模式：一种被称为信号行为模式，婴儿会微笑、啼哭、注视和发出响声，目的是把母亲呼唤到身边；另一种被称为接近行为模式，婴儿的行为有吮吸乳汁、抓住母亲不放和用目光追视母亲等，目的在于保持和母亲的接触。

总体而言，亲近是依恋的核心和外在的行为表现，强烈的相互依存的情感则是依恋基本的内在心理表征。正是这种情感联结，使得婴儿愿意与依恋对象在一起，婴儿在遇到困难、感到害怕时，便寻求依恋对象，表现出一系列的依恋行为。它的生物意义在于个体可以从中获得关爱和安全感，而它的社会意义在于奠定了婴儿情感发展的重要基础。

（二）依恋形成的前提与标志

依恋是儿童感觉、知觉、记忆、表象等心理过程发展到一定阶段的产物，是儿童个体与其所处的社会环境相互作用的结果。

1. 依恋建立的前提

依恋建立的前提有两个：①社会环境，尤其是某种养育条件的存在，是儿童依恋产生的首要前提。②识别记忆、客体永久性的获得是依恋建立的认知前提。识别记忆是通过知觉对象与对象内在表征的比较使知觉对象从知觉背景中分化出来的认知技能。随着感知统合能力的发展，通过对多通道信息的收集、加工、鉴别，儿童能够更准确、更生动、更完整地确认依恋对象。识别记忆在经验积累与重组的基础上实现质性飞跃以后，就出现了客体永久性。识别记忆使儿童的依恋指向熟悉的被依恋对象成为可能，而客体永久性使得依恋定向相对持久，稳定性和依恋情感的强烈性成为可能。

2. 依恋形成的标志

儿童对他人的依恋有着一系列的反应和表现。例如，当母亲走进房间时，孩子就张开嘴，朝她友好地微笑；当母亲把孩子抱起来时，他会轻拍母亲的脸，摸她的头发，依偎在她的身上；当孩子感到焦虑和恐惧时，他会追随母亲，甚至抓住母亲的腿，抱得紧紧的。以什么样的行为反应作为判断依恋真正建立的标志，直接影响到依恋形成时间的确定，以及对依恋关系的特殊性乃至依恋质量与性质的判定。英国心理学家谢弗认为，依恋形成的标志需要符合以下三个原则。

①代表性，即能反映依恋这一行为表现不同于其他社会关系的本质规定性。

②稳定性，即在依恋应出现的时期内能保持相对稳定的存在。如果孩子的行为今日出现，明日消失，则不具有稳定性。

③普遍性，即不因个体间的差异而影响该依恋现象的普遍存在。如果在一般情况下甲出现某种依恋行为，而乙在同时期并不出现此种依恋行为，那么这种依恋就很难被认为具有普遍性。

二、依恋的发展过程

依恋同其他心理现象一样，并不是突然发生的，而是婴儿在与母亲的相互作用中逐渐建立的。依恋的发展可以划分为四个阶段。

(一)无差别的社会反应阶段(0～3个月)

无差别的社会反应阶段也称前依恋期。在这一阶段，婴儿对人的反应的最大特点就是不加区分、无差别地反应，对所有人的反应几乎都是一样的。他们喜欢注视人脸，喜欢所有的人，在听到人声或见到人的面孔以后就会微笑。这些本能的信号有助于新生儿与他人建立亲密的关系。人们与婴儿的接触，如拥抱他、抚摸他、对他温柔地说话，都能使他高兴、兴奋，同时感到愉快、满足。虽然婴儿能辨认母亲的声音和气味，但是此时他们还未能实现对人际关系客体的分化，没有依恋特定的看护者，不介意被陌生人抱起。

(二)有差别的社会反应阶段(3～6个月)

有差别的社会反应阶段也称依恋关系的建立期。在这一阶段，婴儿开始能区分熟悉的人(如父母)和不熟悉的人，也能区分一个熟悉的人与另一个熟悉的人。对陌生人表现出恐惧、害怕是这一阶段一个典型的行为特征，即所谓“认生”现象出现。研究表明，婴儿与主要照料者(通常为母亲)之间的依恋在6～7个月的时候建立。此时婴儿已经能够对熟悉的人和陌生的人做出不同的情绪反应。在熟悉的人面前，婴儿更多地表现出微笑、啼哭、咿呀学语、依偎和接近；而面对陌生人时，上述反应明显减少。此时的婴儿尽管能从人群中找到父母，但仍旧不会介意和父母分开。因而，此时依恋正在形成，但还没有真正形成。

(三)特殊的情感联结阶段(6个月～2岁)

特殊的情感联结阶段也称依恋关系的明确期。在这一阶段，婴儿对依恋对象的情感联结真正确立，明显的依恋表现开始出现。从六七个月开始，婴儿对母亲的存在非常关注，特别愿意和母亲在一起，和母亲在一起就很高兴。当母亲离开时就会焦躁不安，表现出分离焦虑；当母亲回来时，又会十分高兴，形成对特定对象的依恋反应系统。此时，当陌生人出现时，婴儿则会显得谨慎、恐惧甚至哭泣、喊叫，表现出怯生、无所适从。这时的婴儿已经明白成人即使现在不在视野范围内还是会继续出现的；他们以母亲为安全保障，在新环境中探寻、冒险，然后又回来寻求保护。

(四)目标调整的伙伴关系阶段(2岁以后)

这时的儿童随着认知水平和语言能力的提高，已经能够理解父母的需要，从父母的角度看待问题，并与之建立起具有“目标—矫正”性质的双边伙伴关系。他们开始能认识和理解母亲的情感、需要、愿望，知道她爱自己，不会抛弃自己，他们已经理解父母离开的原因，也知道他们什么时候回来，可以忍受矛盾、纠结，为了达到特定目的而采取有意行动，分离焦虑便减少了。例如，2岁的孩子会问妈妈去哪儿(到超市买东西)，什么时候回来(过一会儿就回来)，这些解释使孩子相信母亲肯定会回来。有时孩子会要求母亲离开前给他讲个故事，再把他交给祖父母或保姆。总之，这一阶段的儿童会同父母协商，向成人提出要求，亲子之间的合作性加强，而不是跟在他们后面或拉住他们。此时，儿童已经完成了由自由激活的反应(如由体内不适引起的哭喊)向指向特定个体的复杂的目标调节系统的转换。

三、依恋的类型

由于儿童和依恋对象的关系密切程度不同，交往质量不同，儿童的依恋存在不同的类型。美国心理学家安斯沃斯等人采用陌生情境法，根据婴儿在受到中等程度的压力之后接近依恋目标的程度以及由于依恋目标而安静下来的程度，设计了一个陌生情境，将一个婴儿与其母亲和一个陌生人安排在实验室中。实验室内分为三块(品字形)，分别为婴儿、母亲和陌生人摆上一把椅子，在婴儿的椅子周围摆一些玩具(见图14-1)。婴儿与母亲和陌生人共有八种不同情形下的组合方式(见表14-1)，使婴儿潜在地面临与母亲分离、与陌生人接触、不熟悉的环境三种紧张的体验，并以特定的程序排列，不断递进和强化，通过考察婴儿被置于由亲子分离和陌生人的出现所导致的压力情境中寻求安全的不同反应，测定每个婴儿的依恋类型。

图 14-1　陌生情境实验的品字形摆放示意图

表 14-1　陌生情境实验的场景

场景	在场人物	持续时间	情境变化
1	母亲、婴儿、实验者	30 秒	实验者把母亲和婴儿带进游戏室后离开
2	母亲、婴儿	3 分钟	母亲坐着看孩子玩玩具
3	母亲、婴儿、陌生人	3 分钟或以上	陌生人进入房间，坐下和母亲交谈
4	婴儿、陌生人	3 分钟或以下	母亲离开，陌生人和孩子交流，如果感到孩子不安就安慰他
5	母亲、婴儿	3 分钟或以上	母亲回来，和孩子打招呼，安慰孩子，陌生人离开
6	婴儿	3 分钟或以下	母亲再次离开
7	婴儿、陌生人	3 分钟或以下	陌生人进入房间安慰
8	母亲、婴儿	3 分钟或以上	陌生人离开，母亲回来，和孩子打招呼，安慰他，并再次激起孩子玩玩具的兴趣

根据婴儿在陌生情境中的表现，安斯沃斯认为婴儿与母亲的依恋存在三种类型，即安全型依恋、焦虑—回避型依恋和焦虑—反抗型依恋。这也是被其他研究者验证和普遍接受的。

(一)安全型依恋

安全型依恋的婴儿与母亲在一起时，能够安静、愉悦地玩玩具，并不总是依偎在母亲身边，会积极主动地探索周围的环境，母亲是婴儿的“安全基地”。当陌生人进入时，母亲的在场会使得婴儿感到安全，因此婴儿能在陌生的环境中积极探索，对于陌生人的反应也比较积极。当母亲离开时，婴儿的探索行为会受到影响，婴儿会明显表现出紧张、焦虑、苦恼、不安等情绪，想要母亲回来。当母亲回来时，婴儿会立即寻求与母亲的身体接触，并且能比较容易平静下来，继续进行探索活动。这种类型的婴儿好像在说：“我很想你。你现在回来了，我很好。”这类婴儿对待陌生人随和大方，与母亲建立了信任、密切、积极的情感联系，是良好、积极的依恋。绝大多数婴儿属于这一类。

（二）焦虑—回避型依恋

在陌生情境中，母亲是否在场对这类婴儿的探究行为基本没有影响，他们对于母亲的存在抱着无所谓的态度，似乎漠不关心。母亲离开时，他们没有反抗，也很少会紧张不安，他们对陌生人的反应与对父母的反应相同；母亲回来时，往往不予理睬，忽略母亲，并不对母亲的回归表现出高兴的情绪，即使有个别小朋友欢迎母亲的回归，也只是很短暂的一会儿，接近以后又离开。焦虑—回避型依恋的婴儿好像在说：“你又离开我了。我不得不一直照看我自己！”他们对待陌生人有时随和大方，有时又很冷漠。这种类型的婴儿实际上并没有对母亲形成特别强烈的依恋情感，也被称作无依恋婴儿。

（三）焦虑—反抗型依恋

这类婴儿在陌生情境中寻求与母亲的亲近，难以主动地探究周围环境，而且探究活动很少，表现出明显的陌生焦虑。最典型的特征就是任何一次与母亲的短暂分离都会引起他的大喊大叫，情绪激动。他总是很警惕、紧张，时刻注意母亲的离开，当母亲离开时，他会极度伤心，极力反抗挣扎；但当母亲回来时，又无法把母亲作为“安全基地”，对母亲的态度呈现出矛盾纠结的状态：一方面寻求与母亲的身体接触；另一方面又抵触这种接触，对母亲怨恨、排斥，有时推打母亲，表现出一种愤怒的矛盾心理，对母亲缺乏信心。例如，婴儿见到母亲立即要求母亲的拥抱，但刚刚被抱起来又反抗着要下来，可让他重新开始游戏，又似乎不可能，还时不时地向母亲这边看，警惕母亲是不是又要离开。他们看上去好像对母亲说：“你为什么这么做？我那么需要你，你却毫无征兆地离开我。你这样对待我，我很生气。”他们对待陌生人相当戒备。因此，这种类型又被称作矛盾型依恋。

焦虑—回避型和焦虑—反抗型依恋又称不安全型依恋，是消极的、不良的依恋。

21 世纪初，有研究发现，美国有一小部分婴儿在陌生情境中表现出极度的压抑，研究者称之为组织紊乱型依恋。这种类型的依恋可能是最不安全的。这种类型的婴儿奇怪地混合了焦虑—反抗型和焦虑—回避型依恋的模式，似乎对于接近还是回避照料者犹豫不决。当母亲离开时，婴儿迷惑不解；当母亲回来时，婴儿看上去好像不知所措或者会在接近母亲的过程中因为母亲的接近而突然跑掉。这种婴儿的脸上经常带着恍惚的神情，好像很疑惑："这里发生了什么事？我想让你在这里，但你离开，现在你回来了。我不知道是该哭还是笑！"

在上述各种依恋类型中，安全型依恋最为普遍，为个体的社会性发展提供了坚实的基础。

四、早期依恋对儿童发展的影响

早期依恋对于儿童一生的发展具有重要影响。大量的研究表明，婴儿对母亲的依恋与其认知、情感和社会行为的发展都有密切的关系。

(一)早期依恋对婴儿具有重要的生存价值

早期安全依恋的形成对婴儿心理的发展具有深远的影响。对于安全型依恋的婴儿来说，母亲往往是"安全基地"，是婴儿面临问题和困难时主动求助的对象。通常情况下，如果孩子信任母亲，能与母亲形成良好的依恋关系，当他面临危险时，会以母亲的面部表情、动作指示为自己行为的参照，从而避免危险情况的发生。例如，安全型依恋的孩子爬到视崖装置中间临界点时，如果母亲在对面提醒他不要过来，那么孩子可能就会回去从而确保自己的安全，他能够将母亲的提醒作为自己行动的导向，而焦虑—回避型依恋和焦虑—反抗型依恋的孩子因为与母亲并没有建立信任的依恋关系，所以当他们真正面临危险时，并不一定会按照母亲的提示行动，那么就可能真的面临危险。因此，依恋对婴儿的发展首先具有重要的生存价值。

研究表明，每一个婴儿都会根据母亲对自己日常需要反应的速度和方式建立起一套"内部工作模式"，用来指导自己对母亲的期望，并控制自己在不同情况下对母亲的反应。例如，当婴儿感到有危险时，他会本能地寻求母亲的保护；但是如果母亲曾多次拒绝给孩子提供保护，甚至为此惩罚孩子，那么当孩子再次遇到危险时，他就会根据自己的"内部工作模式"所提供的信息去回避母亲，不去向她寻求帮助。不能形成安全依恋的婴儿没有一个探索世界的"安全基地"，也许一生都保留着害怕、退缩的特点，以后将难以与他人建立亲密的人际关系。由此可见，婴儿在与母亲形成依恋关系中所建立起的"内部工作模式"对指导婴儿在新环境中的行为有着极为重要的作用。

(二)早期依恋对儿童认知、社会性与情绪等的发展具有重要影响

1. 早期依恋对儿童认知的影响

儿童早期是接受教育最快、可塑性最大、智力发展最快的时期。安全依恋的建立，意味着父母平时对儿童精心照顾、关心爱护，儿童从父母那里获得了温暖和爱，其生理的、情感的需要得到满足，儿童就会有安全感和快乐的情绪。这为儿童在积极探索未知世界的活动中提供了较优的智力加工背景，导致儿童对事物产生积极的兴趣，主动去活动、探索，进行有效的认知活动。一旦儿童在认知活动中取得一定的成果，问题得到解决，智力活动的成功又进一步诱导他的快乐情

绪和探索事物的兴趣。这种良性循环促进了儿童解决问题能力的发展和解决问题的过程，使儿童的智力水平得到不断提高。在不安全依恋的孩子身上则没有这种表现。

2. 早期依恋对儿童社会交往和行为的影响

哈洛和他的同事曾对刚出生的婴猴进行母爱剥夺实验。研究表明，婴猴具有先天的接触安慰的需要。但是，与正常的同龄伙伴相比，在这种缺乏真实母亲养护的环境中成长起来的、隔离时间长的婴猴(见图 14-2)，无论它是由金属猴抚养，还是由布母猴抚养，都会造成心理上的失调。这些猴子与由母猴抚养并与其他小猴在一起游戏的猴子相比，显示出较多异常的行为模式，如自己咬自己，前肢爪子紧握，走路时身体摇晃，喜欢独自蜷缩在角落里，怯于探索环境，缺少群体性行为，不合群，具有侵犯性，且不能适应生活。萨克特追踪研究了这些猴子“社交能力”的发展情况，发现这些猴子在青年和成年时期仍不适应“社交”。可见，母爱剥夺的后果是极为严重的，而且今后要花很大力气才能有所弥补。

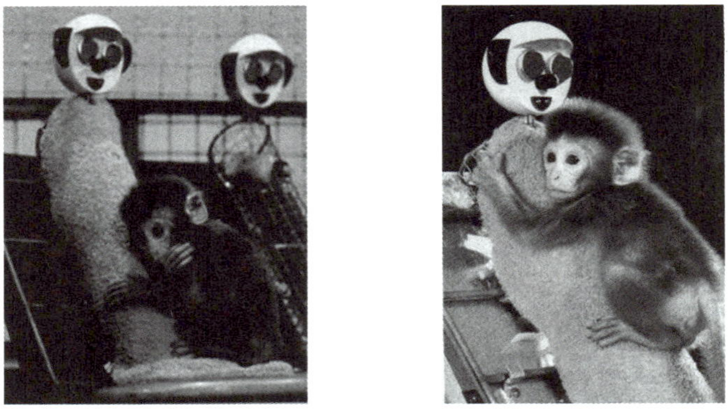

图 14-2　母爱剥夺实验中的恒河猴与代理母亲

信息栏

母爱剥夺实验

哈洛等人用恒河猴做的母爱剥夺实验是心理学界的经典实验之一(但从研究伦理要求来看，有悖于当前研究伦理)。他们将刚出生的婴猴脱离母亲的哺养，单独关在笼子里，进行人工喂养。笼子里装有两个代理母亲：一个用铁丝编成，身上装有奶瓶；另一个用线布做成，身上不设奶瓶。研究者观察小猴与两位代理母亲的接触时间，结果发现，小猴饥饿的时候在铁丝母亲身上吃奶，但当小猴歇息或恐惧的时候便趴到线布母亲身上去。可见，小猴不仅需要食物，还有一种先天的需要，那便是与母亲身体的亲密接触。哈洛称之为“接触安慰”。从这个实验可以推断，婴儿也具有接触抚慰的先天需要。

后来，哈洛对实验进行了改进，做了一个可以摇摆的代理母亲，且给幼猴提供玩伴。他发现，在这样的环境中成长的猴子基本正常。罗森布林（哈洛的学生）说："这就证明了成长的三个基本变量——接触、运动、玩耍。如果能提供这三个变量，就能满足一个灵长类动物的成长需求。"

曾有不少心理学家研究了类似于恒河猴式隔离的孤儿院儿童。研究指出，这些婴儿不能很好地与人相处，怕做游戏，怕冒险，怕探索，怕发现他身体之外的世界，乃至自己。哈洛的发现对当代的育儿理论产生了极大的影响。许多孤儿院、社会服务机构都或多或少地根据哈洛的发现进行了工作上的调整。部分因为哈洛的缘故，医生会将新生儿直接放在母亲的肚子上；孤儿院的工作人员知道仅仅向婴儿提供吃的是不够的，还必须抱着婴儿轻轻摇动，并且对婴儿微笑。

安全型依恋的儿童具有更强的社会适应能力和社会交往技能，拥有更多的朋友。具有依恋安全感的儿童对父母有信赖感，父母与他人的交往行为成为儿童的榜样，儿童在与父母的交往中可以学到许多行为规则和交往技巧。同时，儿童也乐意接受父母对自己在人际交往方面的指导，积累交往经验和掌握交往技巧。另外，安全型依恋还可以给儿童注入自我肯定感，有助于儿童与他人交往和掌握交往经验和技巧。研究表明，儿童的合作、友善、亲社会行为和同伴接受性呈正相关。另有研究发现，1 岁时的不安全依恋与 6 岁时的适应不良和行为问题显著相关。在不安全依恋类型中，焦虑—反抗型儿童在以后的发展中很容易表现出攻击行为，而焦虑—回避型儿童则更容易表现出退缩行为。总之，不安全型依恋儿童的不良人格特征和行为预示着他们在人际交往中可能存在的困难，而安全型依恋儿童由于具有合作、友善、自信、信任他人等健全的人格特征，更有可能受别人的喜爱而具有良好的人际关系。他们的社会性互动倾向于更加令人满意。

信息栏

早期依恋与儿童的社会关系

3. 早期依恋对儿童情绪和心理健康的影响

早期的安全型依恋将导致一个人稳定的情绪状况。研究表明，能与父母建立良好依恋关系的婴儿往往具有比较稳定而快乐的情绪。婴儿生理需要的满足最初是通过向母亲发出情绪信号得以实现的。如果母亲能对信号做出迅速反应，母婴之间积极而又愉快的相互作用将得以保证，安全的依恋关系将发展起来。处于安全状态中的婴儿是快乐的，富有爱心和善于表达情感的。相反，一个未能在早期形成安全型依恋的人，经常担心母亲离开而处于焦虑、恐惧、不安中；或者由于需要延迟满足而遭受挫折，产生失望、愤怒等负性情绪，长此以往，将可能成为一个情绪多变和对环境不信任、感情冷漠的人。

20 世纪 40 年代对一些老式落后的孤儿院的研究发现，孤儿院中的婴儿很少有机会与人交往。保育员只是每天像例行公事似的与孩子接触一下，或换尿布，或塞奶瓶，没有眼神的接触，没有逗乐，没有游戏。婴儿得到的社会性刺激极其贫乏。更重要的是由于缺乏应答性的环境，婴儿早期涌现出来的不同需求、种种感情表示都因得不到及时的反馈而渐渐减弱。这些婴儿不善于用表情和啼哭来表达自己的情感、饥饿和其他不适，因而可能影响营养的摄入和疾病的早期诊断，长大后往往过于内向，表现得被动、退缩和冷漠。临床研究发现，早期有与母亲持久分离、家庭破裂、被抚养人或父母死亡的经历的病人，他们通常具有以下特征：缺乏情绪反应，不能照顾别人，学习较差，或有偷窃行为。这种缺乏与母亲的亲密情感联系的婴儿，比那些与母亲有密切依恋的婴儿，在感情体验上更冷漠，淡漠的感情色调将在其个性发展中打下烙印。

4. 早期依恋在父代和子代之间具有传递性

父母的依恋模式可以预测儿童与特殊照料者之间依恋关系的安全性，即依恋模式在父代和子代之间可以传递，具有代际传递性。一般认为，婴儿往往会和父母有类似或相同的依恋模式。儿童早期与父母形成安全型依恋，如果依恋能顺利完成和发展，它将导致一个人对他人的信赖和自我信任。儿童在长大为人父母时，也更加容易和自己的孩子形成安全型依恋。反之，不安全型依恋的婴儿可能成为一个感情关系不牢靠的成人，不能成为一个好父亲或好母亲。如果早期不能建立积极良好的依恋关系将会给儿童带来难以弥补的损失。

五、良好依恋关系的塑造

健康安全的依恋关系有助于儿童的发展，那么如何塑造这样的依恋关系呢？毫无疑问，儿童的依恋类型很大程度上取决于他所受到的照料方式。例如，母亲对婴儿的哭泣马上做出反应，并试着安慰他，这样的行为表明，婴儿很大可能会获得安全型依恋的特点——对依恋对象的信任和信心。

要使婴儿获得安全型依恋，养育者应该做到：

①及时满足婴儿各种合理的需要。包括及时满足婴儿进食的需要，并且采取合理的喂养方式，让婴儿在轻松、愉快的环境下进食，而不是强迫婴儿进食。

②多与婴儿进行身体接触，如拥抱、抚摸；经常与婴儿进行积极的情感交流，如微笑，以温柔愉快的声音与婴儿交谈；给婴儿提供丰富的触觉、视觉、听觉刺激。

③当婴儿发出各种社会信号时，养育者能正确理解，给予及时的反应。养育者应该经常关心婴儿在做什么，了解他们的愿望和要求。例如，当孩子哭时，养育者能迅速根据哭声做出判断，孩子是饿了，尿布湿了，想睡觉了，还是希望与人交流，从而采取恰当的行动给予回应。

④保持养育者和婴儿稳定的抚养关系，不要经常更换养育者，特别是主要养育者。更换时一定要给婴儿一个适应过程，且养育方式不要发生太大的改变，以免引起婴儿过度的焦虑。

⑤养育者对自己的养育方式和行为应有明确的认识，尽量保持养育的系统性、连贯性和一致性。对待婴儿的方式要保持一致，不要经常变化，否则婴儿无法有效地组织自己的行为而导致不安全或无组织、无定向的依恋。

⑥养育者主动调节自己的行动以适应婴儿的行为节律，而不是把自己的行为习惯强加给婴儿。即养育者按照婴儿身心发展的特点和规律，而不是按照自己的愿望和要求安排婴儿的生活。

另外，对养育者本身的特质，也应该有一定的要求，即养育者本身是安全型依恋的人。在人与人交互的过程中，一个不安全型依恋的人会在不知不觉中将他的观念传达给对方。不安全型依恋者的人格特质也很容易使养育过程向非安全依恋模式发展。

信息栏

积极、敏感的抚养方式与婴儿的安全型依恋

第二节　学前儿童同伴交往的发展

同伴交往是指年龄相仿或心理发展水平相当的个体之间的交往。与亲子关系、师生关系相比，同伴交往的互惠性、平等性更强，选择性和自主性也更强。随着年龄的增长和认知能力的提高，儿童与成人的交往减少，而与其他儿童的交往增多。同伴交往成为交往的主要方面，同伴交往对学前儿童的发展会产生独特和不可替代的重要影响。

一、同伴交往的重要性

同伴交往是发展儿童社会能力的重要基础，是满足儿童社会需要、获得社会支持和安全感的重要源泉，有利于儿童自我概念和人格的发展。

（一）有助于儿童社会能力的发展

群体社会化理论认为，儿童的同伴群体一旦形成，就会成为儿童社会化的重要部分，儿童在群体中学习社会文化以形成自己的群体文化。儿童的社会性发展是通过社会技能和社交策略的学习实现的。在不同的人际关系中，儿童运用的社交策略是有差异的。表 14-2 呈现了在亲子交往和同伴交往中儿童运用社交策略的差异。

表 14-2　学前儿童在不同交往中的社交表现

维度/项目	亲子交往	同伴交往
交往的发起、维持	常由成人发起、维持	由儿童发起、维持
信号的发出、行为反应	成人可以进行猜测	必须更富有表现性
对方的反馈	明确、具有指导性	模糊、缺乏指导性

在同伴交往中，儿童需要自己发起、维持交往，且得到的同伴反馈常常是模糊的、缺乏指导性的。因此，儿童需要提高自己的社交技能，使得发出的社交信号更富有表现性，以使互动顺利进行。

同伴交往中的反馈真实、及时、自然，使得同伴群体能对儿童的行为起到规范作用。儿童在同伴交往中会不断调整、修正自己的行为方式，掌握较为适宜的社交技能。例如，儿童积极友好的社交行为，如微笑、分享等，会得到同伴的积极反馈；相反，一些打人、辱骂等消极的社交行为则会引起同伴的反感、排斥，是一种消极反馈。在与同伴的交往中，儿童学会了适宜的社交技能和策略。

(二)有助于儿童积极情绪的发展

在亲子交往中，儿童大多处于被关注、被动的地位，因而不需要他们自己去发起或维持与父母的交往。而同伴交往则不同，交往双方处于平等的地位，因此，儿童需要特别关注对方的态度和反应，并提高自己的表现性和反应的灵活性，以保证顺利实现双方的信息交流，完成交往活动。健康积极的同伴交往能使儿童产生归属感和安全感，满足其归属与爱的需要以及尊重的需要，从而使其情绪愉悦、稳定。例如，在陌生的实验室中，一些 4 岁的儿童与其同伴在一起，而另一些则独自一人。结果发现，前者比后者更容易安静地、积极主动地探索周围环境、玩玩具或做操作练习。在日常生活中，我们也可以观察到，儿童在与同伴交往时经常表现出更多的、更明显的愉快、兴奋和无拘无束的交谈，而且能更放松、更自主地投入各种活动中。长时间的独处会使儿童产生孤独感；长时间的无交流会使儿童产生压抑的情绪。

(三)能为儿童行为提供榜样

同伴可以作为一种榜样或社会模式影响儿童的行为发展。由于儿童和同伴的年龄、心理特征相仿，这种榜样的吸引力、感染力更强，易于他们接受和模仿。虽然儿童很少得到自己小伙伴的“教导”，但是他们可以通过观察更有能力的伙伴的行为来学习。因此，同伴交往为儿童提供了分享知识经验、相互模仿、学习的重要机会。儿童可以在同伴身上学会如何控制自己的情绪、压抑不合理的愿望、与别人协调、恰当处理同伴冲突等。积极的同伴关系一方面可以愉悦儿童的身心；另一方面可以为儿童提供实践情绪控制的机会，有助于训练儿童的情绪调控能力。研究发现，如果经常和那些更为成熟的儿童在一起，他们就会表现出更多的合作行为，更多地采用建议或商量的方式而不是攻击性行为；如果经常和乐于分享的儿童在一起，他们就会表现出与人谦让、分享的行为。儿童还不能对自己的行为做出很好的评价，所以经常把同伴的行为作为自己学习的榜样。

(四)有助于儿童认知能力的发展

在同伴群体中，每个儿童都有其各自的生活背景和认知经验。面对相同的事物，每个儿童可能会有不同的体验和表现(如同样的玩具可能玩出不一样的花样)。同伴交往为儿童相互沟通交流、讨论分享提供了平台。这既有利于促进儿童语言能力的发展，提高儿童解决问题的能力，也有利于儿童扩展知识，丰富认知经验。

（五）有助于儿童自我意识和人格的发展

同伴交往为儿童的自我评价提供了有效的对照标准，使儿童通过对照更好地认识自己。儿童可以通过比较同伴的行为，判断自己的能力和其他个性品质。例如，在儿童的生活中，经常可以听到这样的评价"我吃得比你快""我画得比你好""我的头发比你的长"等，这就是同伴比较的表现。同伴的行为、形象像一面镜子，为儿童的自我评价提供参照，这是儿童最初的社会比较。它会随着年龄的增长而逐渐增强，是儿童形成自我概念的最初的基础。

良好的同伴关系可以促进人格的健康发展，甚至在儿童处于不利的发展状况下，可以抵消不良环境对其发展的影响。伙伴间的接触可以抵消亲子关系中对儿童的某些不利方面。对猴子进行的研究表明，尽管幼猴被剥夺了受母猴照料的机会，但只要它们在幼年同其他幼猴有充分接触和玩耍的机会，它们的发育就是正常的。安娜·弗洛伊德和唐提供的报告也证实了这一点。在第二次世界大战期间，有 6 个孩子的父母都被纳粹分子杀害，这 6 个孩子被关在集中营内生活了近 2 年的时间，直至 3 岁左右才被释放。这期间他们很少得到成人的照顾，几乎是彼此照顾着长大的，相互之间形成了深厚的、持久的依恋情感。他们中没有人有缺陷或成为精神病患者，成年后均成为正常的、有用的社会成员。

同伴交往为儿童对行为的自我调控提供了丰富的信息参照标准。儿童在交往中表现出不同的行为，会接收到同伴群体的不同反馈。从同伴的不同反馈中，儿童可以了解自己行为的后果与性质，认识到调节自己行为的必要性以及哪些行为需要调节、控制。因此，同伴交往，尤其是同伴交往中的反馈机制，对于儿童自我意识的形成和人格的健康发展具有积极意义。

二、同伴交往的发展

儿童的同伴交往在出生后第一年就开始出现，第二年迅速发展，并且在婴幼儿期和学前期有不同的表现。

（一）婴幼儿期

婴儿很早就能对同伴的出现和行为做出反应。1 个月左右，婴儿表现出对其他婴儿的兴趣；2 个月左右，婴儿能够注视同伴；3～4 个月时，婴儿之间会相互触摸观望。但在 6 个月以前，婴儿的这些反应并不具有真正的社会性质。婴儿最开始表现出积极地与其他儿童玩耍是在 6 个月左右的时候。如果把这个年龄阶段的两个婴儿面对面放在地板上，他们会相互注视对方、触摸对方的头发、模仿对方的行为以及互相微笑。此时的婴儿可能只是把同伴当作一个活的或会动的玩具，不会主动追寻或期待从另一个婴儿那里得到相应的社会反应。

6 个月以后，同伴交往可以划分为三个阶段。

1. 以客体为中心阶段(6～12 个月)

这一阶段婴儿交往的注意力集中于玩具和物品，而不是同伴本身。例如，婴儿 A 把玩具递给婴儿 B，B 只是接过玩具，而不会用眼睛注视 A，这个过程会很快结束。

2. 简单交往阶段(1～1.5 岁)

这一阶段的交往具有了应答的性质。幼儿会表现出对他人的兴趣，有意地指向同伴，通过微笑、皱眉、相互给取玩具、说话、身体接触以及使用手势等，引起同伴的注意，寻求同伴的反应。对同伴的仔细观察，标志着幼儿对社会性交往有明显的兴趣。虽然这个阶段的幼儿有时会一起玩玩具，但是更多的时候仅仅是并排坐在一起各自玩玩具。直到 1.5 岁，幼儿才会出现联合游戏。在联合游戏中，幼儿在从事活动的同时也会有自发的、短暂的社会反应。例如，幼儿可能会放下自己手中的玩具，去玩另一个玩具，或者模仿其他幼儿玩玩具。

3. 互补性交往阶段(1.5～3 岁)

随着身体运动能力和语言能力的发展，幼儿的社会性交往变得越来越复杂，彼此之间的交流越来越社会化，具有交互性，交往的种类也越来越多，如一起玩游戏、相互跑追、搭积木等。这个阶段幼儿游戏最显著的特征是同伴之间相互模仿对方的动作，并把相互模仿当作社交游戏。这种相互模仿不仅意味着某个幼儿对同伴感兴趣、愿意模仿同伴的行为，而且意味着这个幼儿知道他的同伴对他是有兴趣的(知道被模仿)。这种模仿行为的数量在 2 岁左右的时候快速增加，这为今后出现的合作性交往奠定了一定的基础。并且 2 岁以后，同伴之间的互补互惠的游戏增多。

婴幼儿同伴交往的主要特征是相互作用的次数逐渐增加，交往的复杂性不断提升，以及交往中蕴含的情感因素增多。

(二)学前期

在这一时期，同伴交往的主要特点是年长的儿童比年幼的儿童追求更多的同伴关注，交往的积极性和有效性增强，并会使用更复杂的社会技巧，社会交往增多。

学前期儿童越来越受同伴的影响，他们与同伴相互影响的方式发生了变化。此时，儿童与同伴的主要交往形式是合作游戏。在游戏中，他们经常会为了完成一个目标而一起工作，如一起用积木搭建一个建筑物或者玩过家家。在游戏过程中，他们可以提出各种请求，互相协商、讨论，共同发起一个活动或者解决游戏中的问题；他们分别承担不同的角色，还可以相互模仿、交流和分享生活中的经验。最初，他们交往的目的主要是获取玩具或寻求帮助，年龄越大，儿童的交往也就越来越倾向于同伴本身，即为了引起同伴的注意，或者为了使同伴与自己合作、交流而发出交往的信号。到 6 岁左右，儿童同伴交往的方式出现了性别差异，主要体现为“男孩成群活动，女孩成双活动”。有研究发现，男孩 3/4 的时间在小组里活动，女孩只有 1/6 的时间在小组里玩，她们更多地与女孩一起玩。随着年龄的增长，儿童与同伴相处的时间逐渐长于与成人相处的时间。

学前期儿童已经不乐意站在同伴的周围看，或者仅参加简单的初始游戏。相反，他们乐于参与复杂的相互交换的游戏。他们要想游戏成功，不仅要设置出相互补充的角色，而且要提出这些角色游戏的规则。在学前期这些活动不仅具有社会性，而且涉及更复杂的认知活动。帕顿对 40 个孩子所进行的社会游戏观察研究发现，从 2 岁到 5 岁，儿童协同合作的游戏行为不断增加，而独自游戏、旁观、无所事事的行为在减少。

三、同伴交往的影响因素

同伴交往呈现出的不同类型和特征引起了研究者极大的研究兴趣。他们在这一领域做了许多研究来探讨影响儿童同伴交往的因素。

(一)内部因素

个性特征、社交策略和社交技能、行为特征、身体吸引力等是影响儿童同伴交往质量的内在因素。

1. 个性特征

性格是个性特征的重要方面，是个性中鲜明表现出来的心理特征，也是个性中重要的心理特征。

研究发现，受欢迎型儿童一般外向开朗，不易发脾气，爱说话，胆子大；被拒绝型儿童虽然性格外向，活泼、爱说话、胆子大，但是性子比较急，脾气大，易冲动；被忽视型儿童性格内向、安静、不易冲动，慢性子、不爱说话，脾气小、胆子也小；一般型儿童在各方面基本上都处于一般水平。

2. 社交策略和社交技能

儿童的社交策略和社交技能对于其同伴交往具有重要影响。在同伴交往中，当儿童使用有效、适宜的策略时，他的行为才会被同伴认可和接纳。

研究表明，受欢迎型儿童使用的策略较多，有效性、主动性、独立性、友好性均较强；被拒绝型儿童掌握、使用较多社交策略，独立性、主动性强，但是缺乏有效性；被忽视型儿童掌握、使用的社交策略较少，主动性、独立性、有效性均较弱，依赖性、退缩性策略较为常见。[①] 一般型儿童仍处于中间水平。

3. 行为特征

受欢迎型儿童通过观察或接近其他儿童来发起社交，对社交信号比较敏感，当其他儿童发出社交信号时，他们会做出比较积极的反应。相比之下，被拒绝型儿童通过抓住别人或抢同伴的玩具发起社交，对其他儿童发出的社交信号，他们或不予理睬或采取不恰当的方式予以回应。

---

① Hyang-Ah Park, Gu-taek Bae, Gan-Hee Won, et al., "The relationship between children's peer communication types and conflict resolution strategies," *Early Childhood Education*, 2016, 21(1), pp. 541-565.

4. 身体吸引力

年龄越小，外表等身体吸引力特征对于同伴交往的影响越大。研究表明，3～5岁儿童已经能够区分漂亮和不漂亮的儿童。在幼儿园里，长得漂亮、穿戴整齐干净的儿童更容易得到别人的喜欢。

(二)外部因素

影响儿童同伴交往的外部因素有早期的亲子交往经验、家庭教育条件等。

1. 早期的亲子交往经验

儿童在与父母的交往过程中不仅实际练习着社交方式，而且发现自己的行为可以引起父母的反应，由此可以获得一种最初的“自我肯定”的概念。这种概念是儿童建立自信和自尊的基础，也是其同伴交往积极、健康发展的先决条件之一。早期亲子之间的依恋关系质量对以后的同伴关系具有预测和定型的作用。不少心理学研究指出，婴儿最初的同伴交往行为几乎都是来自早些时候与父母的交往。亲子依恋安全性高的儿童，与同伴之间也容易建立具有相同特质的依恋关系；反之，则会出现同伴交往困难。对于这一现象，研究者解释说，儿童与母亲依恋关系的建立会形成一个“内部工作模式”，依恋关系建立在成人对儿童的反应基础上，积极的反馈易于形成高安全性的依恋。在与成人的交往中，儿童学习成人对待自己的方式；在与同伴的交往中，儿童就会以同样的方式对待同伴。因此，成人(包括家长、教师)对儿童的教养行为、教养态度对于儿童的同伴交往会产生重要影响。

2. 家庭教育条件

在社会化的过程中，幼儿期是儿童交往中由家庭向同伴群体转移的时期。此时，家庭是儿童社会化的重要场所。温馨和睦、民主和谐的家庭氛围有助于儿童与他人建立良好的同伴关系，家庭成员之间的互帮互助、相互关心对于儿童交往行为的培养具有潜移默化的作用。在冷漠、敌对的家庭氛围下，儿童同伴交往困难的现象会比较多，因为他们缺少学习适宜社交技能的机会，攻击性较强。

四、促进学前儿童良好的同伴交往

父母和教师除了以自身的态度、言行对儿童的同伴交往产生间接影响外，还能通过直接指导促进儿童的同伴交往。

(一)为儿童创设同伴交往的条件和机会

父母和教师应积极创设有利于儿童与同伴充分接触、交往的机会，让儿童体会同伴交往的乐趣。例如，父母利用走亲戚、到朋友家做客或有客人来访的时机，鼓励儿童与他人接触和交谈；鼓励儿童参加游戏，邀请小朋友到家里玩，感受有朋友一起玩的快乐。幼儿园应多为儿童提供自由交往和游戏的机会，鼓励他们自主选择、自由结伴开展活动，让他们学会与人交往，发展交往技能。

（二）促进儿童的同伴交往，并教给儿童具体的交往技能

要在日常生活中培养儿童积极良好的同伴交往态度，使儿童喜欢交往、愿意交往，在交往中积极主动，做出更多友好的行为，如合作、分享，并且教给儿童一些具体的交往策略、技巧和方式，如怎样发起交往，维持交往的技能，以及如何解决同伴之间的矛盾冲突，与同伴协商、讨论、交流、合作、恰当地表达自己意愿的技能，帮助儿童提高社会交往技能。

信息栏

同伴是否比父母更重要

（三）对儿童的同伴交往进行细致观察，提供及时的帮助和指导

由于儿童自身发展水平的局限，他们不可能完全凭借自己的力量来解决同伴交往中出现的各种问题，因此他们需要大人的指导和帮助。指导的前提是深入细致地观察。父母和教师应当在日常生活和活动中对儿童的同伴交往给予关注和重视，进行细致观察，及时发现儿童同伴交往中的问题，对儿童同伴交往的具体过程提供及时的、有针对性的指导和帮助。

第三节 学前儿童社会行为的发展

社会行为是指人们在交往活动中对他人或某一事件表现出的态度、言语和行为反应。从亲子交往到同伴交往，在个体社会化的起始阶段，每个儿童必然要经历尝试失败、调整目标、放弃自我、协调合作的过程，并逐渐融入更大范围的人际关系之中。在这个过程中，儿童会产生许多社会行为。根据动机和目的的不同，社会行为可以分为亲社会行为和攻击性行为。

一、学前儿童的亲社会行为

（一）亲社会行为的含义

亲社会行为通常是指对他人有益或对社会有积极影响的行为，包括分享、合作、助人、安慰、捐赠等。它是一种个体帮助或打算帮助其他个体或群体的行为趋向。亲社会行为是个体社会化的重要指标，也是社会化的结果。

亲社会行为有时也被称为利他行为，但一般认为两者是不同的。利他行为是亲社会行为的一种，也是亲社会行为的高级表现形式。从行为的动机和意图来区分，利他行为强调亲社会行为是站在他人立场自愿表现的，个体表现该行为完全是自愿地从他人利益出发，为他人的利益考虑的，而不是对某种具体的社会回报的预期或对惩罚的回避。一般的亲社会行为出现可能有多种原因，可能是利他的，也可能是利己的。

(二)学前儿童亲社会行为的发生与发展

1. 0～3 岁婴幼儿亲社会行为的发展

研究证明，儿童在很小的时候，亲社会行为就出现了，并以不同的方式表现出来。例如，研究者发现，出生 34 小时的婴儿在听到别的孩子哭时，也会哭，但听到同样分贝的其他声音则没有反应；13 个月的幼儿开始对其他婴儿的悲哀情绪表现出积极的反应，如轻轻抚摸、用言语表示同情；12～18 个月的幼儿开始甚至经常在没有成人的鼓励下向成人或同伴出示、分享玩具；一些幼儿表现出助人行为，不仅接近有困难的人，试着提供特定的帮助，还摇摇晃晃地帮忙做家务，如扫地、擦桌子等；21 个月时，他们开始出现同情或移情，会关心、安慰同伴。一般认为，2 岁左右，幼儿已经出现了亲社会行为的萌芽。斯特恩根据观察指出，2 岁幼儿已经有了感受他人悲伤的能力，并试图安慰和帮助他人。例如，看到其他人明显的受伤或不安，他们会表现出关怀，通过拥抱或轻拍来安抚对方，并试图解释他们为什么会不安。由于缺少帮助他人的知识和技能，0～3 岁婴幼儿的利他行为相对较少。

2. 3～6 岁儿童亲社会行为的发展

在整个学前期，随着年龄的增长和助人策略的增多，儿童逐步学会理解他人的需求，学会做出恰当的利他反应。3～6 岁儿童表现出越来越多的亲社会行为，其发展特点主要体现在：①随着年龄的增长，亲社会行为不断增多，形式逐渐丰富化、多样化；②亲社会行为的自发性有所增强，3 岁前大多是在家长的示意、同伴的要求下产生的，3 岁后逐渐出现一些自发性行为，如自发的分享、合作；③识别他人需要帮助的线索的能力和移情能力逐渐增强；④小班儿童的亲社会行为指向同性、异性同伴的次数接近，大班儿童的亲社会行为指向同性的次数不断增多。

(三)学前儿童亲社会行为的影响因素

1. 认知因素

影响学前儿童亲社会行为的认知因素主要包括以下几个。①对社会性行为的认识。当儿童认识到“小朋友之间应该互相帮助”“不分东西给其他小朋友不是好孩子”时，他们在面临他人需要帮助的情境时，会毫不犹豫地提供帮助。②对情境信号的识别。它主要是指具有对他人是否需要帮助的知觉和认识的敏感性。在助人行为中，首先要了解别人的困境。学前儿童由于认识水平的局限，较难识别一些比较隐蔽的信号。例如，同样是摔坏了玩具，一个孩子可能大声哭泣；另一个孩子可能只做出伤心的样子，控制自己没有哭出来。对于这一种情境，儿童更可能对前一个孩子表示同情和提供帮助，而对后者可能视而不见，因为前者的困境信号比后者更为明显。③观点采择能力。它是指区分自己与他人的观点，并进而根据当前或先前的有关信息对他人的观点或视角做出准确推断的能力。这是一种能够站在他人的角度，从他人的视角看待事物，理解别人的观点，换位思考问题的能力。研究发现，具有较高观点采择能力的儿童由于认同、理解他人情感需要的可能性更大，更多地做出亲社会行为。儿童思维的自我中心限制了他们分享或助人的能力，因为他们只关注个人的愿景，没有亲社会行为的需求。例如，年幼的儿童看到提了很多包的人不会主动提供帮助，因为他们还意识不到提那么多东西是一种负担。年龄稍大些的儿童就会替他人考虑，能够意识到那种负担，也愿意提供帮助。总之，儿童能够越好地理解他人的想法和感受，就越愿意帮助他人。

2. 移情

移情是一种非常重要的社会性情感，是指在人际交往中，当感知到他人的某种情感时，自己也能体验到相应的情感，即因他人的情感而引起自己与之一致的情感反应。研究发现，移情是亲社会行为产生和发展的重要内驱力，能够感知他人的恐惧、失望、悲伤、孤独的儿童比不能体会到这些感受的儿童更倾向于帮助他人。[①] 对于学前儿童来说，由于认识上的局限性，他们比较容易以自我为中心。因此，帮助孩子从他人的角度思考问题和体验他人的情感，成为发展儿童亲社会行为的重要途径。一方面，移情可以使儿童摆脱以自我为中心，产生利他思想；另一方面，移情可以引起儿童的情感共鸣，使儿童产生同情心和羞愧感，从而促进亲社会行为的发生。研究表明，具有良好移情能力的儿童能更好、更经常地做出亲社会行为，对周围成人和同伴亲切、友好；移情能力比较缺乏的儿童，亲社会行为较少，消极的、不友好的行为较多。

3. 环境的影响

影响亲社会行为的环境因素主要包括家庭、同伴及大众传播媒介等。家庭(父母)和同伴对儿童社会性行为的影响主要是通过与儿童的交往产生的。儿童的亲社会行为如分享、帮助、关心他人等，就是在与父母的交往中，在父母的榜样示范、要求和指导下逐渐形成与发展的。早期的亲子交往对儿童与他人包括同伴的交往有极为明显的影响，甚至会影响儿童成年以后的人际交往态度和行为。

信息栏

妈妈的榜样作用

一个孩子帮妈妈去买酱油，回来的路上不小心打碎了酱油瓶，孩子不安地等待着母亲的惩罚。然而，妈妈首先想到的不是没有酱油怎么做饭，而是玻璃碎片会不会扎到行人的脚。于是，妈妈领着孩子把路上的玻璃碎片打扫干净。妈妈的行为自然而然就会在孩子心中留下深刻的印象，成为孩子亲社会行为的榜样。

同伴对儿童的亲社会行为具有非常重要的影响。有研究发现，在儿童的安慰、

① J. H. Song, T. Colasante, & T. Malti, "Helping yourself helps others: Linking children's emotion regulation to prosocial behavior through sympathy and trust," *Emotion*, 2018, 18(4), pp. 518-527.

帮助、同情等能力形成和发展过程中，同龄人起着决定性的作用。特别是那些被儿童认为更有权威、更有能力或更重要的榜样的行为更易于被儿童模仿。

大众传播媒介是社会文化传递和价值观渗透的主要途径。为儿童提供符合其年龄特征，深受其喜爱的电影、电视、书籍、杂志等对其亲社会行为有一定的促进作用，那些反映人与人之间相互关心、帮助和善良、关怀的故事及动画片，能使儿童学习和巩固亲社会行为。

(四)学前儿童亲社会行为的培养

1. 提供亲社会行为的榜样

模仿是儿童获得相应社会行为的重要途径。儿童会模仿他人的行为，其中包括亲社会行为。儿童亲社会行为的获得与表现在一定程度上与模仿有密切的关系。因此，为儿童提供亲社会行为的榜样是培养其亲社会行为的基本方法。同伴、父母、大众传媒中的角色等都可以成为学前儿童亲社会行为的榜样。

儿童会模仿同伴的利他行为。例如，当儿童看见其他孩子把自己的玩具送给住院的孩子或者帮助老人做家务时，他们也会这样做。在养育过程中，应为儿童提供亲社会行为的榜样。

另外，作为儿童经常学习的榜样，父母对儿童的亲社会行为也有影响。研究发现，对于乐于助人、敢于负责的母亲，她的孩子会经常模仿她，也变得善于合作、乐于与人分享，并且不会苛求他人。家长、教师应注意在日常生活中为儿童树立良好的行为榜样。家长、教师要切实提高自身的修养，规范自己的行为，注意与周围的人和睦相处、积极合作，并为他人排忧解难等，优化儿童的生活环境，让儿童从中找到学习的榜样。

教师和家长可以通过故事书、电视节目等多种途径为儿童提供分享、合作、助人等良好的行为榜样。教师、家长要充分利用生动形象、富有童趣的文学形象来提高儿童的利他认识，发展他们的同情心、自豪感、内疚感等利他情感，从而培养儿童的亲社会行为。

2. 移情训练

移情训练是一种旨在提高儿童体察他人情绪、理解他人情感，从而与之产生共鸣的训练方法。移情训练的具体方法有听故事、引导理解、续编故事、角色扮演等。其中角色扮演与角色游戏类似，是让儿童根据一定的情节扮演某个角色，并通过言语、行为、姿势、动作、表情等表现该角色的特征，从中体验在某些情境下该角色的心理感受，进而在现实生活中遇到类似情况时能做出恰当的反应。

信息栏

引导儿童了解自身行为对他人的影响

3. 创设实践条件和机会，提供指导和帮助

教师要利用一切学习和游戏活动，引导儿童在实践中表现合作、谦让、共享等

良好行为。进行游戏时要与他人配合，合作的能力才能得到锻炼；大家一起游戏和生活，需要分享玩具、食物等。在一系列过程中，儿童起初会发生冲突或出现争执，因此，成人和教师需要给予他们指导，启发他们想出不同的解决问题的办法，并使他们学会谦让、合作、共享等良好行为。攻击性强的儿童往往缺乏解决交往问题的策略，不善于与他人建立良好的关系，这就需要向儿童提供一些正常交往的策略，通过榜样的示范，并进行恰当的解释和说明，帮助他们掌握减少人际冲突的策略，从而改善人际关系，减少攻击性行为。我们要利用游戏这一有效的手段让儿童反复练习、反复实践，让他们逐步形成自觉、稳固的亲社会行为习惯。

4. 及时强化，通过表扬和奖励激发和巩固亲社会行为

儿童的亲社会行为无论是自觉的还是不自觉的，都需要得到群体的认可。儿童一旦出现亲社会行为，成人和教师要及时使用表扬、奖励等进行强化，使儿童获得积极反馈，达到逐渐巩固亲社会行为的目的。尤其有效的是，把儿童的亲社会行为与其自身潜在的利他性格联系在一起对儿童进行赞扬。例如，妈妈对孩子说："谢谢你帮我准备早饭！妈妈知道可以依靠你，因为你是一个非常孝顺的孩子。"当儿童反复听到类似的评价后，他们的自我概念会发生明显的改变，儿童会感觉自己真的很可靠、很孝顺。因此，当亲社会行为适用于他们遇到的情况时，他们的自我概念就会促使其做出亲社会行为；反之，习得的亲社会行为可能会消退。我国心理学工作者做过一项研究，创设需要谦让的实际情境和假设情境，并施以精神奖励，对儿童进行谦让观念、行为的训练和教育，结果表明，精神奖励在巩固儿童的谦让行为中具有不可低估的作用。恰当地运用表扬、奖励能有效地促进儿童亲社会行为的发展，并在一定程度上抑制儿童的攻击性行为。①

二、学前儿童的攻击性行为

（一）攻击性行为的含义与分类

1. 攻击性行为的含义

回忆小时候的事情，每个人恐怕都会记起班里的"小霸王"——一个天天欺负同学、无事生非的家伙。"小霸王"的这种行为就是典型的攻击性行为。攻击性行为，又称侵犯行为，是指任何有意地对他人的财物、身体造成损害或对他人的精神造成伤害的行为，表现为身体攻击、言语攻击或对他人权利的侵犯，如推、打、抓、骂、破坏他人物品等。

儿童的攻击性行为不利于建立良好的社交关系，造成同伴交往困难，阻碍儿童的健康发展。

2. 攻击性行为的分类

依据不同的角度，可以对攻击性行为做出不同的分类。

---

① 王欣、张真：《学龄前儿童的亲社会行为动机》，载《学前教育研究》，2019(6)。

从表现方式来看，攻击性行为可以分为身体动作攻击和言语攻击。身体动作攻击主要是指借助身体动作表现的攻击性行为，如打、推、抢、踢、掐、咬等；言语攻击主要是指借助言语表现的攻击性行为，如言语威胁、辱骂、嘲笑、诽谤、说坏话等。

从表现目的来看，攻击性行为可以分为工具性攻击和敌意性攻击。工具性攻击是以损坏他人的财物或伤害他人的身体、精神为手段以达到目的(例如，赢得物品、空间或权利)的侵犯行为，常以自利的结果出现。儿童的目的不是伤害某人，他们只是借助打、抢、推或咬等“武力”以达到自己的目的，得到自己想要的。因此，它常由对权利、优先权或拥有物的争夺引发，攻击本身并不是儿童的最终目标。敌意性攻击是指出于要损伤他人身体或对他人精神造成伤害而表现的攻击性行为。儿童的目的在于打击、伤害他人，如殴打、辱骂、讽刺等，他们的伤害性行为是有目的、有意的。举例来说，当3岁的堂堂将他的玩伴特特推入沙坑里，并抢走了特特的水桶时，堂堂表现出的就是工具性攻击。当特特对堂堂生气，开始骂他是强盗并朝他扔沙土时，特特表现出的就是敌意性攻击。

工具性攻击行为和敌意性攻击行为在儿童中更多以身体动作攻击等方式来表现。等长大一些，他们会更多地运用言语来攻击。一种常见的攻击是连带性的攻击，即儿童以伤害他人之间关系的方式对他人进行攻击。此种攻击行为在女孩身上更常见。她们通常试图说服自己的朋友不理某个同学，或散布恶意的谣言。

(二)攻击性行为的发生与发展

到学前末期，各种攻击性行为均已经很明显。接下来介绍攻击性行为的发生与发展。

1. 攻击性行为的发生

尽管幼小的婴儿也会生气、愤怒，生气时偶尔也会打人，但往往是无目标或无目的的，我们很难认为这样的反应具有侵犯的意图。等婴儿成长到可以与其他孩子一起玩耍时，他们可能就会表现出攻击性，如撞、踢、拽，或抓、咬其他孩子。最早指向同伴的攻击性行为在1岁末时被观察到。当1～2岁儿童玩游戏产生冲突时，他们会运用攻击性行为来解决问题。这个时期恰好是儿童对自己拥有物体、自己控制自己的活动、同伴交往感兴趣的时期。

2. 攻击性行为表现方式的发展变化

2～4岁儿童的身体动作攻击行为减少，言语攻击行为增多。幼小的儿童更多地依靠身体动作攻击，而年龄较大的儿童由于言语和沟通技能更强，更多地采用言语的而不是身体动作的攻击。儿童的年龄越大，越可能选择言语回应攻击行为，而不是身体动作，男孩、女孩都表现出这样的发展趋势。但是，身体动作攻击行为依然会在儿童期与青春期前期出现，这一点在男孩中表现得尤为突出。攻击性行为的表现方式出现这种发展转折不仅是因为儿童言语技能的提高，而且与成人期望与规则的变化有关。大多数父母和教师不再容忍年龄较大的孩子做出身体动作攻击行为，而对他们的言语攻击行为容易忽视，并且言语能力的增强使得他们能从使用身体动作策略转向言语策略、用言语作为攻击他人的武器。

3. 攻击性行为的发展

2～6 岁儿童表现的攻击性行为大多数是工具性的，主要是因为争夺玩具和材料及游戏场地出现的。例如，儿童可能因为别人玩他的玩具而打别人，也可能因为别人离他搭的积木太近而推别人，这样的攻击性行为在学前期达到了顶峰，并随着儿童认知和语言技能的发展而开始减少（见表 14-3）。对他们来说，为某个物体或某种权利而进行身体打斗可能带来的麻烦与社会性的代价相比，是不值得的。随着年龄的增长，较大儿童的攻击性行为向敌意性攻击性行为转变，更多是借助言语，以人为攻击对象，更可能充满敌意。

信息栏

高攻击性的儿童成年后会危害社会吗

表 14-3　2～6 岁儿童攻击方式和频率的发展变化

项目	2～4 岁	4～6 岁
身体动作攻击	达到顶峰	下降
言语攻击	在 2 岁时比较罕见	随着儿童言语技能的提高而增多
目标攻击	大部分是工具性攻击	大部分是怀有敌意的
攻击时机	大多发生在与父母争吵之后	大多发生在与同伴争吵之后

（三）攻击性行为的影响因素

多年以来，心理学家一直认为攻击性行为的产生源于挫折，即儿童或成人受阻于目标的达成，体验到沮丧和挫折感，进而对构成障碍的人或事物产生攻击性。

挫折感是指个体在活动中遇到了障碍或干扰，使得自己的目标不能实现，需要不能满足时的情绪状态。道拉德提出的攻击/挫折理论认为，挫折总是会产生某种攻击，或攻击通常是由挫折引起的。挫折是导致儿童出现攻击性行为的一个直接原因。有研究表明，当所有儿童都没有玩具可玩时，没有儿童会有挫折感，也不会表现出攻击性行为；而当一部分儿童有玩具，另一部分儿童没有玩具时，没有玩具的儿童会体验到强烈的挫折感，十分不满，即使后来又有了玩具，他们还是会怒气冲冲，并表现出摔打玩具等攻击性行为。然而，并非当初没有玩具的所有儿童都表现出了攻击性行为。后来有学者对道拉德的理论进行了修正，认为挫折并不直接导致攻击，只是创造了一种唤醒状态，攻击与是否有经验、个体的情绪状态和环境有关。也就是说，挫折并不一定会引发攻击。在实际生活中，受挫者可能会出现目标转移，甚至是目标升华，进而促进亲社会行为的产生。例如，亲人因病医治无效去世，有人非常悲愤，怨恨医院与医生；也有人升华为励志学医、服务社会的动机。

尽管挫折感可能导致攻击性行为，但研究者近年来已不再认为挫折感是唯一的原因。以下列出了几种影响儿童攻击性行为的其他因素。

1. 生理因素

激素是影响攻击性的一个主要生理因素。一些证据表明，睾丸激素水平与某些男性的攻击性呈一定的相关，特别是与威胁或激怒的反击性反应有一定的联系。睾丸激素水平较高的男性不仅更缺乏耐心、容易激动，而且当他们处于易激动和引起冲突的环境中时，更容易表现出攻击性行为。

另外，适应性与双生子研究都指出了遗传因素在攻击性形成中的作用。一些儿童遗传了父母易冲动的特点，这些个性特征会使父母更为粗暴地约束他们，进而使得他们更具攻击性。亲子之间这样的恶性循环使得儿童的攻击性水平越来越高。

2. 气质特点

研究表明，困难型婴儿(不稳定、不可预测、难以抚慰的婴儿)在以后更容易发展为攻击性行为模式。易烦躁的、不易适应的婴儿比易放松、灵活的婴儿在幼儿期更可能表现出攻击性行为；注意力容易分散的和适应日常生活变化有困难的儿童比那些温和的儿童更经常地借助攻击性行为表达不满情绪。

3. 社会信息加工能力

儿童的攻击性行为很大程度上受制于对他人行为动机或意图的理解。道奇等人最先研究了影响攻击性行为的认知因素。他们发现，具有攻击性的男孩之所以使用攻击性行为，通常是因为他们没有学会领会他人的意图，经常会认为“我不知道你要做什么，而且怀疑你要攻击我”。攻击性儿童常认为他人的敌意是自己攻击性行为的前提条件。当儿童把善意的社会交往误解为有敌意的社会交往时，攻击性行为更可能产生。这些儿童的社会性观察能力较差，不能辨认比较模糊的线索或选择性地注意敌意性特征，难以准确理解其他儿童的友好线索。特别是在模糊情境中，即不清楚对方意向是侵犯还是友好时，被评定为具有攻击性的儿童更容易以敌意的方式做出反应，认为别人有意要侵犯他。研究表明，具有攻击性的儿童理解他人意图的能力更像是两三岁的孩子。这些儿童有可能会将操场上发生的一个小意外(例如，一个儿童在踢足球时不小心绊倒了另一个儿童)理解为他人有意的行为。我国学者也指出，理解他人意图的能力和攻击之间可能存在循环关系，高攻击性水平使个体理解他人意图的能力较差，更容易产生敌意解释偏向，而攻击对敌意解释偏向具有发展和强化作用。① 一些包括愤怒管理技巧的训练能够帮助具有攻击性的儿童获得那些本应该在3～5岁时就掌握的理解他人意图的能力。

儿童对社会性刺激的信息加工过程是怎样的呢？道奇和克里克构建了儿童的信息处理模式。根据这一模式，儿童对一个社会性刺激的反应包括以下几步：①儿童有选择地识别社会刺激的部分特征；②儿童试图解释这些特征，也就是对这些特定

① 张丽华、苗丽：《敌意解释偏向与攻击的关系》，载《心理科学进展》，2019(12)。

的刺激赋予一定的意义；③儿童评估当前情况下的目标；④根据其对环境的认知和想要达成的结果，儿童从记忆中提取相关信息；⑤儿童评估这种反应是否合适；⑥付诸行动。很多研究者指出，具有攻击性的儿童的认知过程在很多环节上是被扭曲和被束缚的，这种被干扰的信息处理过程与持续增长的攻击性有关。例如，具有攻击性的儿童不会注意到明显的非敌意刺激的特点。很多具有攻击性的儿童有遭到同伴的拒绝、挖苦等经历，他们对被同伴拒绝、挖苦的典型反应就是变得更加具有攻击性和破坏性。因此，具有攻击性的儿童似乎进入了一个循环：攻击性行为导致同伴拒绝，同伴拒绝又会导致更多的攻击性行为。这种循环会使得儿童在社会情境中习惯性地认为他人是敌意的、冷漠的，且对他人表现出攻击性。

信息栏

社会技能训练

4. 自控能力

儿童自控能力(包括对情绪情感、行为的控制)的发展情况也影响和制约他们攻击性行为的表现。研究发现，自控行为水平低的儿童，其攻击性行为水平较高；自控行为水平较高的儿童，其攻击性行为水平较低。

5. 强化

强化也是造成儿童攻击性行为的一个原因。尽管父母一般都不愿意自己的孩子表现出攻击性行为，但在许多情况下，成人实际上指导和强化着儿童使用攻击性行为去解决问题，尤其当他们认为儿童对同伴的攻击性行为可以被理解为正当的自我防卫、有男子气、独立或其他有价值的品质时。强化的直接作用效果对儿童的攻击行为模式的发展有十分重要的作用。当儿童出现攻击性行为时，如果父母和教师不加以制止，听之任之，就等于默许、强化了儿童的攻击性行为。而且，当父母对儿童的攻击性行为表示退让时，其实父母正在强化他们所强烈反对的行为，因此他们的默许或退让等于在帮助儿童建立攻击性行为的长期模式。在同伴交往中，如果一个儿童成功地用攻击性行为控制了一个同伴，以后他还会继续用这种方式来对待同伴，这无意间强化了他的攻击性行为。研究发现，当一个儿童去抢另一个儿童的玩具时，如果另一个儿童做出哭泣、退缩或沉默的反应，那么这个儿童以后还会用同样的方式去对付其他儿童。

6. 榜样的示范

早期家庭生活经验是儿童习得攻击性行为的训练场。格拉德·帕特森基于对家庭环境中具有攻击性的儿童仔细而系统的观察，指出父母在很多情况下助长了儿童的攻击性行为。例如，很多父母都会用体罚或威胁来制止儿童的攻击性行为。虽然这么做是为了制止攻击性行为，但是这好像是在用实际行动告诉孩子：“你是对的。让别人听从你的最好方法就是狠狠地揍他们一顿。”可见，体罚仍然是在明确地告诉儿童，暴力是有效控制他人的方法。父母的惩罚在控制儿童攻击性行为方面往往并不奏效，而父母的惩罚本身又给孩子树立了攻击性行为的榜样。事实上，很多具有攻击性儿童的家庭中都存在这样的问题。与没有攻击性儿童的家庭相比，具有攻击性的儿童及其父母都更倾向于以攻击性行为来回应他人的中性行为。

并非只有父母的示范影响儿童的攻击性，同伴也是儿童模仿攻击性行为的对象。儿童还可能与具有攻击性的同伴交往，这些同伴也会促进其具有攻击性。儿童在家庭和幼儿园中，对周围人攻击性行为的注意、观察、学习、模仿是他们获得攻击性行为的重要途径。

7. 媒介的影响

在大众传播媒介迅速发展的今天，电子媒介传递着许多攻击性行为的信息和形象。儿童一般从 3 岁左右开始经常接触电视节目，到 15 岁时，他们花在看电视上的时间甚至可能超过他们在学校学习的时间。儿童看电视的时候究竟看到了什么？这个问题的答案因人而异。

信息栏

喜欢看动画片的雷雷

7 岁的雷雷每天回到家以后都做同样的事情：一集接一集地看动画片，一直看到开饭。雷雷的母亲对儿子沉迷于电视感到非常头痛，她尤其受不了的是儿子喜欢看暴力镜头。她丈夫劝她："别担心，让他看吧。这些暴力画面不会让他学坏的，说不定还会让你省心呢。"

观看有暴力镜头的电视节目会对儿童造成什么样的影响？这一问题在 20 世纪 50 年代中期首先得到关注。那时全美只有一半的家庭拥有电视，然而公众都已经注意到了电视节目里的暴力镜头，并且开始担心由此对观众尤其是儿童造成的影响。下面的事实可能会给我们一些警示：曾经有一个 6 岁的卡西迪(20 世纪 50 年代在电视中饰演牛仔)崇拜者向父亲提出要真子弹来填装他的玩具枪，理由是玩具子弹不能像卡西迪那样杀人。

电视节目中出现的暴力、斗殴等情节对儿童有着怎样的影响呢？根据班杜拉的社会学习理论，儿童通过观察他人的行为来学习，所以如果观察到了暴力行为(真实的或是电视上的)，他们很可能会表现出暴力。实际上，实验室研究也证实了这一点。实验中儿童观看了特别录制的电视节目，节目中有一个成人在踢打塑料玩偶。当儿童有机会与玩偶玩耍时，与没有观看节目的儿童相比，看了电视节目的儿童的攻击性表现得更为突出。另外，电视节目中的暴力镜头可能使儿童变得冷漠，使他们更易接受暴力行为。

总体而言，观看电视节目中的攻击性行为会增加儿童以后的攻击性行为。过多的电视暴力会影响儿童的态度，使他们将暴力看作一种解决人际冲突的可接受的和有效的途径。儿童通过看电视可能会认为，无论是对好人还是对坏人，暴力都是有用的，都能解决问题。过多地看电视暴力节目，还会使儿童对他人的痛苦和侵犯行为表现出冷漠的态度。特别对于年幼的儿童，电视暴力的危害更大，因为他们不能将电视节目中的行为与其后果联系起来。

对于本部分的案例中喜欢观看动画片中暴力镜头的雷雷是会变得更有攻击性，还是会像他父亲所认为的那样，不会学坏，甚至还会让妈妈省心，研究清楚地表明，雷雷的父亲是错误的，在电视暴力的直接影响下，儿童会变得更具有攻击性。

第四节　学前儿童道德的发展

儿童对社会标准的采纳，不仅是一个接受外部强加指令的过程，更是一个内化的过程。为了形成内化，儿童必须“超越父母特殊的观点而有自己的观点”。这就涉及儿童道德发展的问题。

一、皮亚杰的道德发展理论

皮亚杰采用开放式的临床访谈，运用成对的故事对儿童道德判断进行了研究。在故事中，人物的行为意图与行为后果是冲突的，看儿童如何判断好坏，以获得道德判断的发展。第四章案例导读中提到的故事就是皮亚杰采用的对偶故事之一。

皮亚杰认为儿童的道德发展是一个从低级到高级、从他律到自律的逐渐发展的有阶段的连续过程，每一个阶段儿童又形成了一个做出相对一致的道德决定的模式。

（一）前道德阶段

此时的儿童尚没有道德的概念，还不能将自己与外界区分开来，将自己与外界混为一谈。规则对儿童来说不具有约束力，他们不能把规则当成一种义务去遵守。儿童的行为直接受结果的支配。皮亚杰把这一阶段称作道德的自我中心主义。

（二）他律道德阶段

“他律”的意思是“受另一个人的管辖”，是指按照他人的标准判断事物的好坏。他律道德，也称强制道德、道德现实主义，是指早期儿童的道德判断只注意行为的客观效果，不关心行为者的主观动机，是受自身以外的价值标准支配的道德判断，具有客体性。在约翰和亨利的故事中，他们认为约翰更淘气，因为他打碎了更多的杯子，尽管他的动机是单纯的。

信息栏

特特眼中的规则

在进入他律道德阶段后，儿童形成了对规则的尊重。这一时期的儿童认为，规则能够由警察、父母、教师等这样的权威人物来制定。他们认为，规则是固定的、不可改变的。即使你因为家人突发疾病超速行驶奔向医院，儿童也会认为你在破坏交通规则，认为你的行为不可接受，应该受到惩罚。服从权威、遵守规则是这一阶段儿童的主要特征。皮亚杰认为，成人的约束和滥用权力对儿童的道德发展极其有害。

这一阶段的儿童信奉内在的公平，认为违反规则必然会受到惩罚。例如，一个6岁的男孩在偷吃甜饼时不慎摔倒，磕破了膝盖，他就可能认为，磕伤是对他偷吃行为的惩罚。这个阶段的儿童赞成抵罪式的惩罚——为了惩罚而惩罚，而不考虑它与禁戒行为性质之间的关系。因此，6岁儿童可能更赞成用打屁股的方式来惩罚一个打碎杯子的男孩，而不是让这个孩子用他的零用钱进行赔偿。

（三）自律道德阶段

自律道德，也称互惠道德、道德相对主义，是指儿童根据自己的主观价值标准进行道德判断，具有主体性。在这一阶段，是非判断的主要依据是行为者欺骗或侵犯社会规则的动机，而不是行为本身的客观后果。因此，10岁儿童会一致地说，因偷吃果酱而打碎了1个杯子（坏的动机）的亨利比在去吃饭时打碎15个杯子（好的或中立的动机）的约翰要坏得多。

这个阶段的儿童开始意识到，社会规则是主观制定的，规则可以改变、重新制定，只要大家都同意，规则就可以修改，为了满足人的需要，规则也可以违反。因而，在家人突发疾病后超速行驶奔向医院的司机不再被认为是不道德的，即使他违反了交通规则。儿童不再对权威绝对地服从，他的道德判断是以遵从规则为特征的。儿童已经认识到规则并不是一成不变的，它是同伴之间共同约定的，是可以改变的。

在这一阶段，儿童的道德判断已经开始摆脱外在的约束，以是否公平作为判断行为好坏的依据。当儿童从利他的角度去考虑时就产生了公正观念。在皮亚杰看来，公正观念是一种出于关心和同情人的真正道德关系，儿童在进行道德判断时，应首先考虑到同伴的情况，从关心和同情的出发点去判断。

道德自律的儿童会认为，处理违规行为时，要使惩罚性后果与“罪行”相符，使破坏规则者能够理解违规行为的意义，以后不再重犯。有意打碎杯子的儿童应该用自己的零用钱来赔偿，而不是简单地接受打屁股的惩罚。自律的儿童也不再相信内在公正，因为他们从生活经验中知道，违反这类社会规则常常不会被察觉，也不会受到惩罚。

皮亚杰认为，如果父母不能下放一些权力，就会增强儿童对规则和权威人物的服从，减缓道德发展的进程。例如，如果父母用“你要这样做，因为是我让你这样做的”之类的方式命令儿童，年幼的儿童会认为，规则是绝对的命令，这种绝对性剥夺了儿童表达自己观点的权力。

二、科尔伯格的道德发展理论

科尔伯格是皮亚杰道德认知发展理论的追随者，同时，他又在皮亚杰的“对偶故事”的基础上进一步修改、提炼和扩充，于 20 世纪 50 年代提出了自己的一套关于儿童道德发展阶段的理论。他采用道德两难故事，让儿童、青少年、成人在两难推理中做出选择并说明理由，其中最著名的是海因兹偷药的故事。

信息栏

海因兹偷药

欧洲有一个妇女患了一种特殊的绝症，生命垂危。医生认为只有一种药能救她，就是本镇一个药剂师最近发明的镭。药剂师制造这种药要花很多钱，而他索价还要高出成本的 10 倍。药剂师花了 400 美元制造镭，要卖 4000 美元。病妇的丈夫到处借钱，试过各种合法的途径，但他一共才借到 2000 美元，只够药费的一半。海因兹不得已，只好告诉药剂师，说他的妻子快死了，请求药剂师便宜一点卖给他，或允许他赊账，但药剂师说：“不行！我发明这种药就是为了赚钱。”海因兹尝试了各种合法途径都没有效果，而他妻子的生命已经岌岌可危。于是，一天晚上，他撬开药店的门，为他妻子偷来了药。

1. 海因兹应该偷药吗？为什么？

2. 他偷药是对的还是错的？为什么？

3. 海因兹有义务或责任偷药吗？为什么？

4.（如果被试赞成偷药，则再问）如果海因兹不爱他的妻子，他还应该为她偷药吗？（如果被试赞成不偷药，则再问）这对爱不爱他的妻子有区别吗？为什么？

5. 假如这个生命垂危的病妇不是他的妻子而是一个陌生人呢？海因兹应该为这个陌生人偷药吗？为什么？

6.（如果被试赞成这个陌生人偷药，则再问）假如这是海因兹所钟爱的宠物，他还应该偷药救他的宠物吗？为什么？

7. 人们做能挽救别人生命的事情重要吗？为什么？

8. 海因兹偷药会违反法律，偷药在道德上是错误的吗？为什么？

9. 一般来说，人们应该尽力做遵守法律的事情吗？为什么？这个问题如何应用到海因兹的行为上面？

10. 思考一下这个故事，你认为海因兹怎样做才是负责任的，为什么？

依据儿童对道德两难故事的选择推理，科尔伯格把儿童道德的发展划分为三个主要水平，每个水平又分为两个阶段，共包括六个阶段。分别是：前习俗水平（阶段 1 和阶段 2）、习俗水平（阶段 3 和阶段 4）、后习俗水平（阶段 5 和阶段 6）。这六个阶段进行道德推理的依据是变化的：在最初的阶段，道德推理基于外部的力量，如奖赏的承诺或者惩罚的威胁；到了最高水平后，道德推理来自个体内部的道德信念，是不会受他人观点或者社会期望影响的。

(一)前习俗水平

前习俗水平大约出现在学前期至小学低、中年级。处于前习俗水平的个体还没有真正地理解习俗或社会规则，对他们而言，社会规则是自我以外的东西，道德是受外部控制的。儿童接受权威人物的规则，并且通过行为的结果来判断行为。导致惩罚的行为被认为是坏的，导致奖赏的行为被认为是好的。此水平又分为两个阶段。儿童大多处在这个水平，他们的道德推理几乎完全是根据遵从权威、赢得奖赏或避免惩罚来决定的。处于这个水平的成人很少。

阶段 1　以服从和惩罚为取向。处于这个水平上的儿童认为规则是由权威制定的，他们盲目地无条件地服从权威。服从权威或规则只是为了避免惩罚，认为违背了规则就应该受到惩罚。这一阶段的儿童在进行道德判断时只看行为结果的好坏，受赞扬的行为就是好的，受惩罚的行为就是坏的。在回答海因兹该不该偷药时，判断的标准是海因兹会不会被惩罚。处于这个阶段的儿童认为海因兹不该偷药，因为“偷药会受到惩罚，会被警察抓”。即使有一些儿童支持海因兹偷药，推理性质也是相同的。例如，有的儿童说：“他可以偷药，因为他先提出了请求，又不偷大东西，他不该受罚。”

阶段 2　以工具性目的为取向。儿童不再把规则看成绝对的、固定不变的东西，已认识到任何问题都是多方面的，要看人们怎样看待。海因兹可以认为他偷药是对的，而药剂师认为那是错的。他们还往往根据行为结果是否带来需要的满足来判断行为的好坏。这个年龄层次的儿童认为如果妻子一直对他不好，海因兹就没有必要冒险偷药。如果妻子一直都对他很好，海因兹就应关心妻子，为救她的命去偷药。

(二)习俗水平

习俗水平大约从小学高年级开始，到青少年和成人。在习俗水平，人们继续把遵守社会规则当成是重要的，但并不是维护自我利益的理由。他们认为积极地维持现在的社会制度对于确保积极的人际关系和社会秩序是很重要的。此水平又分为两个阶段。大多数的青少年和大部分的成年人都处于这个水平，他们是根据社会的规范与他人的期望来决定自己的道德判断的。

阶段 3　以“好孩子”为取向，或者人际合作的道德观。个体希望保持人与人之间良好的、和谐的关系，希望被人看作好人，要求自己不辜负重要人物(如父母、朋友、教师)的期望，保持相互的尊重、信任。进行道德判断时努力寻求别人的认可，凡是成人赞赏的，自己就认为是对的。儿童认为海因兹该偷药的理由是“因为海因兹想要挽救一个人的生命”“爱他的妻子”“已经走投无路了才去偷的”；不该偷药的理由是“做贼会使自己的家庭名声扫地，给自己的家人(包括妻子)带来麻烦和耻辱”。而药商“一心想赚钱”“只关心自己的利益而不管别人的生命”，所以是“坏的”“贪婪的”。有的年龄小一点的儿童甚至主张让药剂师去坐牢。

阶段 4　以维持社会秩序为取向。这个阶段儿童注意的中心是维护社会秩序，他们认为每个人都应当承担社会的义务和职责。所谓正确的行为，就是尽到个人的职责，尊重权威，维护普遍的社会秩序，否则就会感到内疚。这个阶段的儿童一方面认为海因兹采取非常措施救妻子合情合理，认为他应该去偷，因为他爱妻子，又处于绝望的困境中，但又认为维护法律的尊严是十分重要的，偷别人的东西违法或者偷东西是不对的。这说明该阶段的儿童已经看到了法律所起的社会作用。

(三)后习俗水平

后习俗水平大约自青年末期接近人格成熟时开始。在后习俗水平，人们以能运用抽象原则和价值观来解释道德。此时个体理解并从根本上接受了社会的规则，但对社会规则的接受是以理解和接受确定这些规则的一般道德原则为基础的。当这些原则与社会的规则相矛盾时，个体会依据原则而不是社会规则进行道德判断。即个体已将自我从规则与他人期望中抽离，并根据自我选择的原则来界定对价值的看法，从而进行道德的判断推理。部分成人，尤其是超过25岁的成年人，是根据个体内在的道德原则(信念)来进行道德判断的。

阶段5　以社会契约为取向。个体认识到社会规范是为了维持社会秩序而经大众同意而建立的。只要达成共识，社会规范是可以改变的。对于海因兹是否应该偷药的问题，这一阶段的个体认为丈夫没有偷药救妻子的义务，这不是正常的夫妻关系契约的组成部分。海因兹已经为救妻子尽了全力，无论如何都不该采取偷的办法解决问题，但他还是去偷药了，这是一种超出职责之外的好行为。法律禁止人偷窃，却没有考虑到为救人而偷东西的这种情况。海因兹不得不偷药，如果有什么不对的话，需要改正的是现行的法律，稀有药品应该按照公平原则加以调控。

阶段6　以普遍的伦理原则为取向。在这一阶段，个体的道德判断以个人的伦理观念为基础。将个人的伦理观念用于道德判断具有一致性和普遍性。这一阶段的个体会认为为救人去偷是值得的。人的生命最可贵，生命的价值提供了唯一可能的无条件的道德义务的源泉。

科尔伯格认为，道德发展阶段的顺序是固定不变的，也就是说个体只能按照列出的这个顺序发展，但并不是所有的人都能在同样的年龄达到同样的发展阶段。事实上有许多人永远无法达到道德判断的最高水平，有些成人仍在前习俗水平上进行思考。一项长达数年的纵向研究验证了科尔伯格关于道德发展有一个不变的顺序的假说，个体道德的确是按照一定的顺序发展的，而且没有人能跳过任何阶段。纵向研究还表明，个体的道德会随着时间发展到更高层次或者维持在原有水平，但是不会倒退。

道德发展水平与道德行为必然存在联系。较低的道德发展水平反映的是奖赏或社会规范等外在力量的影响，而较高的道德发展水平则依赖个体内在的道德信念。因此，处在前习俗水平和习俗水平的个体只有在外部力量要求时才会做出道德行为；相反，处在后习俗水平的个体是按照个体内在的信念行事的，即使没有外部力量的支持也同样会有道德行为。

无论是皮亚杰还是科尔伯格，对学前阶段的道德发展都没有太多的论述。例如，按照皮亚杰的观点，儿童一直到大约 5 岁对道德问题才会有真正的理解。事实上，研究表明，道德思维的基础是在学前阶段确立的。例如，对道德规则特殊地位的理解就是在学前期出现的。诸如禁止偷窃和谋杀等的道德规则是用于保护人们的，而社会习俗是特定文化群体为促进群体内部有效互动而达成的主观的行为标准。社会习俗告诉我们，儿童给同伴写信可以直呼其名，但是给老师就不可以。到 3 岁时，大多数儿童都可以区分道德规则和社会习俗，能够理解伤害他人或拿走他人的东西远比用手指吃冰激凌和不注意听故事更为严重。总体而言，虽然学前儿童缺乏像学龄期儿童和青少年那样的道德思维，但是他们已经开始具有道德领域内的一些基本观念。

信息栏

埃森伯格的亲社会推理水平论

三、促进学前儿童道德发展的方法

道德发展的成熟是成熟人格的一个重要方面。皮亚杰和科尔伯格的道德发展理论对于从道德判断这一角度认识儿童道德品质的形成具有积极意义，对于从发展的立场促进儿童道德发展具有重要的参考价值。以下列出了几种促进儿童道德发展的方法。

第一，爱的收回。在儿童做错事之后，父母不再给予关注、不再付出感情或认可。也就是说，通过父母强化的丧失威胁使儿童产生焦虑。

第二，权力声明。使用权力去执行体罚、取走特权等。

第三，引导。通过强调这种行为对他人的影响，给儿童解释这种行为为什么是错的，为什么需要改变。

为了更清楚地解释上述三种方法，让我们假设这样一个情境：龙龙将宠物猫放进干洗机中甩干。使用爱的收回的家长，可能会对龙龙说："你怎么能做这种事？我不想再看见你！"使用权力声明的家长可能会说："立刻把它取出来，然后回到你的房间面壁思过。"使用引导的家长可能会说："龙龙，你看小猫咪多害怕，你这样做会要了它的命。你知道如果小猫死了，我们会有多伤心吗？"通过这三种方法的对比，我们可以看出，引导提供了相应的解释，关注错误行为对他人造成的结果，是一种更为积极的促进儿童道德发展的方法。

家长或教师等成人促进儿童道德发展的比较有用的方法是时常使用引导，偶尔进行权力声明，以及多种方法的混合。

信息栏

如何帮助儿童理解对和错

本章小结

亲子依恋和同伴关系是学前儿童生活中主要的人际关系，它们既是社会性发展的主要内容，又是影响学前儿童其他社会性发展内容的重要因素。依恋具有不同的类型，早期依恋对于学前儿童日后长远的发展具有重要的影响。学前儿童在同伴群体中占有不同的地位，影响着学前儿童不同交往类型的建立，同伴交往受内、外因素的共同影响。

儿童的社会性行为，包括亲社会行为和攻击性行为两类。无论是亲社会行为还是攻击性行为，都不是与生俱来的，都是在观察、模仿和强化中逐渐发展起来的，受到家庭、同伴、电子传媒等环境因素及儿童自身因素的综合影响。

皮亚杰和科尔伯格关于儿童道德发展的阶段理论揭示了儿童道德发展的不同阶段及其特点，对于了解和把握学前儿童道德的发展具有重要作用。

复习与思考题

1. 什么是依恋？其表现特征有哪些？具有怎样的发展过程？
2. 依恋的类型主要有哪些？早期依恋对儿童的发展会产生什么影响？
3. 为什么要强调学前儿童同伴交往的重要性？
4. 学前儿童亲社会行为的特点和影响因素有哪些？
5. 学前儿童的攻击性行为的特点和影响因素有哪些？
6. 比较皮亚杰和科尔伯格的道德发展理论。
7. 促进儿童道德发展的方法有哪些？

实践活动

1. 观影活动：观看纪录片《小人国》，体验并与师生分享《小人国》中儿童之间的同伴交往、攻击性行为的特点及其影响因素。

2. 实地调查：设计一份有关分离焦虑的观察记录表，组织学生实地观察并记录幼儿的分离焦虑表现。

3. 幼儿访谈：选择某一种文明礼仪（如礼貌、排队、谦让等），设计访谈提纲，采访几名幼儿，分析幼儿道德感的发展特点，思考幼儿从小树立社会主义核心价值观的重要性和需要注意的问题。

拓展阅读导航

第四部分

学前儿童心理发展的背景

第十五章　家庭、社区、社会文化与学前儿童的发展

学习目标▶

1. 理解家庭对学前儿童发展的影响。
2. 理解社区与社会文化对学前儿童发展的影响。

案例导读▶

1920 年 9 月 19 日，在印度加尔各答西面的丛林中发现了两个由狼哺育长大的女孩——卡玛拉与阿玛拉。她们不会直立行走，只能依靠双手和双腿爬行。她们惧怕人，对于狗、猫似乎特别有亲近感。白天她们一动也不动，一到夜间就到处乱窜，像狼那样嚎叫。可以说，她们几乎没有人类的行为和习惯。辛格牧师夫妇为使两个狼孩能转变为人，做了各种尝试。其中，卡玛拉在 2 年后才会发两个单词的音，4 年后掌握了 6 个单词，7 年后学会了 45 个单词。她的动作发展也很缓慢。1 年 4 个月时，只会使用两膝步行；1 年 7 个月后，可以靠支撑站起来；2 年 7 个月后，才能不用支撑站立；5 年之后，才能两脚步行，但快跑时又会用四肢。卡玛拉一直活到 17 岁。但她最后也没真正学会说话，智力只相当于三四岁的孩子。卡玛拉死后，对她的解剖显示，她的大脑结构与同龄人并没有明显差别。

以上事例说明，生物因素不是决定儿童发展的唯一因素，它与生物因素共同作用影响儿童的发展，还有社会文化背景等诸多因素。那么，文化背景中的哪几个方面对儿童的发展有影响呢？本章将对家庭、社区及社会文化进行讨论。

第一节　家庭与学前儿童的发展

家庭是儿童最初的生活场所，儿童的发展首先是在家庭中开始的。通过家庭成

员特别是父母的抚养和教育，儿童逐渐获得了知识和技能，掌握了各种行为准则和社会规范，从一个基本依靠本能生活的婴儿发展成一个合乎其社会角色系统的要求、被社会环境认可和接纳的人。

一、家庭的意义与功能

(一)家庭的意义

当今大部分学者都从生态学的观点看待家庭，认为家庭是由家庭全体成员及成员间的互动关系组成的一个动态的、相互影响的系统。该系统又由许多子系统(如夫妻系统、亲子系统)组成。家庭系统与其子系统之间以及家庭各个子系统之间存在双向的影响过程。儿童是家庭系统的一个组成部分，家庭系统对儿童社会化的影响通过亲子互动来完成。一方面，父母通过自己的教养观念、教养行为直接(如孩子摔倒后鼓励他自己爬起来)或间接(如对他人态度和蔼)地影响儿童的发展；另一方面，儿童的行为、态度和兴趣爱好等又反作用于父母的心理状态、教养观念和教养行为。儿童在与家庭系统的互动过程中，不断发展自己各方面的能力，完成发展任务。

对于儿童来说，家庭是他们出生后接触的第一个社会环境。可以说，家庭在儿童的毕生发展中有着不可替代的作用，是儿童重要的文化生态环境之一。首先，家庭是一个社会成员相对较少的群体，成员间的关系非常亲密，有利于儿童获得较为一致的行为准则；其次，家庭成员与外部环境的联系较多，有利于儿童逐步参与社会活动，发展社会交往的能力，为今后进行社会交往奠定基础；最后，每一个家庭成员都有抚养儿童的责任，有利于儿童得到较多的关心和爱护，获得安全感。

(二)家庭的功能

家庭的功能是多样的，在传统社会中，家庭的功能主要有繁衍、教育、保护、经济、宗教等。在现代社会中，家庭的教育等功能虽然已由专门的机构取代，但无论时代如何变迁，家庭教养子女并促进其发展的功能是永远都不会改变的。

家庭是儿童生活的最主要的环境，是儿童社会化的第一课堂。儿童一出生，家庭便赋予他们包括经济状况、所在地区、种族等在内的许多社会特征，而这些特征中的每一个都可能对他日后的社会化产生重要影响。儿童在童年期对家庭的生理和心理依赖是一生中最强烈的时期，家长与儿童的联系最为密切，接触最早、最频繁、最持久的，对儿童社会生活的参与、帮助和管理最多。通过与其主要抚养人(主要是父母)之间的交往，儿童获得了早期生活中的重要关系。

在认知发展上，儿童在家庭中通过与父母的频繁接触学习了大量的日常生活知识，锻炼了感知能力和注意力。家庭的教育观念、行为以及家庭外的教育环境与支持都会对儿童的认知表现产生作用。

在社会性发展上，亲子交往为儿童传授了大量的社会知识、社会规则和道德规范，同时也为他们的社会交往行为和技能提供了学习的机会。儿童往往是在父母的要求和帮助下学习和发展社会行为的。由于社会文化背景的差异，不同文化中成长的儿童在社会性发展方面的特点也会在家庭中体现出来。

在情绪的稳定和健康发展上，研究表明，父母的陪伴和家庭的支持可以帮助儿童更加从容、坦然、坚定地完成发展任务。父母对儿童表现出来的关心、鼓励、接纳有助于儿童积极、愉快情绪的获得和发展，并且有助于儿童形成善良、有同情心、关爱他人的良好品格。

二、家庭环境与学前儿童的发展

家庭环境包括硬环境和软环境。硬环境是指物质环境，如玩具、图书等；软环境是家庭生活中人与人之间相互沟通时形成的一种气氛，包括情感、行为、语言等因素。每个人从出生开始就受到家庭环境的影响。良好的家庭环境往往能够影响人的一生。接下来，主要关注软环境对学前儿童发展的影响。

(一)父母的教养方式

当孩子不愿上床睡觉时，父母应该怎么办呢？有的父母会轮番催促孩子上床睡觉，即便孩子哭哭啼啼，甚至反抗，他们依然坚持让孩子按时睡觉；有的父母会根据孩子的需求做出适当的回应，在没有引起家庭冲突的情况下，通过生理的、社会性或情感的控制顺利让孩子睡觉；还有的父母可能反应消极，纵容孩子，认为他们可以完全按照自己的想法决定何时睡觉。不同的父母在养育孩子的过程中有不同的策略和行为，研究者称其为教养方式。

父母的教养方式是父母在养育孩子的过程中所表现出来的相对稳定的行为倾向，是父母的教育观念和教育行为的综合。教养方式直接影响父母与孩子之间的互动方式、情感联结等，对儿童的身心发展有着至关重要的作用。

很多研究都发现，父母的教养行为可以分为两个维度。一个维度是父母对孩子表现出的温情和反应性，即情感反应；另一个维度则是父母对孩子的支配程度，即控制性。

情感反应维度是指父母对孩子提供支持、对孩子的需要敏感的程度。高情感反应的父母对子女明显表现出柔情和关爱。他们关心子女，对其情感需要敏感，会花很多时间和子女在一起；他们欢迎子女讲述自己的日常活动；对子女的情绪状态非常关注，当子女不安时会尽力安慰。低情感反应的父母对子女则不是很关心，甚至有时表现出敌意；他们更多在乎自己的需要和兴趣，对孩子讲述自己的日常活动表现出淡漠、毫无兴趣，甚至认为是在浪费时间；对子女的情绪状态很少注意，也很少去安慰他们。

控制性维度是指父母对孩子控制的程度。高控制性的父母会制定规则，期望子女遵从，并会密切监控孩子的活动以保证孩子能够真正地遵守规则。低控制性的父母对子女几乎没什么要求，给予孩子相当大的追求自己兴趣的自由，并且支持他们对自己的活动独立做出决定。

相关研究表明，教养方式的这两个维度是相对独立的。以父母教养方式在情感反应和控制性两个维度的水平为依据，研究者将父母教养方式分为四种类型：权威型、专制型、放纵型和忽视型(见表 15-1)。接下来详细介绍不同类型的父母在养育子女上的主要表现。

表 15-1　四种父母教养方式类型

控制性	情感反应	
	高情感反应	低情感反应
高控制	权威型	专制型
低控制	放纵型	忽视型

1. 权威型

面对不愿看到的行为，如孩子拒绝上床睡觉，权威型父母会坚持自己的要求，对规则做出解释并鼓励探讨，而不是强行控制孩子。这种类型的父母对孩子的控制较多，情感反应也较高，既设定明确的规则与界限，也对孩子的个人需求做出反应。这种教养方式的父母尊重并鼓励孩子的自主性，与孩子的沟通较多，会根据实际情况调整规则。在这种家庭中长大的孩子会表现出更高水平的自尊、自信，更独立，但也更可能服从父母的要求，表现出更多的助人行为。在学校中，与生活在其他教养方式中的孩子相比，他们的社会交往能力较强，更自信，成就动机更高，自我调控更得当，而且学业成绩更好。

2. 专制型

面对孩子拒绝上床睡觉，从身体、社会性和情感上对孩子进行控制是此种教养方式的体现。专制型是对儿童的控制较多，但情感反应较低的教养方式。这种教养方式的父母与孩子的沟通很少，在没有征求孩子意见的情况下为他们设定了很多规矩和期望，规则严明，只是一味地要求孩子服从命令，孩子的自主性较弱。专制型父母完全不考虑孩子的需要和愿望，觉得根本没必要为自己的决策向孩子做出解释。生活在专制型家庭里的孩子通常表现为自卑、退缩，自我调控能力差，学业成绩一般，自尊水平较低。与来自其他类型家庭的孩子相比，他们在社会交往方面显示出较弱的能力，不擅长处理同伴之间的关系。女孩可能会向被动、依赖性强的方向发展，而男孩则很有可能出现攻击倾向，性格也比较叛逆，有想摆脱控制的倾向。

3. 放纵型

面对孩子拒绝上床睡觉，放纵型父母会纵容孩子按照自己的想法决定何时上床睡觉。放纵型是对孩子的控制较少，而情感反应较高的教养方式。这种教养方式的父母对孩子非常宠爱，容忍他们的各种行为且很少惩罚他们，对他们基本上没有要求和限制，孩子的自主性非常强，但同时这类父母给予孩子的指导也比较少。这种教养方式下的孩子很可能出现两种极端：一种是创造力很强，比较主动和活跃；另一种是比较放纵，容易冲动，攻击性也较强，社交能力较弱。研究者发现这些孩子到了青少年期，在学业成绩上稍差，更可能具有攻击性（尤其是父母放纵攻击行为时），在学校与同伴交往时，社交行为不太成熟。他们不愿意承担责任并且更有依赖性。

4. 忽视型

忽视型父母不会为孩子设定上床睡觉的时间，甚至不会告诉孩子该上床睡觉了。他们似乎对孩子的行为及为人父母的职责漠不关心。忽视型是对孩子的控制较少，情感反应也较低的教养方式。这类父母只关心自己，对孩子缺乏关爱，基本没有任何指导，任其放任自流。在这四种教养方式中，忽视型教养方式带来的消极后果最为持久。在这种教养方式下，孩子一旦受到刺激则可能出现极具破坏性的行为或暴力冲动。

（二）父母的教养行为

我们从总体上描述了父母的教养行为，但这种描述的范围较大，很难告诉我们在特殊环境下父母有怎样的教养行为，这种行为又会对儿童造成怎样的影响。研究者列举了三种经常出现的父母教养行为：直接教导、榜样、反馈。

> 信息栏
>
> 打还是不打

1. 直接教导

父母常常告诉孩子该做什么，如“打扫你的房间”“多喝点水”“把电视关了”，但是他们只是简单地发号施令，而且这似乎并不奏效。事实上，更好的方法是直接教导，告诉孩子该做什么、什么时候这样做、为什么要这样做。即不要只是命令他“把你的玩具让弟弟玩一会儿”，还应该向他解释什么时候以及为什么要和他人分享。

另外，正如教练帮助运动员掌握运动技能一样，父母也能教育孩子掌握社会和情绪技能。父母可以用直接教导的方法解释情绪和行为的关系，如“你弄坏了艾雅的蜡笔，这会让她很不高兴”；还可以在他们遇到社会交往方面的问题时教他们如何处理，如“你最好私下里问茜茜是否能到别处去住，这样做就不会伤害丝丝和娜娜的感情”。总的来说，接受了父母上述一系列教导的孩子社会能力更强，且同伴关系更加融洽。

当与榜样模仿配对使用的时候，直接教导的效果会更好。例如，想要教育孩子与他人分享，当孩子也看到他人的分享行为时的教育效果会比单纯的直接教导更加理想。

2. 榜样

儿童以父母为榜样，仅通过观察就可以从父母身上学到许多东西。例如，儿童经常通过观察他们的父母如何与他人互动来学习怎样与别人互动。父母的榜样作用和儿童的观察学习导致了模仿的产生，所以儿童表现出的行为与他们观察到的榜样的行为类似。观察学习也可以产生反向模仿行为——儿童从中学到哪些是不应该做的。例如，如果某个孩子踢了他的朋友，父母惩罚了那个孩子，儿童可能从中学会了不去踢别人。

3. 反馈

反馈是指父母向儿童指出某种行为是适当的、应该继续的，或者某种行为是不适当的、应该停止的。反馈有两种形式：强化和惩罚。强化是任何能增加伴随反应发生可能性的行为，如父母可能使用表扬去强化儿童的学习或对其做完家务给予奖励。惩罚是任何能降低伴随反应发生可能性的行为，如当儿童在考试中取得了比较差的成绩时，父母可能会禁止儿童看电视。

虽然父母经常使用奖励或惩罚来教育孩子，但是研究者发现，父母经常无意地强化了那些他们想消除的行为，形成了负性强化陷阱。负性强化陷阱的出现有以下三个步骤，大多存在于母亲和孩子之间。第一步，母亲让孩子去做孩子不想做的一些事情。例如，让孩子去收拾自己的房间，当孩子在外面与朋友玩得正开心的时候让其回家。第二步，孩子会出现一些让很多父母难以忍受的行为反应，如争论、抱怨、发牢骚或哭闹，这些行为反应不是一时的，而是会持续相当长的一段时间。第三步，母亲忍受不了孩子表现出的行为反应，希望孩子停止，并开始让步，同意孩子不必按照当初自己说的去做。

母亲对孩子的上述反馈向他们证明了争论、抱怨、发牢骚或哭闹的行为方式是有效的；母亲通过撤销孩子不喜欢的要求强化了这种行为。可见，虽然我们经常以为当某种行为伴随主体喜欢的事情时，这种行为就会得到强化，但是当这种行为伴随主体不喜欢的事情撤销时，行为同样能得到强化。

研究表明，在以下情况中惩罚的效果最好：第一，在儿童不适当的行为出现以后立即执行惩罚，而不是等到几小时以后；第二，不适当的行为出现总会导致惩罚的结果，而不是经常或偶尔给予惩罚；第三，惩罚的同时向儿童解释为什么他会挨罚和以后怎么做才能避免挨罚；第四，儿童与惩罚的执行者之间有一种良好、和谐的关系。

父母实施惩罚也会带来不良的后果。首先，惩罚是一种抑制行为的方式：惩罚所要求的反应是停止，但如果儿童没有学会新的行为来取代被惩罚的行为，那么惩罚的效果就只是暂时的。其次，当儿童受到惩罚时，只会变得心烦意乱，而不会理解惩罚所传达的含义。例如，因为行为问题而被禁止看电视的儿童可能会对惩罚本身产生愤怒，忽略自己为什么受到惩罚。最后，儿童被体罚之后，在与同伴或比自己小的孩子在一起时会经常模仿这种惩罚行为。例如，常被打屁股的儿童也经常使用这种方法去解决与他人的争执。

可见，惩罚既有可取之处，也存在一定的不足。是否有一种惩罚方式既能达到惩罚的积极效果，又能避免它的不足呢？发展心理学家认为，暂停是一种很好的方法。暂停是让犯错误的儿童暂时一个人待在一个安静、没有人打扰的地方。之所以说暂停是一种惩罚，是因为它打断了儿童正在进行的活动，把儿童与其他家庭成员、玩具、书籍以及相关的各种类型的奖励刺激独立开来。暂停的时间十分短暂，经常只有几分钟。在暂停的时间里，父母和孩子冷静下来，当暂停结束时，父母可以向孩子解释被惩罚的原因以及今后应该怎样做。由于这种方式强调的是家长惩罚孩子的原因，并告诉孩子将来如何避免惩罚，因此这种方法的效果较好。

综上所述，父母可以通过直接教导，也可以通过家长示范的方式，让孩子进行观察学习，家长做出自己认可的行为和避免做出不希望孩子模仿的行为。此外，父母还可以使用反馈让孩子了解某种行为是否恰当。接下来，将转换视角来看看儿童如何影响父母的教养方式。

(三)儿童对父母教养方式的影响

家庭是一个亲子之间相互影响的动态交互系统。事实上，儿童一出生就影响着父母的教养行为。心理学研究者经常通过父母是怎样随着儿童的成长来改变教育方式的来了解儿童对父母的影响。研究发现，抚养者在婴儿嗷嗷待哺阶段和蹒跚学步阶段的教养方式与青少年阶段竟然有很大的差异。具体来看，在父母教养方式的两个基本维度——情感反应和控制性上是如何变化的。在情感反应维度，儿童懵懂地知道有人关心他们，但是随着一天天长大，父母表现出来的感情反应会变得较为内敛。热情拥抱和亲吻会使学步儿童欣喜若狂，但是会使青少年局促不安。随着儿童年龄的增长，父母的控制性也逐渐发生变化。当儿童的认知发展到足以独立做出决定时，父母逐渐地放弃对子女的控制，进而期望他们遇事能有自己的主见，能对自己负起责任来。例如，父母经常会为学前儿童和小学生选择就读的园所和学校，但进入青少年以后，大部分父母不再为孩子做决定，而是期望孩子能自己独立进行选择。

随着儿童年龄的增长，父母的教养方式经常会随着儿童的行为发生变化。对于一个急于讨好父母和不太活跃的儿童，父母可能会发现适当的控制就已经足够了；但是对于一个不急于取悦父母和十分活跃的儿童来说，父母可能觉得应该有更多的控制和指导。可见，儿童的发展与父母教养方式之间的影响是双向的：儿童的行为部分地决定了父母的教养方式，父母的教养方式又影响着儿童的行为。

(四)家庭的情绪氛围

家庭的情绪氛围是指家庭中占优势的一般态度和感受。它是父母与儿童相互作用的一个方面。有的家庭成员彼此间互敬互爱、以礼相待、关系融洽，使儿童生活在安定和睦、融洽温暖、民主平等、愉快欢乐的气氛中，有助于儿童发展积极的情感、行为，进而形成良好的个性。而有的家庭气氛紧张，家庭成员之间相互争吵、言行粗鲁、对长辈缺乏礼貌、对子女缺乏关爱，使儿童提心吊胆，害怕受到严厉的惩罚，可能产生一些情绪和行为问题，形成不良的个性。

(五)不同的家庭结构

如果丈夫对家中所有的事情都置之不理，妻子就更可能忙于家务和工作，从而照顾子女及帮助子女复习功课的时间和精力大大减少；如果兄弟姐妹之间经常吵架，父母就更可能采用息事宁人的应对策略，而不注重儿童的发展。可见，如果仅关注父母对儿童的影响则低估了家庭生活的复杂性，家庭中不同的人际交往与儿童发展都有密切的关系。

1. 扩展型家庭中祖父母的角色

我国目前家庭的主要结构有两种类型：一种是核心家庭，即两代人的家庭；另一种是扩展型家庭，即三代人(或四代人)的家庭。研究者比较了两代人的家庭和三代人的家庭儿童个性发展的差异，结果发现，两代人家庭中儿童的个性发展水平高于三代人的家庭。这些个性品质包括独立性、自制力、敢为性、合群性、聪慧性、情绪特征、自尊心、文明礼貌及行为习惯等。两代人的家庭和三代人的家庭中儿童的个性发展水平在3岁时并没有显著差异，但从4岁以后差异显著，并且随着年龄的增长，差异逐渐增大。

然而，扩展型家庭对成长在单亲家庭的儿童有重要意义。许多家庭会建立扩展型家庭的社会网络，包括父母、祖父母、阿姨、叔叔、表兄妹等。扩展型家庭为那些成长在单亲家庭的儿童提供了一种保护功能。例如，祖母会给单身或离婚的母亲提供重要的情感支持，还会为他们提供经济援助并帮忙照看小孩。

在很多地方，祖父母在儿童的生活中都起到了重要作用。有研究者提出了五种祖父母教养方式：形式型、乐趣寻求型、疏远型、传播家庭智慧型、代理父母型。形式型祖父母对孙子女有强烈的兴趣，却对他们的抚养持摆脱责任的态度。乐趣寻求型祖父母认为自己是孙子女乐趣的主要来源，但是他们与孙子女没有更多的互动。疏远型祖父母除了节假日或其他的家庭庆祝活动很少与孙子女联系。传播家庭智慧型祖父母利用自己丰富的经验为孩子的父母提供教养建议和信息。代理父母型祖父母承担了许多父母的责任。在这五种类型中，人们了解最多的是代理父母型祖父母。尤其在我国，孩子的父母均忙于工作，祖父母经常承担起照顾孙子女的家庭责任。

2. 单亲家庭

(1)离婚后的家庭生活

毫无疑问，父母离婚对儿童而言是一种极大的伤害。例如，父母离婚可能会导致一个最初与双亲建立了安全依恋的婴儿演变为与父母一方或双方的不安全依恋。马瑞斯·海瑟林顿对弗吉尼亚的离婚家庭(母亲与孩子生活在一起)和未离婚家庭的生活进行了数年的追踪研究，描述了父母离异后的家庭生活。在离婚后的最初几个月中，很多母亲对孩子的关爱和控制都比以前少，孩子的成熟行为也比离婚前少。这表明母亲和孩子都忍受着由生活环境的变化所带来的痛苦：母亲难以有效地抚育孩子；孩子的行为倒退到较不成熟的状态。

离婚两年后，母子之间的关系开始改善，尤其是母亲与女儿之间的关系。母亲变得更为关爱孩子，并能对孩子提出适宜的要求。父亲也会对孩子提出一些要求，但是许多父亲渐渐变得没有以前关心孩子了。

离婚六年后，这些被研究的孩子进入了青春期。母亲和女儿的关系继续得到改善。在这几年里，许多母女之间的关系变得非常亲密，但是和儿子的关系不太融洽，母子之间经常发生冲突。一些母亲落入了上文中提到的负性强化陷阱。当然，即便父母没有离婚，母亲与处于青春期的儿子之间发生冲突也是很正常的，不过在单身母亲与儿子之间，这种冲突更为强烈。这项研究结果表明，离婚改变着父母和孩子的生活。

(2)离婚对儿童的影响

离婚会影响儿童的发展吗？当然，答案是肯定的。随着离异家庭逐渐增多，考察单亲家庭结构对儿童发展影响的研究增多。研究得出了基本一致的结论，父母离婚的孩子在学业成绩、行为、情绪调节、自我概念和亲子关系等方面大多不如完整家庭中的孩子。由父母离异导致只有父亲或者只有母亲的家庭，对儿童的人际关系和心理发展容易产生消极的影响。一般认为，缺乏母爱的儿童缺少同情心，性格孤僻、粗暴。缺少父爱的儿童情感脆弱，性格懦弱、内向。离异家庭的儿童常常表现出爱哭、情绪低落、容易烦躁、不爱交际、自卑、冷漠等不良的个性特点。①

离婚如何影响孩子的发展？大部分研究者认为子女受到以下几个方面的影响。第一，缺少父母中的任何一方，孩子可能会失去性别角色模型以及父母的帮助、支持和监督。例如，如果家庭中仅有父亲或母亲，他是选择买菜、做饭、收拾屋子，还是陪孩子玩耍或帮助孩子复习功课呢？很明显，太多的事情使他难以全面照顾孩子。第二，单亲家庭可能常会遇到经济困难。例如，将不能给孩子购买足够的、有趣的课外读物、乐器以及其他能促进孩子发展的玩具。此外，当为租房和学费担心时，家长可能没有足够的精力去教育和培养孩子。第三，父母之间的冲突可能会使儿童感到痛苦。事实上，经常目睹父母吵架的孩子会出现与父母离婚的孩子类似的问题。

信息栏

如何在离婚后帮助儿童进行适应性调节

3. 兄弟姐妹的作用

兄弟姐妹之间的关系是复杂的。一方面，大多数已怀孕的父母都会为即将出生的孩子感到兴奋，他们的孩子大多也期待家庭新成员的到来；另一方面，弟弟或妹妹的出生经常使第一个孩子感到忧伤，他们可能变得孤僻或表现出更多的自私行为。这主要是因为生活中的巨大变化使得他们不再是父母的唯一，也是为了引起父母的

① Paul R. Amato. , "Children's reactions to parental separation and divorce: The views of children and custodial mothers," *Australian Journal of Social Issues*, 1987, 22(4).

注意，分享父母的感情。如果父母保持对孩子需要的及时回应，长子的消极情绪是可以避免的。

实际上，弟弟或妹妹出生也有好处。其中之一就是哥哥或姐姐更多地卷入父辈的生活之中，许多排行靠前的孩子喜欢帮助父母照看弟弟或妹妹。弟弟或妹妹长大后，兄弟姐妹之间的交往会变得频繁。例如，初学走路的孩子倾向于与父母有更多交流，但当孩子4岁以后，他们与哥哥或姐姐的交流更多。当年少的孩子悲伤或烦躁时，年长的孩子将成为他们寻求关心和安慰的来源。

随着年龄的增长，有些兄弟姐妹会变得越来越亲密，成为好朋友；有些兄弟姐妹则会不停地竞争、争吵。兄弟姐妹关系的基本模式似乎在儿童早期就建立起来了，并且相当稳定。例如，杜恩、斯罗科夫斯基和比尔德肖(1994)曾就兄弟姐妹之间的关系对母亲进行了两次深度访谈。分析发现，在学前期就和他人相处得好的孩子一般在少年期也相处得好，在学前期就经常发生争执的孩子在少年期也常常争吵、打架。

信息栏

两种兄(姐)妹关系

是什么因素决定了兄弟姐妹之间的关系呢？第一，孩子的性别。同性比异性关系和谐的可能性要大。第二，年龄。当年幼的儿童进入少年期后，由于相互之间认为自己与对方是平等的，他们的关系往往会有一定程度的改善。第三，父母也会直接或间接影响兄弟姐妹之间的关系。直接影响来自父母的对待。当孩子相信父母没有偏袒其中的任何一方时，兄弟姐妹之间的关系会更好一些。若父母总是表扬某一个孩子而忽略其他孩子，会导致兄弟姐妹之间的关系受损。这并不意味着父母必须毫无区分地对待每一个孩子。只有当父母的区别对待是不合理、不公正的时候，兄弟姐妹之间的关系才会恶化。父母对孩子的间接影响来自父母之间的关系。父母之间亲密、和谐会使兄弟姐妹之间的关系融洽；父母之间的冲突往往与孩子之间的冲突相联系。若父母难以和谐相处，也难以平等地对待每一个孩子，会导致孩子之间的矛盾冲突。

家庭中的争执是在所难免的，尤其是有小孩的家庭。这是由于孩子缺乏认知技能而无法通过沟通协商达成一致，即使面对一点小事(如谁来决定看哪个电视节目，最后一块蛋糕归谁)，他们也会发生争执。父母可以通过平等地给予孩子关爱、敏感地回应孩子的需求来减少兄弟姐妹之间的摩擦。当孩子打架时，父母一定要及时制止，并且通过帮助孩子解决争议，父母要向他们展示更成熟的解决问题的方式。通过观察学习，孩子也会尝试使用这些方法来代替打架。

(六)虐待

1. 虐待的类型

虐待包括多种形式。其中，最容易发生的有两种：一种是身体虐待，包括可能导致身体损伤的殴打；另一种是心理虐待，指长期使用精神暴力、言语暴力、情绪暴力等对儿童的精神和心灵造成伤害的行为，包括嘲笑、拒绝和羞辱等。

2. 虐待的后果

虐待对儿童身心发展的各个方面都会产生消极而持久的影响。虐待对儿童的消极影响可能会持续一生。研究发现，在儿童期遭受虐待的成人常常会面临情绪问题(如抑郁或焦虑)，他们更可能考虑或试图自杀，更可能虐待配偶和子女。总之，如果儿童受到了虐待，他们身心发展的各个方面都会受到影响，而且这种影响难以随着时间的流逝而消失。

第二节　社区、社会文化与学前儿童的发展

家庭本身嵌套在其他的社会系统之中，如社区和社会文化。社区和社会文化对学前儿童的发展有着间接的影响。如果生活的社区有很多值得信赖的朋友，大家相互照料，就会降低父母抚养子女的难度，提高抚养子女的质量，从而促进学前儿童的发展。但是，有时候社区带给学前儿童的影响是消极的。

名人故事

孟母三迁

一、社区与社会文化的概念

(一)社区与社区教育

社区指被限定在一个区域或地域范围内的人们所结成的社会区域共同体。社区教育，顾名思义，即社区中的教育，具体而言是指反映和满足社区发展需要的，为实现社区全体成员素质和生活质量的提高以及社区发展的一种社区性的教育活动和过程。对儿童来说则为校外教育。

对于儿童而言，社区本身就是一部活生生的教材，时时刻刻都在起着教育作用。社区资源可分为物质资源和人力资源，各种资源对开展家、园、社区合作都有不同的意义和价值。在家庭教育和幼儿园教育中要适时利用社区资源。例如，两位教师都要开展“组织幼儿认识蔬菜”这一主题的课程，一位教师在黑板上挂上青菜、西红柿、胡萝卜等的图片，告诉幼儿蔬菜的名称、特征和用途；另一位教师则带领幼儿到附近菜农的地里参观菜农是如何耕地、种菜、施肥和浇水的，并让幼儿在班级的自然角种上蔬菜，进行管理，并做好观察记录。哪位教师的活动效果会更理想？答案是不言而喻的。

(二)社会文化

广义的社会文化指的是人类在不断的社会实践中，为满足其需要而逐渐形成的生活方式、创造的精神和物质成果。简言之，社会文化就是不同社会中的人们所拥有和接受的文化倾向。社会文化的内容和构成非常复杂，几乎能够涵盖我们生活的方方面面。民族、政治、道德、教育、法律、习俗等都是文化的范畴。人的发展必然会受到社会文化的影响，儿童也不例外。

儿童从出生开始，就沐浴在特定的社会文化之中，社会文化对儿童的发展有着深远的影响。有研究表明，父母的民族差异以及民族信仰的差异会影响其对子女发展的期望。换言之，人类创造了社会文化，而从某种意义上来说，社会文化也创造了人。人是“社会人”，儿童是“社会中的儿童”，儿童的发展是不能脱离社会文化的。

二、社区与社会文化对学前儿童发展的影响

（一）社区对学前儿童发展的影响

社区对儿童的发展有着重要的影响。家庭处在社区之中，家庭教育受到社区环境的影响。社区会给家庭带来一些压力源，如邻居整日为生计奔波，为鸡毛蒜皮的小事吵架，社区中频繁发生家庭暴力，儿童常被虐待和忽视等。这些压力源不利于父母在家庭教育中的投入与监管，增强了父母教养的严厉和不一致。

社区的文化环境直接影响家庭教育的内容和形式，从而间接影响儿童的发展。社区文化的发展规模与社区经济的发展状况关系最密切。一些社区有各种文化娱乐设施，如图书馆等，为儿童提供了业余活动的场所。家长可以不囿于家庭的小天地，充分利用这些文化载体，以直观的、儿童喜闻乐见的方式对他们进行道德教育、知识教育、审美教育，开阔儿童的视野，丰富儿童的经验，陶冶儿童的审美情趣。

目前，我国的社区有待进一步建设与完善，社区的有利因素和不利因素都客观存在，应针对社区环境的特点对儿童开展教育，充分发挥其有利因素，转化其不利因素，更好地促进儿童的身心健康发展。

信息栏

加拿大的“幸福童年，美好未来”计划

（二）社会文化对学前儿童发展的影响

1. 社会文化对学前儿童身心发展的影响

社会文化会影响人们的观念和行为方式，因而不同社会文化背景下的教育观念、家庭教养方式、亲子关系等也千差万别。一般来说，不同民族、国家、教育背景、职业的家庭，其父母的教育方式也不同。因此，社会文化对儿童产生的影响基本都需要以家庭或父母为中介。

社会文化还会影响人们对心理健康的定义。心理健康意味着一个人的行为同所在社会主流文化的主导常模和谐一致。因此，同一种行为在一种文化条件下可能受到人们的广泛关注，得到赞赏，在另一种文化条件下可能遭到惩罚或非议。此外，社会文化也会影响心理障碍的表现形式、患病率以及治疗方式和愈后状况。

2. 社会文化对学前儿童人格和行为方式的影响

不同国家和民族在发展过程中都形成了较为固定的行为模式、习俗和传统。儿童从出生开始就生活在这样的模式之中，父母的教养方式遵循特定模式，学校教育遵循特定模式，人与人之间的交往遵循特定模式。为了适应社会、为他人所接受，儿童的行为和观念也会按照社会中的特定模式展开。基本上，社会文化通过影响儿

童人格和行为在一定程度上调节儿童的社会生活。

一项跨文化研究显示，中国儿童和美国儿童在行为方式上存在较大的差异。实际上，中西方儿童行为方式的差异与由两种文化决定的育儿方式有关系。中国儿童的养育方式反映了以社会为中心的东方文化，而美国儿童的养育方式反映了以个人为中心的西方文化。这进一步说明了社会文化在很大程度上影响着儿童的人格和行为方式。

本章小结

家庭在儿童毕生的发展中有着不可替代的地位，是儿童重要的文化生态环境之一，对子女有着教养的责任以及促进其发展的功能。家庭对儿童发展的影响体现在父母的教养方式、父母的教养行为、儿童对父母教养的影响、家庭的情绪氛围、不同的家庭结构等方面。同时，儿童也会在一定程度上影响父母的教养行为。

儿童从出生开始，就生活在特定的社区，沐浴在特定的社会文化之中，社区与社会文化对儿童的发展都有着深远的影响。社区环境，尤其是社区文化环境，通过直接影响儿童的家庭进而对儿童产生间接影响。社会文化对儿童发展的影响主要表现在，对身心发展的影响、对儿童人格和行为方式的影响等方面。

复习与思考题

1. 父母的教养方式主要有哪些类型？对学前儿童的发展有哪些影响？
2. 学前儿童如何影响父母的教养行为？
3. 社区与社会文化如何对学前儿童的发展产生影响？

实践活动

1. 小组讨论：根据所学知识，分小组讨论父母的教养方式类型，分析这种教养方式对自己的气质、社会性等方面发展有哪些影响。

2. 实地调研：在见习期间对一名或多名受隔代教养的幼儿进行观察和分析，并与其父母沟通，深入了解隔代教养的现状。

3. 文献查阅：查找有关中国儿童与其他国家儿童心理发展特点的对比研究文献，分析中国文化对学前儿童发展的影响，思考为什么文化自信要从娃娃抓起。

拓展阅读导航

第十六章　托幼机构与学前儿童的发展

学习目标

1. 了解托幼机构对学前儿童发展的影响。
2. 理解教师对学前儿童发展的影响。

案例导读

在中班教室里，倩倩在娃娃家当起了杂货店主。教师这样与幼儿互动。

教师："倩倩，你这儿有香蕉吗?"

倩倩："有的。"

教师："这些多少钱呀?"

倩倩："五块。"

教师："我没带那么多钱，怎么办?"

倩倩："哦，你可以向你妈妈要钱啊。"

教师："我妈妈不在家，我现在好饿呀!"

倩倩："你得给我足够的钱，我才能把香蕉卖给你。"

在上面的对话中，教师扮演一位没带够钱的顾客，进入幼儿倩倩假想的世界里。教师提出的问题有助于确保对话的方向，且提出了一个有可能真实发生的问题——"我没带那么多钱，怎么办"。这样的师幼对话增加了想象的情境，不仅丰富了幼儿的思维表征，而且使幼儿获得了处理可能发生的事件的经验。

在幼儿园里，幼儿从一个自然人逐渐向社会人转变。幼儿园的教育质量和教师素质影响着幼儿的身心发展。这一章主要关注托幼机构和托幼机构中的重要成人——教师对学前儿童发展的影响。

如果在开学的第一天站在幼儿园的教室外，你可能会看到一些眼泪汪汪、害怕独自面对陌生环境的孩子。令你惊讶的是，很多父母也同样在努力控制自己的泪水。为什么会出现这样的情况呢？父母意识到，当孩子进入幼儿园时，他们就迈出了走向独立的重要一步。教育机构和教师开始进入儿童的生活并影响儿童的发展。

第一节 托幼机构与学前儿童的发展

在3岁左右，多数儿童进入托幼机构，开始了接受教育的旅程。托幼机构是除家庭以外儿童接触最多的社会环境。儿童早期的生理、心理特征决定了他们是一个需要受到特别保护和关爱的群体。儿童早期的生活经验对个体一生的发展有着重要影响。作为正式的教育机构，托幼机构为儿童提供了学习和同伴交往的机会，对儿童认知和社会性的发展都具有重要影响，托幼机构的教育质量对儿童的身心健康发展而言至关重要。托幼机构(在此主要指幼儿园)的教育质量对儿童发展的影响主要体现在结构性质量和过程性质量两个方面。

一、托幼机构的结构性质量对学前儿童发展的影响

托幼机构的结构性质量主要是指托幼机构内的一些可具体规范和控制的变量，如师幼比、班级规模、师资条件以及总体上的物质环境和设施等。我国把机构的行政管理和上级指导也算在结构性质量内。这些指标往往比较容易量化，有客观的数字和依据，相对而言比较容易评估。

(一)师幼比与班级规模

许多研究表明，师幼比与班级规模和儿童良好的发展密切相关。其中师幼比是决定教师在教育过程中能否与儿童产生敏感的、应答性的、个性化的互动的一个关键条件。

儿童所接受的保教质量与师幼比呈正相关，更高的师幼比会促使教师做出更积极的保教行为，从而促进儿童更好的发展。理想的师幼比会使得教师能够更多地关注儿童各个方面的发展，创造更多充满关爱和有意义的师幼互动、同伴互动和假想游戏，有更多的时间与每个儿童互动，在充分了解儿童的基础上提供个性化的保教。如果一个保育员只负责照看很少的孩子，那他可能会知道如何能更好地帮助每个孩子入睡。然而，随着师幼比的降低，师幼互动的频率降低，用于与儿童进行积极的语言交流方面的时间随之减少，用于管制儿童和例行活动方面的时间随之增多，教师对儿童更加严格、有更多控制，消极懈怠的行为增多。教师的控制行为和消极懈怠行为越多，越不利于儿童的发展。

师幼比对儿童的影响随儿童年龄的变化而有所不同。年龄越小的儿童和有特殊需要的儿童在高师幼比条件下获益更多。因此，许多国家关于师幼比的规定都体现出师幼比随儿童年龄的不同而不同的特征。年龄越小，师幼比越高。

师幼比应与班级规模结合起来考虑。因为即便师幼比较高，但如果班级规模较大，也会影响儿童的生活和学习质量。在较小规模的班级中，教师对儿童有更多的

个别化关注、指导和支持性行为，教师之间有更多交互的对话机会的预测性指标，儿童哭泣的行为更少，社会性发展得更好(如攻击性行为更少)，表现出更高水平、更多样化的游戏行为。从学前班开始就采取小班教学能够提高后续学业成绩。[①] 可见，高师幼比和小班级规模是托幼机构教育质量的保障。

(二)教师的受教育程度和所受训练

教师的受教育程度、所受训练等都与儿童的发展紧密相连。

从理论上来说，教师所具备的学前教育专业学历越高，其与儿童互动的质量就越好，对儿童会表现出更多的关注，和儿童之间有更多的沟通交流，更少采用忽视、惩罚和严厉批评等手段。实证研究证明，教师的受教育程度往往与教师在课堂上的行为(如对儿童的需求做出反应的敏感性)、针对本班儿童的教育活动质量以及儿童发展水平呈正相关。研究还发现，那些有与儿童相关的专业课程学习经历的教师对儿童的需求更加敏感；接受过更多正规教育的教师更加干练；接受过高等教育的教师(拥有学士学位或学士学位以上)教学质量更好，其班上儿童的认知水平更高。另外，在发达国家，学历高的教师选择了幼儿园教师这一职业后，其流失的可能性相对较小。但也有研究没有发现教师的受教育程度与儿童发展之间的关系。这可能一方面与教师培养的质量有关，另一方面与幼儿园对教师的要求、教师自身的能力、在职进修经历以及自我提高的努力程度有关。

幼儿园教师在工作过程中经常会以参加培训、听专家讲座、在线学习等形式接受更多更高水平的专业训练，如幼儿卫生保健、儿童发展特点、五大领域教育活动的开展、如何进行教研等这些训练能直接促进幼儿园教师的专业发展，进而使儿童间接受益。例如，教师接受有关儿童安全、卫生、健康、生命急救等方面的训练有利于降低托幼机构内儿童意外伤害事故、疾病感染等的发生率。

(三)教育行政管理

托幼机构的教育行政管理也是托幼机构质量评定的一个指标。它一般包括园长资格、责任，对员工的业务指导，年度工作评价，幼儿园运作的书面计划、制度，员工的工作和福利，各种记录，经济预算和保险，对儿童情况的保密等。有研究发现，托幼机构的教育行政管理会直接影响教师的教育观念、教师组织活动的方式和与儿童的互动，从而对儿童的发展产生影响。

上级指导也在一定程度上影响着儿童的发展。上级指导是指上一级的教育行政部门对托幼机构的管理与指导，包括对托幼机构的注册审查工作、对教育活动的指导以及参与机构决策和课程决策过程等。

二、托幼机构的过程性质量对学前儿童发展的影响

托幼机构的过程性质量是指托幼机构为儿童提供的温暖的、培育式的、敏感的、

---

① Frederick Mosteller, "The Tennessee study of class size in the early school grades," *The Future of Children*, 1995, 5(2), pp. 113-127.

高质量的保教。它主要包括与儿童的生活和学习经验有更直接联系的变量，如师幼互动、学习环境、课程、家长参与等。研究发现，作为托幼机构质量评价的重要部分，过程性质量对儿童发展的影响比结构性质量更大。过程性质量中有相当的部分是以动态的形式来表现的，评估起来难度相对较大。

托幼机构的教育质量对学前儿童的认知和社会性发展都有着重要的影响。有研究发现，儿童在 3 岁前与教师建立起来的积极关系与儿童在 3 岁时的语言能力和认知发展呈正相关；在 3～5 岁接受过质量较好的托幼机构教育的儿童在小学一、二年级时均表现出较好的数学技能。另外，该机构的研究还表明，机构的教育质量是儿童的自控行为、对教师要求的依从性以及问题行为的预测变量。教育质量较好托幼机构的儿童在社会交往能力、学习的坚持性方面也好于教育质量较差的托幼机构的儿童，而且后者的自尊水平低于前者，且表现出更多的单独游戏行为和问题行为。

托幼机构的教育质量对儿童发展的影响是长期而深远的，其教育质量与儿童后来的学业成就和个人的成长往往呈正相关。一个长期追踪研究发现，与控制组儿童相比，受过良好托幼机构教育的儿童在 27 岁时有更多的人完成高中或大学教育，有更多的人拥有稳定的工作和美满的家庭，经济上自立的能力更强，而相应接受政府救济的人数比例和犯罪率更低。该研究得出的一个结论是，如果政府在儿童早期教育上投资一元钱，到后来可能会节省七元钱，因为良好的早期教育使得各级学生的辍学率、社会福利开支和犯罪率下降，从而节省了政府的开支。另一个追踪研究也表明，受过优质托幼机构教育的儿童在 21 岁时的智商、阅读和数学分数均高于平均分，上大学的人数比例也更高。这两个研究都比较了受过较好托幼机构教育和未受过托幼机构教育儿童的长期发展情况，说明了高质量的托幼机构教育对儿童的认知和社会性发展确有积极的、长期的影响。

(一)学习环境

学习环境是影响教育质量和儿童发展的因素之一。学习环境包括室内外空间的安排与利用、供儿童操作玩耍的游戏材料、器具装备等。

各国关于每个儿童应有的室内外空间大小的规定存在很大差异，但都普遍要求室内宽敞明亮、通风良好、温度适中、地面不打滑、房屋建筑装修材料中不含有害物质。室内空间的安排要考虑儿童参与各种活动的需要，要有利于组织各种形式与内容的活动，有让儿童展示自己的成果和独处的空间。

游戏材料也要符合儿童的年龄特点，种类多样和数量充足，便于儿童自取和独立使用，并能经常更换。研究显示，在一个给定的空间中，当游戏材料数量增加时，儿童对教室环境的破坏行为减少。如果在一个拥挤的、玩具和材料很少的房间里，儿童很难表现出高兴的情绪以及愿意分享与合作的行为。通过合理的环境安排和适宜的游戏材料的配备可以促进儿童的亲社会行为与合作行为。跷跷板、大型玩具、玩具电话等都是有利于儿童进行合作游戏的材料。

对于托幼机构的室外场地，除了有面积的要求以外，还要求有足够数量的、符合儿童年龄特点的器具装备，且保证安全性。例如，固定的大型运动器械下的地面要铺设具有一定厚度的有弹性的材料，如弹性塑胶地面、黄沙或木屑等。由于室外运动器具是造成伤害事故的一个重要因素，降低高度和铺设弹性地面可以大大降低室外场地上伤害事故的发生率。对于室外器具应有定期的检查制度，有的国家规定每月进行一次检查。据统计，质量较好的托幼机构游戏场地的伤害事故发生率明显低于质量较差的托幼机构。

信息栏

关于增强环境应答性的几条建议

（二）课程

研究不同的课程对儿童发展的影响是一件复杂的事情。首先，在研究中，很难做到被试样本的随机抽样。其次，不同的课程往往有不同的目标，如果用相同的标准进行评价就无法反映其本来的价值。最后，儿童的发展受很多因素的影响，且儿童也会对环境和课程产生不同的反应。有研究表明，在课程实施水平相同的情况下，不同的课程在为儿童的入学做准备方面同样有效。不同的课程对儿童的发展有不同的影响。例如，在选择了与儿童发展相适宜的学前课程的托幼机构，其儿童在学业技能和创造性方面的得分比选择其他课程的机构里的儿童更高，且焦虑的程度更低。

在课程的实施上，高质量的托幼机构的教育实践有一个共同点，即在教育过程中，幼儿园教师往往能在专职人员的帮助下，对儿童的兴趣和需要进行评定，定期制订教学计划，然后对实施后的教育活动进行反思和讨论，提出进一步改进的计划。我国的相关研究发现，在所确定的托幼机构的过程性变量中，有一部分变量是与课程，特别是课程实施方面的内容有关的。其中，对儿童的发展影响较大的变量包括教师组织活动的方式、教师参与指导的程度以及儿童在园活动的积极性。

（三）家长参与

家长参与是托幼机构教育质量评定的一个重要方面。它包括托幼机构给家长提供本机构的详细介绍、教师与家长的双向交流、教师对家长的儿童教育指导、家长对教育活动的了解和参与、家长知晓或参与幼儿园的重要决策等。

随着时代的变迁和家庭对子女教育的重视，家长不只是在家庭中负责管教子女并辅助其学习，而是参与到学校教育中。爱泼斯坦及其同事基于大社会系统的视角，提出了家长参与的六种典型方式。第一，参与亲职教育。家长参与托幼机构举办的各种有关教养知识与技巧的讲座，以增强对子女身心发展的了解，提高教养效能感。第二，与学校进行有效的双向沟通。托幼机构通过电话、信件、观察记录、调查表等方式将幼儿在园的表现告知家长，同时家长也把孩子在家的学习状况告诉教师。第三，担任义工。家长担当志愿者，义务地为幼儿园、教师和学生提供力所能及的支持，如协助托幼机构组织外出活动、为托幼机构提供校外的辅助资源等。第四，辅助子女完成家庭作业及其他学习活动。家长根据托幼机构提供的信息与意见，指导孩子完成教师布置的家庭作业，或者带领孩子到科技馆、博物馆等参观，拓展学习领域。第五，参与托幼机构的决策。家长通过家长委员会或其他组织参与托幼机构的发展规划、课程编排、教学方式等决策活动。第六，参与社区活动。家长带领子女参与社区的有关活动或服务于社区，借此活动来拓宽子女的视野，改善其学习态度，进而将家庭、学校及社区三个方面的资源加以整合。

爱泼斯坦等研究者从家庭、学校、社区等多方位的视角来审视家长所扮演的多种角色——学习者、协助者、监督者、赞助者、决策者、咨询者等，将家长参与从家庭拓展到学校及社区。这不仅有助于充分发挥家长的独特作用，而且有助于构建家庭—学校—社区三位一体的学习共同体与资源共享平台，为提升托幼机构的整体效能和家长的亲职教育水平、优化子女的学业成效、加快其社会化进程等提供了丰富的资源及适宜的平台。

积极的家长参与既能直接促进良好亲子关系的建立及子女的学习适应、学业成绩的提升，又能在一定程度上提高家长的教养效能感及家长参与的持久性。

综上所述，托幼机构的教育质量可以从结构性质量和过程性质量两个方面进行评定，这两个方面相互联系、相互影响。尽管结构性质量中的一些因素，如师幼比和班级规模，有可能影响儿童的发展，但是过程性质量中的因素对儿童发展的影响更直接、更重要。对于托幼机构教育质量中的结构性质量、过程性质量与儿童发展之间的关系，我们仍需要做进一步的研究和探讨，以便为托幼机构教育质量标准的制定提供可靠的依据。

那么，如何快速鉴别高质量的托幼机构呢？高质量的托幼机构应当具有以下特点。第一，较高的师幼比；第二，教师受过良好的教育，有丰富的经验；第三，教师的离职率较低；第四，学习环境适宜；第五，课程提供充分的教育及模仿机会；第六，家长有机会与教师进行有效的交流。上述六点虽然都是影响托幼机构教育质量的重要因素，但是它们并不能保证儿童获得高质量的保教，教师敏感的、负责任的保教才是高质量保教的关键。数十年来关于幼儿园教育质量的研究表明，只有高质量的教师队伍，才能使高师幼比和小班级规模等结构性因素充分发挥作用，才能带来教育过程的高质量。可见，托幼机构的教育质量很大程度上取决于教师。下一节将着重关注教师对学前儿童发展的影响。其中，师幼互动是托幼机构过程性质量的指标之一，我们在下一节共同探讨。

信息栏

托幼机构与儿童依恋

第二节 教师与学前儿童的发展

教师受社会的委托对儿童实施教育，在儿童的教育中发挥着主导作用，这种主导作用主要是通过教师自身角色作用的发挥而实现的，既有正式的角色作用，又有非正式的角色作用。教师自身也对儿童产生着潜移默化的影响。儿童在幼儿园接触最多的成人就是教师，教师的一言一行、对儿童的期望，尤其是教师的态度和人格，是影响儿童身心健康发展的重要因素。

一、教师期望与学前儿童的发展

在教育过程中，教师期望对儿童的发展尤为重要。美国心理学家罗森塔尔做了这样的实验，他到一所学校对一至六年级的学生进行智力测量，从中随机选出了20%的学生，对教师说这些学生最有发展潜能，将来可能会表现出非凡的才华。8个月之后，罗森塔尔又去那所学校对学生进行第二次智力测量，结果发现那20%随机抽出的所谓最有发展潜能的儿童都出现了出乎意料的进步，尤其是一、二年级学生的进步更为明显。人们基于对某种情境的知觉而形成的期望或预言，会使该情境产生适应这一期望或预言的效应，这一现象被称作皮格马利翁效应或期望效应。虽然关于罗森塔尔实验的有效性还存在争议，但是许多研究者都发现，教师期望较高的儿童的发展要好于教师期望较低的儿童。

在托幼机构中，这种现象也普遍存在。教师根据对儿童的总体印象形成对不同儿童的不同期望，总体印象一经形成，就会使教师对后期信息产生过滤和引导作用，从而导致教师对不同的儿童区别对待。儿童在某种程度上也能够从教师对待自己的言行举止中了解教师的期望，而且会不自觉地出现与期望相似的表现。教师的期望会导致师幼之间形成某种特定的互动模式，而这种模式又会维持或强化儿童原有的行为。如果儿童的表现一直较好，那么以后也会表现得很好；如果儿童一直表现一般或不佳，之后也基本都会维持这种状态。

二、教师评价与学前儿童的发展

首先，教师对儿童的评价会影响儿童的自我评价。儿童的自我评价主要是以成人对其的评价为依据的。到学前末期，他人的评价对儿童的自我评价依然有重要影响。教师作为儿童的重要他人，其评价必然会对儿童的自我评价产生影响。如果教师给予儿童的评价是消极的，对其后期发展就会产生不利的影响，儿童可能会认为自己不好。

其次，教师对儿童的评价会影响其同伴关系。教师对儿童行为进行的评价会对儿童在同伴中的声望产生影响，从而影响儿童的同伴关系。有研究表明，教师对儿童的不当行为进行批评会破坏儿童在同伴中的地位，而教师对儿童适宜行为的称赞可以提高儿童在同伴中的地位。换言之，如果教师对儿童的不当行为只是单纯的责备，就有可能导致儿童在群体中被同伴拒绝。为了避免这种现象的出现，教师在纠正儿童不当行为的时候，可以使用矫正的方式，在儿童改正了不当行为之后，对其正确行为进行鼓励，这样对儿童的同伴关系影响较小。

三、教师风格与学前儿童的发展

教师风格可以分为专制型、权威型和放任型。其中，专制型教师对学生的控制欲很强，往往命令学生完成任务。权威型教师则更重视师生之间的沟通，在重视控制的同时也会对规则或命令进行解释，使儿童愿意遵守规则。放任型教师基本上不命令学生，给予学生的指导也很少。有研究者认为，权威型教师对儿童的认知发展与社会性发展有更大的促进作用。

在托幼机构中，儿童往往比较喜欢自由、民主的环境。非专制的教学管理方式有利于促进儿童的发展。但是，虽然权威型的教师风格对儿童发展的促进作用明显，但是具体的教学方法要因人而异。例如，对待能力弱的儿童，教师应该放缓步调，给他们一定的空间。

四、师幼互动与学前儿童的发展

作为幼儿园各种人际互动的核心，师幼互动贯穿于幼儿一日生活的各个环节，是幼儿园各项教育目标得以实现的重要保证，是促进幼儿全面发展的关键因素，也是教师内在的教育观念、教育能力和外显的教育手段、教育行为相结合的综合表现。在幼儿园教育过程中，无论是抽象的教育目标、教育原则，还是直观的教育方案、教育内容，无不是借助连续不断的师幼互动而逐渐变成现实的。

就师幼互动的内涵而言，各国的标准并不相同。对师幼互动关系的评价一般是通过在课堂中的实际观察来进行的。目前在国外有几种常用的观察量表，其评价内容有很多相似之处，大多包括以下方面：尊重幼儿，倾听幼儿的意见，鼓励幼儿表达和交流，平等对待，鼓励独立，正面引导和对不同的幼儿做出不同的反应等。

幼儿在高质量的托幼机构中更快乐，认知水平更高，与教师的关系更亲近，更信任教师。有研究在对 12 个学前班级进行教育质量评定后发现，在教育质量得分为中上水平的班级中，幼儿发展水平和学业成绩的得分高于教育质量得分偏低的班级中的幼儿。该研究还发现，在幼儿发展水平较高的班级中，教师的行为有许多共性，如他们都能根据幼儿的兴趣、个人选择和心理发展水平来设计活动；他们都注意观察幼儿在一日生活中的言行，并在日常活动中充分发现和利用一切可开展教育的机会；他们都对幼儿的活动提出具体的建议；他们还给幼儿示范有效的人际交流技能；他们向幼儿提出能启发思考的问题，并鼓励幼儿寻找积极的方式解决同伴之间的分歧。我国的研究也发现，幼儿感知到的教师温和程度对幼儿的认知发展具有直接的影响。教师越温和，对幼儿的认知发展越有利；教师越是爱孩子，重视面向全体孩子的互动交流，他们所安排的不利于幼儿发展的强调安静与纪律的活动的比重就越小。

当然，即使是同一个班上的幼儿也可能感受到不同的师幼互动，因为教师并不是以相同的方式与所有的幼儿互动的。一贯表现良好的幼儿更容易得到教师的支持和鼓励，而不遵守纪律、爱哭闹的幼儿则更容易受到批评。

信息栏

教育机构与社区合作

教育机构与社区合作的作用之一就是可以改善面向儿童和家庭的服务输出，确保托幼机构所提供的服务与社区需求相吻合。托幼机构可以与下列几类社区机构加强沟通、合作和信息共享：

卫生保健服务提供者，如诊所、内科医生和牙医；

心理健康服务提供者；

营养服务提供者；

为残疾儿童及其家庭提供服务的个人和机构；

维护和支援家庭的服务机构；

儿童保护机构；

当地的小学、其他教育机构和文化机构，如图书馆、博物馆、科技馆、少年宫；

儿童保育服务提供者；

为家庭提供支持和资源的机构或商业组织。

本章小结

托幼机构是除家庭以外学前儿童接触最多的社会环境，对学前儿童发展有着非常重要的影响。这种影响主要体现在托幼机构的教育质量以及教师对学前儿童发展的影响两个方面。

复习与思考题

1. 托幼机构的结构性质量与过程性质量对学前儿童的发展有哪些影响？
2. 教师期望对学前儿童的发展有哪些影响？

实践活动

1. 案例分析：观看师幼互动的影音资料(如优秀公开课)，分析讨论资料中的教师在互动中采用了哪些技巧、对幼儿发展的影响有哪些等。

2. 实地调研：根据所学知识，设计一份托幼机构质量评定表，对见习园所进行质量评定，形成评定报告，并在班级中分享报告。

拓展阅读导航

第十七章　电子媒介与学前儿童的发展

学习目标

1. 理解电视对学前儿童发展的影响。
2. 理解网络对学前儿童发展的影响。

案例导读

每次章爷爷去看他的孙女妮妮，妮妮大多时候都在看视频。当然，其中很多节目是值得看的。然而，章爷爷想知道这样长期看视频对身体是否有害。图像在屏幕上变化得如此之快，章爷爷担心会损伤妮妮的注意力，而且他担心以后妮妮在其他环境中不能持久地专注于一件事情。

与几十年前相比，当今儿童的成长环境中充斥着各种电子传媒，包括有线电视、电子游戏机、网络、笔记本电脑、平板电脑、手机等。这些电子传媒可能潜在地影响儿童的发展。其中的电视和网络是本章关注的重点。当我们关注电视和网络对儿童的影响时，会看到章爷爷对他孙女的担忧是否有合理的依据。

大众传媒是指人们用来进行信息沟通的各种通信与交往手段，包括报纸、杂志、电视、书籍、网络等。信息有文字、图形、声音、动画等多样化的形式。

随着电视、网络等现代传播技术和信息技术的大量普及与发展，电子媒介在现代社会中的作用越来越大。特别是随着计算机技术的飞速发展，以多媒体计算机和网络媒体为中心的现代媒体的发展势不可当。如今，它已经渗透到了儿童的日常生活中，影响着儿童的发展，逐渐成为儿童发展中不可忽视的影响因素之一。现代媒体作为教育和传播的媒介在现代生活中的分量越来越重，人们正在通过大众媒介获取新的知识、技能和观念及新的娱乐方式。

电视和网络作为现代化的传播媒介，对儿童的影响越来越大。电视节目和网络文化的优劣将在很大程度上影响着未来公民的素质，特别是对儿童心智的启蒙、情感的培养、个性的塑造等诸多方面产生潜移默化的影响。

第一节　电视与学前儿童的发展

作为大众传播媒介，电视已经影响到人类社会生活的各个方面；因其具有强烈的感染力，成为当代社会中最具影响力的大众文化传播形式。

请你回忆一下，随着你逐渐长大，你在电视机前花费了多少时间？研究者发现，美国儿童和青少年在看电视上花费的时间比与父母交往或在学校的时间还多。在我国，电视普遍存在于儿童的生活之中。一项调查发现，4～12 岁儿童平均每天看电视 137 分钟。

一、电视对学前儿童发展的影响

随着电视普及率的提高，一些评论家认为电视对观众有消极影响，尤其是对儿童。这些评论主要包括：第一，因为电视节目包括很多快速连续呈现的简短片段，所以看电视较多的儿童经常进行短时注意，这可能导致注意力难以长时间集中在学习上；第二，花很多时间看电视的儿童很少花时间进行更多有价值的活动，如阅读、参加运动和与同伴玩耍。

你认可上述评论吗？实际上，上述评论没有得到所有研究的支持。"看电视损害注意力"是最容易排除的。研究指出看电视越多不会导致注意力减少、冲动性增强和坚持性降低。电视节目的内容的确能够影响儿童行为的某些维度，如看冲动性节目的儿童可能有更多冲动行为，但是电视本身并不损伤儿童的注意力。

有研究表明，花费在看电视上的时间和阅读时间之间呈负相关，即电视看得越多的人看书越少。简单的解释就是，看电视的时间过多使得儿童读书的时间更少。然而，另外的证据提出了一个更合理的解释：阅读能力较差的儿童只能看很多电视节目。

目前大多数学者都赞同电视对儿童的发展既有积极影响也有消极影响，关键在于如何控制和规范儿童看电视的行为。

（一）电视给学前儿童带来的积极影响

1. 电视节目能够直接形象地教给学前儿童丰富的知识

电视涵盖了大量且广泛的频道和栏目信息，文艺、娱乐、教育、科技等应有尽有；内容丰富，涉及生活常识、社会交往、人文知识、自然科学等方面。许多儿童喜爱电视节目，因为它符合儿童的身心发展特点，直观具体、生动形象，儿童易于理解和接受。在日积月累的收视中，儿童边玩边看，学会了许多知识与技能，促进了智力的发展。

2. 电视有利于学前儿童注意力的发展

在学前期，儿童的注意以无意注意为主。直观具体、生动形象的刺激或者刺激物突然、显著的变化，都极易引起儿童的无意注意。大众媒体就具有这样的特点。正因为如此，儿童在观看他们喜欢的电视节目时，集中注意的时间通常较长，这有助于提高儿童注意的稳定性。另外，多种感官的共同参与也能促使儿童的注意得到合理分配。

3. 电视可以通过直观可视的艺术形象提高学前儿童的审美素养

孩子可以在电视节目里欣赏到全国各地和世界各国的音乐、舞蹈、体育以及杂技、魔术、模特表演，浏览世界各国的艺术作品，领略世界各地的美丽风光和宏伟建筑。电视艺术所涉及的广阔领域，不仅使儿童开阔了眼界，增长了见识，提高了认知能力，也让儿童在感受美、欣赏美、享受美的同时，陶冶了情操，接受了审美教育。

4. 电视对于学前儿童思想品德的教育以及行为习惯的养成起着巨大的作用

我们知道，儿童确实会受到电视节目内容的影响。例如，儿童在观看电视中的暴力镜头后很可能会变得攻击性更强。那么，看电视能帮助儿童变得更加慷慨、有更强的自我控制能力吗？研究表明，儿童在观看表现同伴亲社会行为的短片后更容易表现出亲社会行为。例如，儿童在看到其他儿童分享或抵制诱惑后更容易分享或更容易抵制诱惑。

需要注意的是，虽然研究表明亲社会行为可能受电视节目内容的影响，但是现实生活中，以下两个因素限制了看电视对亲社会行为的实际影响。第一，与攻击性行为相比，电视节目中出现亲社会行为的次数更少，所以儿童从电视中学习亲社会行为的机会是有限的。第二，有相对少量的亲社会行为的节目与其他种类的电视节目和非电视活动都会占用儿童的时间，所以儿童不会只看有亲社会行为的电视节目，这就限制了有亲社会行为的电视节目对儿童发展的促进作用。

(二)电视给学前儿童带来的消极影响

1. 使学前儿童榜样的选择出现偏差

有学者曾这样说过：“所有电视都是教育的电视，唯一的差别是它在教什么。”由于儿童辨别是非的能力较弱，难以对电视所呈现的信息做出正确选择，在选择榜样时容易出现偏差，因此会出现不当的模仿行为，进而导致其行为失范。电视暴力就是很好的例子。儿童看了有暴力倾向的电视节目后，很有可能进行模仿，进而对其发展产生不利影响。研究显示，暴力节目会使儿童具有更强的攻击性。同时，暴力节目还能减弱儿童对暴力的敏感性，导致儿童不会对暴力行为感到恐惧、悲哀或难过，进而其在现实生活中对暴力事件的接受程度也会更高。久而久之，儿童甚至会认为暴力行为是正常的，从而毫无顾忌地对他人实施暴力行为。

2. 对学前儿童的身体健康不利

首先，看电视过多易导致儿童斜视。儿童在电视声响的吸引下，往往会侧头斜眼注视电视。经常保持同一姿势，很可能会导致斜视。看电视过久，视力会疲劳，为了看得更清晰，他们有时会不由自主地歪着头看，久而久之也可能会导致斜视。

其次，看电视过多易导致儿童的视力下降。儿童特别喜欢看频繁闪动、颜色刺激丰富的电视屏幕，但是他们的视觉调节功能还未发育完善，对于强光的直接刺激，视觉难以有效地调节和适应。因此，看电视过多可能导致儿童视力下降。特别对于两岁以下的儿童，他们的视觉调节能力更差，看电视对他们的视力发育极为不利。

最后，看电视过多易造成儿童肥胖。由于电视节目繁多，有的儿童在电视机前一坐就是几小时，甚至边看电视边吃零食，久而久之可能会导致肥胖。另外，有些家长会让孩子边看电视边吃饭，觉得这样孩子会比较老实，自己还能有时间做家务或其他事情。儿童的心思往往在电视上，不知不觉吃得过饱，也容易导致肥胖。

3. 使学前儿童陷于被动

电视视听与书刊阅读相比，前者可以说是被动性的，后者是主动性的。因为与文字相比较，图像是彩色的，更清晰，更容易被理解。因看电视太多而养成的被动性，可能不利于儿童思考能力的养成与提高。对电视严重依赖的儿童，他们的抽象思维能力，特别是掌握数学符号体系的能力不可避免地会遭到一定程度的削弱。沉迷于电视的儿童在生活中可能会变得缺乏主动性，忽略周围的人和事物，导致社会交往能力较差。

4. 引发“电视综合征”

爱看电视的儿童有时会感到心神烦躁，处于超活动状态。社会心理学家把这种状态称为“电视综合征”。患了电视综合征的儿童不能连续保持注意力，要么呆呆地坐着，要么无法抑制冲动，显示出心神不定的表情。

为了更好地开发儿童的智力，家长应指导儿童看电视，使其多吸收电视中的积极信息，克服消极影响。

二、克服电视文化对学前儿童消极影响的措施

父母控制儿童观看电视是保证电视对儿童的发展有更为积极的影响而非更多的消极影响的关键。如果孩子从放学后到晚上睡觉前一直在看电视，父母就该采取行动了。以下是一些措施。

(一)限制学前儿童看电视的时间和节目类型

看电视的时间以及电视节目类型要根据儿童的年龄、心理特点、理解能力来选择。如果不加以选择，把电视当作哄孩子的手段，势必会造成一些不良后果。儿童需要成人帮他们制定关于能看多久电视和能看的电视节目类型的规则。一旦制定了这些规则，儿童必须遵照执行。儿童每次看电视的时间最好不超过一小时，适合儿

童的电视节目可以多看一点，反之应少看或不看。必须保证儿童训练语言表达、阅读写作、数字运算的时间，且让儿童养成读书的良好习惯。

（二）多与学前儿童谈论电视节目的内容

为了获得较好的效果，成人最好同儿童一起看电视，并讨论节目内容，了解儿童对电视节目的看法，这样就可以针对电视节目中出现的人物、事物、景物等加以讲解，也可以提出一些问题让他们思考，从而培养他们的思维能力和语言表达能力。例如，父母可以对电视中某角色使用攻击行为表达愤怒和不满，并建议使用其他方法来解决冲突。父母也可以指出电视中传达出的不良信息，让儿童了解电视所传达的观点并不总是正确的，应该持批判性的态度去看电视。

（三）扩大生活中的现实经验

对儿童来说，拼七巧板、搭积木、做纸工、画画等能培养儿童的动手能力、激发创造力和想象力的活动是很重要的。应该在儿童的生活中安排适当的手工、体育活动，多和他们玩互动游戏，以转移他们对看电视的兴趣。

（四）鼓励学前儿童有目的地看电视

有些儿童在无聊时、心情不好时，喜欢打开电视漫无目的地观看。父母不要让孩子进入“我很烦，所以我要看电视”的陷阱中，应该鼓励他们思考自己在打开电视之前想看什么。

（五）父母自身也需要成为好的电视观众

这里列出的第一条和第四条建议适用于所有年龄的电视观众。当孩子在场时，父母不应该看暴力的节目或其他不适合小孩看的节目。另外，父母要成为孩子的榜样，有选择地看电视，而不是在各频道之间盲目切换。

要使电视节目能够有效地促进儿童的成长，需要进一步提高电视文化艺术的水平，更需要电视界以及全社会和儿童家长予以足够的重视。

第二节　网络与学前儿童的发展

超过三分之一的小学生在学龄前就开始使用互联网，而且使用人数呈逐年上升趋势。随着数字时代的发展，孩子们首次接触网络的年龄越来越小。

网络对儿童发展有着怎样的影响？与电视类似，网络对儿童发展既有积极影响，又有消极影响，其影响效果如何主要取决于人们如何利用它。

一、网络对学前儿童发展的影响

随着社会的发展与科技的进步，现代媒介特别是电脑、平板电脑、手机及网络在儿童的生活中扮演着多种角色，正在影响着儿童的身心发展，给他们带来了不同程度的积极和消极影响。

(一)网络给学前儿童带来的积极影响

网络可以是耐心的老师，也可以是倾诉交流的伙伴，还可以是用来玩游戏的工具。网络给儿童带来的积极影响主要包括以下方面。

1. 有助于学前儿童早期的智力开发

上网时，儿童十指与电脑的配合联动以及对计算机网络多种功能的运用，有助于提高儿童的操作技能与智力。另外，在玩智力类游戏时，儿童为了通关，往往要解答一些题目，这使得儿童在玩游戏的同时也学到了知识。

2. 可以开阔学前儿童的视野，帮助其了解更多的求知领域，获得大量信息

网络为儿童获得各种信息提供了便捷的渠道，让儿童足不出户就能知晓天下大事，使其视野开阔。上网可以拓展儿童的知识领域，通过网络获取新知识，有助于儿童不断提高自身技能，拓宽思路，提高综合素质。

3. 可以借助虚拟空间，广泛开展对外交流

多数家长忙于事业，亲子之间的沟通交流并不多。儿童渴望人际交流。在网络上，他们可以通过微信、电子邮件、QQ、论坛、微博等多种渠道，在相互咨询、交谈、讨论、倾诉、请教的过程中，极大地满足表达欲、表现欲和社交欲，使他们结识更多的朋友，互通信息，增进了解。

4. 可以利用网络多样的发展机会，促进学前儿童的个性培养

网络提供的虚拟交流空间可以培养儿童的社会交往能力。另外，网络中的部分智力类游戏对个性的培养有一定的帮助。例如，在线象棋、围棋等游戏可以培养儿童耐心细致、善于思考的性格。

5. 利用网络资源和信息技术，学前儿童可以找到关于学习、生活的大量信息资料

网络提供了一个每个人都能提供信息和获取信息的平台。在这个平台上，可以找到古今中外各门学科的信息资料等。这使得儿童获取知识更为快捷和方便，可以通过上网阅读各类有益的图书与学习材料，提高自身文化素养。

互联网的信息量大、交流速度快，进一步拓展了儿童教育的空间。儿童在上网过程中可以学到许多电脑知识。可以说，网络的出现和发展为儿童的生活、学习、交流与娱乐等提供了更为广阔的空间。

(二) 网络给学前儿童带来的消极影响

网络是信息时代的技术新生儿，作为一种信息交流形式与人际交往方式，所引发的社会问题也更加复杂而深刻。儿童作为新生事物的易感人群，网络给他们带来积极影响的同时，也不可避免地带来了一系列的消极影响。

1. 阻碍学前儿童思维能力的发展

互联网上具有海量的信息，在网上儿童面对大量的、高速呈现的、极具吸引力

的信息，通过不断点击、切换、浏览，很难锻炼和提高记忆、思考、判断、整合等方面的能力。儿童长时间与电脑打交道，容易使他们形成的基本思维与电脑的符号式思维相同，零碎的符号式机械思维代替了逻辑思维能力。大量信息在大脑里一闪而过，多数处于无序、无组织的状态。这种未被“消化”的信息残存在潜意识之中会干扰深层思考，久而久之可能会使儿童的认知能力渐趋钝化。

2. 网络病症问题

互联网以信息丰富、形象生动、交互性强的特点吸引着儿童，使部分自制能力、分辨能力较弱的儿童沉迷于其中，难以自拔。丰富的色彩、迷人的形象、精巧的伪装、刺激的场面对儿童具有极大的吸引力和诱惑力。虚拟与现实两种世界之间存在的巨大反差，加上现实社会的压力，使许多儿童为逃避现实生活，不愿回到真实的世界中，而迷恋网络游戏甚至患上了网络成瘾综合征，严重影响身心健康。

3. 不健康的网站会导致学前儿童道德观念的混乱

儿童正处于人生观、世界观、价值观形成的重要时期，在这一阶段所接受的思想可能会影响他们的一生。一些不健康的网站大肆渲染色情、暴力、邪教或反动的内容，容易毒害纯真的儿童。儿童在好奇心的驱使下常常产生探求、模仿的行为，从而导致道德观念的混乱，对品德心理的建构产生负面影响。

4. 过多上网会导致学前儿童脱离实际生活，损害学前儿童的情绪和社会适应

人际交往是儿童社会化的主要途径。在网络环境下，“人—机”式的交往使得现实的人与人之间的交往机会逐渐减少。长此以往，容易出现“人机热”而“人际冷”的局面。可见，网络环境的虚拟性可能造成儿童在现实中的交往能力下降，这在一定程度上导致了儿童人际关系的冷漠化。同时，互联网的虚拟性容易对缺乏社会阅历的儿童产生误导，使得儿童在现实生活中的社会适应能力降低。

上述问题的出现会危害儿童的身心健康，影响儿童正常的学习与生活，也影响儿童认知、人格、道德情感、社会交往的发展，为传统教育带来了新的压力与挑战。

信息栏

电子游戏与儿童发展

二、克服网络对学前儿童消极影响的措施

生活在当今社会的儿童，与网络一起成长，区别于“在电视机前长大的一代”，而成为新的“网络世代”。事实证明，对于儿童上网采取拦截打压的方法根本不能遏制他们上网的热情。恰恰相反，家长如果强制儿童不许上网，儿童不仅容易产生逆反心理，而且会给网络罩上一层神秘的面纱，使得网络对儿童的诱惑力更大，效果会适得其反。因此，面对儿童的上网行为，家长应正确引导。

(一)关注、指导学前儿童正确使用网络

成人要引导儿童正确利用网络进行学习，访问内容丰富的教育、科技、新闻等

网站。花一些时间与儿童一起上网，查找信息、评论新闻，这既是实施“网络监护”的好时机，也是一个加强与儿童之间思想情感交流、实施教育的好机会。

(二)正确引导，严格控制

家长要严格控制孩子去网吧的次数，尽量让他们在家上网，且上网的时候最好有家长的陪伴。家长要了解孩子每天花多长时间上网、在网上做些什么。有的孩子喜欢打游戏，有的孩子喜欢看视频，家长要指导孩子进行合理选择，对一些暴力倾向大的或有色情的游戏和视频坚决说“不”。此外，需严格监控孩子上网的内容和时间，并从网上下载拦截不健康网站的软件，不让孩子进入。

(三)丰富生活，培养兴趣

儿童喜欢上网，甚至有了网瘾，这些或多或少与生活过于单调有关。只有为他们创造丰富的生活，培养多方面的兴趣，他们才可能从电脑前走开。家长可以带孩子出去锻炼、走亲访友，还可以培养孩子看书、画画、弹琴、下棋等兴趣，或鼓励孩子参加一些适宜的社会活动。丰富的活动能调节儿童的心情，开阔他们的视野。

(四)抽出时间，与孩子同乐

家长要多与孩子亲近。在工作之余，家长应尽量多抽出时间，与孩子一起交流、玩乐。当孩子感受到父母的关爱和家庭的温暖时，他们会陶醉其中，对电脑的依恋会逐渐减弱。

现代传媒对儿童的发展既有利也有弊。学前教育工作者应该客观地看待传媒文化对儿童发展的影响，既利用媒体中对儿童发展有利的部分促进其发展，也应避免媒体对儿童发展的不利影响。对儿童加强指导和干预，多与儿童沟通，并与家长进行合作，适当地利用现代传媒促进儿童全面、和谐的发展。

本章小结

随着社会的发展与科技的进步，电子媒介已经成为学前儿童发展中不可忽视的影响因素之一。对学前儿童影响较大的大众传媒主要有电视和网络。电子媒介对学前儿童既有积极的影响也有消极的影响，需要客观和谨慎对待。

复习与思考题

1. 电视对学前儿童的发展具有怎样的影响？你认为电视在学前儿童生活中的恰当角色是什么？如何对学前儿童进行正确引导？

2. 网络对学前儿童的发展具有怎样的影响？你认为网络在学前儿童生活中的恰当角色是什么？如何对学前儿童进行正确引导？

实践活动

1. 辩论赛：以“现代传媒(电视节目或网络)是否有利于学前儿童身心健康发展”

为辩题，组织班级辩论赛。建议赛前收集充分的资料，赛后总结并在班级分享。

2. 实地调查：设计调查问卷，组织学生利用见习时间向教师、家长和学前儿童了解当前最受学前儿童欢迎的电视节目、游戏或其他多媒体网络活动。调研后在班级分享、讨论这些节目和游戏对学前儿童发展的有利及不利影响，并提出改进建议。

拓展阅读导航